GEF 中国湿地保护体系规划型项目成果丛书

大兴安岭湿地研究

主编　刘国强

科 学 出 版 社

北 京

内 容 简 介

本书是全球环境基金“增强大兴安岭地区保护地网络的有效管理项目”部分成果的总结，包括大兴安岭地区项目示范点概况、湿地价值评估、湿地碳吸收能力研究、冻土及其退化对湿地的影响研究、湿地生态系统监测、湿地生态系统恢复、湿地保护信息系统及大兴安岭的蝴蝶本底资料等。

本书可供湿地保护管理人员、研究人员、规划设计人员及其他有关人士参阅。

图书在版编目（CIP）数据

大兴安岭湿地研究/刘国强主编. —北京：科学出版社，2020.4
（GEF 中国湿地保护体系规划型项目成果丛书）
ISBN 978-7-03-064570-8

Ⅰ. ①大…　Ⅱ. ①刘…　Ⅲ. ①大兴安岭–沼泽化地–研究　Ⅳ. ①P942.350.78

中国版本图书馆 CIP 数据核字(2020)第 036607 号

责任编辑：张会格 / 责任校对：郑金红
责任印制：吴兆东 / 封面设计：图阅盛世

科学出版社 出版
北京东黄城根北街 16 号
邮政编码: 100717
http://www.sciencep.com

北京虎彩文化传播有限公司 印刷
科学出版社发行　各地新华书店经销
*
2020 年 4 月第　一　版　开本：787×1092　1/16
2020 年 4 月第一次印刷　印张：18 5/8
字数：440 000

定价：198.00 元

(如有印装质量问题，我社负责调换)

“GEF 中国湿地保护体系规划型项目成果丛书”
编委会

《大兴安岭湿地研究》编委会

序　一

——在2017年12月湿地保护体系国际研讨会上的总结讲话

在过去20年，我国的湿地保护工作发展得非常好。当前，全球环境基金（GEF）中国湿地保护体系规划型项目的实施也为我国湿地保护事业增添了新的一笔成绩。我希望该项目的实施能够成为我国湿地保护和湿地科学发展的一个新的里程碑，并对湿地事业发展起到很好的示范作用。

在我看来，该项目在湿地保护体系建设与发展方面取得了三个方面的成果。

一是总结分享了国内外关于湿地保护体系建设的经验。湿地保护体系实际上是一个很复杂的事情，该项目在实施中实践并推广了很多有益的国内外经验，为给国家提出有价值的建议做了很好的铺垫。

二是示范应用了湿地修复与保护的技术和模式，涉及湿地的保护修复、科研监测、合理利用、栖息地管理、科普宣教和社区参与等方面，获得了很好的经验，为湿地事业的发展奠定了良好的基础。

三是在促进湿地保护体系建设中取得了显著成效，体现了湿地保护与管理的系统性。该项目对如何扩大湿地保护的面积，如何提升湿地保护与管理的有效性，如何完善湿地保护体系，进行了有益的探索和创新实践。

针对未来湿地保护体系建设发展，我认为应加强以下三个方面的重点工作。

一是在保护体系建设中进一步加强顶层设计。湿地保护体系建设尚缺乏顶层设计，当前，国家所有的保护地都是采用“自下而上”的申报方式。今后，我们应该加强顶层设计，对全国的湿地资源进行统筹规划，全国“一盘棋”，把资源和资金优先用于真正亟待保护的保护地建设上。

二是加强对保护地建设的科学指导。这实际上是延续上述第一项重点工作的观点，目前湿地概念的泛化要引起注意。所谓的湿地是一个生态系统，湿地要素包括水、湿地土壤、植被覆盖，这三个要素凑在一起，才能形成一个湿地生态系统，而这个生态系统具有它特殊的功能。水当然是基本要素，但不能因为有水就说是湿地。所以，我提出来的要求就是，一定要把生态系统整体性概念引进湿地保护和建设的总体设计中来，保护湿地生态系统的结构、功能和过程。希望大家都能够回归到一个比较客观的科学概念，来开展湿地保护和湿地建设。

三是进一步加强科普教育，引导公众参与，这是我们体系建设的一个很重要的组成部分。发动公众力量，提高公众意识，通过公民的广泛参与来科学地推动我国的湿地保护事业，实现湿地及生物多样性保护的目标，是我们下一步的工作重点。

我欣喜地看到，全球环境基金中国湿地保护体系规划型项目取得的成果为业界同行提供了广泛而有益的借鉴。我希望在这样一个新起点、新时代，在十九大精神的指引下，我们大家携手共进，迎接湿地保护的美好明天。

中国科学院院士
国家湿地科学技术专家委员会主任

序　二

大兴安岭作为我国北方重要的生态屏障，拥有面积广阔、自然状态保护较好的森林、湿地和草原生态系统，野生动植物资源十分丰富，其中不乏具有全球意义的珍稀濒危物种，具有重要的保护价值。大兴安岭是我国最大的国有天然林区，历史上承担着繁重的木材生产任务，为国家经济建设做出过巨大的贡献，但由于超负荷采伐，林区生态状况退化明显，生态建设相对薄弱，再加上气候变化和人类活动的综合影响，大兴安岭生态保护面临严峻挑战。

GEF 大兴安岭保护地项目，自 2013 年 9 月启动，正值大兴安岭国有林区全面停止商业性采伐，林区主体功能由木材生产向生态建设全面转型的特殊时期。项目在五年的实施过程中，围绕推动生物多样性保护主流化进程、开展能力建设、推广湿地保护恢复技术、推进生物多样性调查监测、宣传教育和社区共管等主题，开展了大量探索性和示范性实践活动，取得了重要的创新性成果，为推动大兴安岭地区生物多样性保护事业做出了重要贡献。应该说，该项目的实施不仅为大兴安岭地区生态建设提供了宝贵的资金支持，更重要的是引入了国内外生态保护的新理念、新机制、新技术和新经验，为大兴安岭生态保护建设提供了重要借鉴。

为了总结和分享 GEF 大兴安岭保护地项目的成果与经验，促进项目成果在全国示范和推广，我们决定编写《大兴安岭湿地研究》一书。该书的作者都是直接参与或指导项目实施的专家和管理人员，他们从不同层面和角度总结了项目推进大兴安岭湿地保护与管理的成功实践、方法、案例和模式，具有较高的参考价值。我相信，该书的出版将为推进大兴安岭地区生态保护建设做出有益贡献。

李春良

国家林业和草原局（国家公园管理局）副局长

GEF 中国湿地保护体系规划型项目指导委员会主任

Foreword Three

As a global development network, UNDP works in around 170 countries and territories to build a better future through knowledge and experience sharing, fostering cooperation between governments and communities, and promoting private sector engagement to achieve the *Sustainable Development Goals* (SDGs). We support the establishment of institutional mechanisms such as policies, laws and regulations, promoting the process of mainstreaming sustainable development, strengthening capacity building and cooperative partnership, and increasing publicity and promotion efforts. These priorities, alongside years of engaging and exploring practices for biodiversity conservation have laid the foundation for the promotion of equality and inclusive sustainable development.

At the United Nations Sustainable Development Summit on 25 September 2015, world leaders adopted *The 2030 Agenda for Sustainable Development*, which includes a set of 17 SDGs to eradicate poverty, fight inequality and injustice, and tackle climate change by 2030. By working together on sustainable initiatives, we have an opportunity to meet aspirations set out under the 2030 Agenda for peace, prosperity, and well-being, and to preserve our planet. UNDP cooperates with member states at all levels of the government to ensure that the SDGs are inclusive by implementing grassroots initiatives and integrating social and economic development between countries.

Biodiversity contributes to human welfare in many ways. We can term these benefits 'ecological services'. Such services include sustainable supplies of timber, medicines, edible animals and plants. They can include less direct services such as the formation of soils, pollination of our crops, the recycling of nutrients, replenishment of water tables, fixation of pollutants, amelioration of climate and control of watersheds. They can even provide value to our culture, meet recreation needs, serve as tourism resources and add to property values. The international community continuously recognizes biodiversity conservation as a key priority for securing sustainability. Ranging from international days such as International Biodiversity Day, held annually on 22 May, to the International Year of Biodiversity in 2010, as well as the UN-Decade on Biodiversity that is taking place from 2011 to 2020, and now *The 2030 Sustainable Development Goals*, UNDP is actively engaged in public awareness campaigns on biodiversity conservation. These campaigns are implemented based on our longterm cooperation with our partners, integrating initiatives from a variety of perspectives.

All ecosystems deliver a wide range of ecological services, but wetland ecosystems are by far the most precious. In a recent comprehensive study of the values of these different ecosystem services globally (Costanza et al. researched it in 2014), it was found that on average the values derived from estuaries ($29,000), mangroves ($194,000), floodplain marshes ($25,700) and open waters ($12,500) are respectively several times more valuable ($/year/hectare) than such ecosystems as croplands ($5,600), tropical forests ($5,400), temperate forests ($3,000) and grasslands ($4,200) respectively ($/year/hectare). This study reveals the importance of protecting and maintaining wetlands. Wetlands should not be converted to urban use or farmlands or planted into forests, and they should never be labeled as wastelands. Wetlands should be included into the redline for ecological conservation zoning by government agencies, rather than being degraded and destroyed.

Healthy wetlands are a vital foundation for a secure environment for human development. Wetlands are a large factor in the creation of the 'Ecological Civilization' demanded by Chinese leaders. The world is beginning to recognize the importance of this and UNDP is working together with international programs to make this a reality in China.

China's wetlands are vital habitat for many rare birds, such as cranes, storks, swans, geese and ducks, and some endangered mammals such as beaver, otters and moose. But these are only a few charismatic species out of the hundreds of fishes, insects, water plants and other species that are essential for wetland health and sustainability. Without their dependent species our wetlands become putrid and a source of disease. Without their natural vegetation, they offer no shade, no water cleansing functions, no holding back of the flood waters, no delivery of clean water in the dry times, no shelter against the battering of coastal typhoons.

It remains our duty to safeguard our wetlands and this means raising awareness in terms of planning, zoning, protection and management. We can harvest many resources from wetlands but only on a sustainable basis. It is vital we extend the protected area network to include more wetlands and raise standards of management to high international levels. By adding new Ramsar wetland sites of international significance, China can demonstrate to the world that it understands the importance of wetlands, that it cares and that it can manage them beautifully. By raising county protected areas to provincial level and provincial protected areas to national level, we can help ensure that wetlands receive higher attention and better management investment. By creating wetland parks or national parks, we help the general public to understand their wetlands, enjoy their beauty, understand their needs and offer conservation support.

China has made impressive efforts in wetland conservation. UNDP would like to express gratitude to Ministry of Finance, State Forestry Administration and relevant provincial forestry departments for selecting UNDP as a key partner to undertake the implementation of six of the projects under the Mainstreams of Life (MSL) Programme totaling $20 million within the 7 projects totally $26 million. This UNDP-GEF (Global Environment Facility) MSL Programme aims for a transition towards the appreciation of wetlands and to raise both public and government awareness to their values. Our program covers wetlands from north to south and east to west, developing new standards, applying innovative approaches, involving local people of various ethnic groups and spreading best practices for better conservation of all wetlands in China.

In order to summarize and raise awareness of the project's fruitful achievements throughout its implementation, this brings together the best practices and lessons learned from five years of hard work and demonstration. It highlights the need for mainstreaming wetland conservation into the agenda of several different departments and shows what can be done when partnerships are built between different agencies and between government and the public. This book will provide experience from the programmatic approach for other GEF programmes and similar international initiatives. This programme is conducive to GEF knowledge management and experience sharing, and will continue to be promoted across the wider region to benefit more people.

Agnes Veres

Resident Representative, UNDP China

序　　三

作为一个致力于全球发展的组织，联合国开发计划署的工作范围遍及全球170个国家和地区，旨在通过知识和经验分享，建立一个更为美好的未来，促进政府与当地社区之间的合作，推动私营部门参与到实现联合国可持续发展目标（SDG）的进程中。我们为建立各种政策、法律法规等机制提供支持，致力于推动可持续发展主流化的进程，加强能力建设和合作伙伴关系的建立，加大宣传教育和推广工作的力度等。这些优先领域及我们在生物多样性保护领域所开展的长期探索，为促进平等和包容性的可持续发展奠定了坚实的基础。

在2015年9月25日召开的联合国可持续发展峰会上，来自世界各国的领导人通过了《2030年可持续发展议程》，该议程涵盖了在2030年前消除贫困、应对不公平和不公正现象及应对气候变化等领域的17个可持续发展目标。通过在各种可持续发展动议中开展合作，我们将有机会实现《2030年可持续发展议程》中有关和平、经济繁荣、人类福祉及保护地球方面的目标。联合国开发计划署与各成员国的各级政府部门精诚合作，确保在实施各种基层项目时将可持续发展目标纳入其中，并将可持续发展目标纳入各国的社会经济发展规划之中。

生物多样性可在许多方面促进人类福祉。我们将这些惠益称为生态服务。生态服务包括可持续提供的木材、药材、可食用动植物。此外，生态服务也包括部分间接服务，如土壤的形成、作物的授粉、养分的再循环、地下水的补充、污染物的固定、气候的改善、流域的调控等。生态服务还可以提供文化价值、满足娱乐需求、作为旅游资源、增加物业价值等。国际社会日益将生物多样性保护视为实现可持续发展的一个关键优先领域。在各种国际性的节日，如每年5月22日举行的“国际生物多样性日”，2010年的“国际生物多样性年”，2011～2020年的“联合国生物多样性十年”及当前的《2030年可持续发展目标》中，联合国开发计划署均积极参与各种旨在提高公众对生物多样性保护意识的宣传活动。这些宣传活动依托我们与合作伙伴的长期合作项目进行开展，并纳入我们的各种项目活动中。

所有生态系统类型都提供多种生态服务，但湿地生态系统是目前所有生态系统类型中价值最大的。2014年，Costanza等对全球不同生态系统服务价值开展的一项全面研究显示，平均而言，河口［29 000美元/（年•hm^2）］、红树林［194 000美元/（年•hm^2）］、洪泛区沼泽湿地［25 700美元/（年•hm^2）］和开阔水域［12 500美元/（年•hm^2）］的单位价值分别是农田［5600美元/（年•hm^2）］、热带森林［5400美元/（年•hm^2）］、温带森林［3000美元/（年•hm^2）］和草地［4200美元/（年•hm^2）］单位价值的若干倍。该项研究揭示了保护和维护湿地的重要性。我们不应将湿地改造为城市或农田用地，也不应将湿地改造为森林，更不应将湿地认为是荒地。湿地应纳入各级政府部门的生态保护红线，而不应遭逢退化和毁坏的厄运。

健康的湿地将为人类的发展提供一个重要的安全环境。在帮助建设中国领导人所倡导的生态文明方面，湿地是一个重要的因素。全世界也已开始意识到这一重要性。为此，联合国开发计划署通过与多个国际项目合作，帮助中国实现这一目标。

中国的湿地是许多珍稀鸟类（如鹤、鹳、天鹅、雁鸭等），以及部分濒危哺乳动物（如河狸、水獭和驼鹿等）的重要栖息地。除此以外，数百种鱼类、昆虫、水生植物和其他物种对于湿地的健康与可持续性也具有至关重要的作用。如果没有那些依赖于湿地生存的各种物种，湿地就会变得恶臭不堪，从而成为疾病的发源地。如果没有存在于湿地的天然植被，它们就不可能为人们提供庇荫之处、净化水源、阻挡洪水、在干旱时期提供洁净水，也无法为人们抵御沿海台风的侵袭。

保护湿地是我们义不容辞的责任。因此，必须提高人们对湿地规划、分区、保护和管理的认识程度。我们必须扩大保护地网络，将更多的湿地纳入保护地网络，提高管理水平，并达到国际高标准的要求。中国通过新增国际重要湿地，可以向世人展示其能够认识到湿地的重要性，关心湿地的保护并且可以有效地管理这些湿地。通过将县级保护区升级为省级保护区，或者将省级保护区升级为国家级保护区，我们可以确保这些湿地得到更大程度的重视和更多的管理投资。与此同时，通过建立湿地公园或国家公园，我们可以帮助公众更好地了解湿地、欣赏湿地之美、认识湿地的需求，并提供自然保护方面的支持。

中国在湿地保护方面已采取了许多令人瞩目的行动。联合国开发计划署在此向中国财政部、国家林业和草原局及相关林业厅（局）表示感谢，感谢他们将我们选定为实施“生命主流化”（MSL）规划型项目 6 个子项目（累计投资 2000 万美元）的主要合作伙伴。“生命主流化”规划型项目共有 7 个子项目，总投资 2600 万美元。联合国开发计划署-全球环境基金（UNDP-GEF）“生命主流化”计划旨在让人们逐步认识到湿地的重要性，提高公众及政府部门对湿地价值的认识程度。本规划型项目涵盖的湿地项目点分布在中国的各个地区，从南到北、从东到西都有。本项目旨在通过建立新标准、采纳创新方法、让当地不同的族群参与其中，并且推广各种最佳实践，更好地保护中国所有的湿地。

为总结本规划型项目在实施过程中取得的丰硕成果并且推广这些成果，该书汇集了该规划型项目过去 5 年间各种项目活动和示范活动的最佳实践与经验教训。它表明，必须将湿地保护工作纳入多个不同政府部门的议事日程主流化进程之中。此外，它还展示了可以开展哪些活动，来建立不同政府部门之间及政府部门与公众之间的合作伙伴关系。最后，该书还提供了有关全球环境基金实施的其他项目及类似国际项目实施方法的经验。本规划型项目有助于推动全球环境基金的知识管理和经验分享，并将继续在其他地区推广其知识和经验，以便让更多的人从中受益。

Agnes Veres

联合国开发计划署驻华代表

前　言

大兴安岭地处我国最北端，包括内蒙古自治区的东北部和黑龙江省的西北部。辽阔的低谷平地、湿冷的气候和永久冻土造就了大兴安岭地区丰富的湿地资源。第二次全国湿地资源调查结果显示，大兴安岭湿地总面积为 27 339km^2，占大兴安岭地区土地面积的 14.4%，对保护具有全球重要意义的生物多样性、维护区域生态安全具有重要意义。

20 世纪 50 年代以来，由于气候变化和人类活动的影响，大兴安岭湿地面临着森林火灾、农业垦殖、林产品过度采集、旅游开发及基础设施建设等威胁，迫切需要进一步完善保护地体系，增强保护地的管理有效性。为此，通过各方努力，全球环境基金（GEF）“增强大兴安岭地区保护地网络的有效管理项目”应运而生。

本项目是 GEF“中国湿地保护体系项目”的子项目之一，全球环境基金赠款 3 544 679 美元，中国政府配套 23 500 000 美元，实施期为 2013 年 9 月至 2018 年 9 月。本项目国际执行机构为联合国开发计划署，国内执行机构为前国家林业局湿地保护管理中心（现国家林业和草原局湿地管理司），实施机构为国家林业和草原局调查规划设计院、内蒙古大兴安岭林业管理局和大兴安岭林业集团公司（黑龙江），项目示范点为内蒙古根河源国家湿地公园和黑龙江多布库尔国家级自然保护区。

本项目旨在消除大兴安岭具有全球重要意义的生物多样性面临的主要威胁，提高大兴安岭地区保护地体系的管理水平。本项目实施 5 年来，围绕推进湿地与生物多样性保护主流化、增强保护地网络的管理有效性及开展项目点层面的保护管理示范等主题开展了多层面、多角度的探索和实践，取得了显著成效。为了总结、分享大兴安岭项目的成效与经验，促进本项目成果在全国示范和推广，现将大兴安岭项目部分技术报告编辑成《大兴安岭湿地研究》，内容主要包括项目支持开展的大兴安岭湿地研究成果，全书共分为八章，其中各章主要内容如下。

第一章为大兴安岭地区项目示范点概况，介绍了黑龙江多布库尔国家级自然保护区和内蒙古根河源国家湿地公园两个项目示范点的自然地理、湿地及其野生动植物资源概况，所在地区社会经济状况，发展历史与现状，以及功能区划与土地权属，为了解 GEF 大兴安岭项目开展的各种活动提供背景资料。此章主要完成人为北京林业大学经济管理学院的谢屹、刘翔宇、胡宇轩。

第二章为大兴安岭地区湿地价值评估，回顾了国内外湿地生态系统服务价值评估方法，提出了如何建立大兴安岭湿地生态系统服务价值评估方法，得出了大兴安岭地区湿地生态系统服务价值评估结果，最后对评估结果进行了检验。此章主要完成人为中国科学院东北地理与农业生态研究所的吕宪国、邹元春、薛振山、刘晓辉。

第三章为大兴安岭地区湿地碳吸收能力研究，梳理了关于湿地碳吸收能力的研究方法，评估了多布库尔国家级自然保护区和根河源国家湿地公园的固碳量，对大兴安岭湿地的固碳能力进行了评估，最后提出了大兴安岭地区增强湿地碳汇能力的建议。此章主要完成人为中国科学院东北地理与农业生态研究所的张仲胜。

第四章为大兴安岭地区冻土研究，提出了大兴安岭冻土及其退化的特征，分析了冻土退化的驱动力，讨论了冻土退化对湿地的影响。此章主要完成人为中国科学院东北地理与农业生态研究所的武海涛和多布库尔国家级自然保护区管理局的李玉成。

第五章为大兴安岭地区湿地生态系统监测，首先建立了湿地生态系统监测指标体系，然后给出了多布库尔国家级自然保护区和根河源国家湿地公园植物、兽类、鸟类、两栖动物、爬行动物及鱼类资源的监测结果。此章主要完成人为东北林业大学的于洪贤。

第六章为大兴安岭的蝴蝶，介绍了大兴安岭地区分布的凤蝶科、绢蝶科、粉蝶科、蛱蝶科、珍蛱蝶复合种、网蛱蝶复合种、麻蛱蝶和线蛱蝶组、环蛱蝶复合种、眼蝶科、弄蝶科、灰蝶科等 11 科（组、复合种）的 116 种蝴蝶。此章主要完成人为项目首席技术顾问马敬能（John MacKinnon），由李一凡翻译为中文。

第七章为大兴安岭地区湿地生态系统恢复，介绍了国内外湿地生态系统恢复理论与实践，讨论了多布库尔国家级自然保护区和根河源国家湿地公园的湿地恢复技术与管理问题。此章主要完成人为中国科学院东北地理与农业生态研究所的姜明和袁宇翔、吉林建筑大学的朱晓艳。

第八章为大兴安岭地区湿地保护信息系统，分析了大兴安岭地区湿地保护信息系统现状与需求，建立了多布库尔国家级自然保护区和根河源国家湿地公园的湿地保护管理信息系统。此章主要完成人为中国科学院自动化研究所的康孟珍、王浩宇、范东。

由于项目开展的许多工作具有开创性和探索性，部分研究难免不够成熟和完善，加之编者水平有限，本书可能存在不足之处，敬请读者批评指正。

编　者

2018 年 8 月 15 日

目　　录

第一章　大兴安岭地区项目示范点概况

大兴安岭地区湿地资源丰富，具有重要的生物多样性保护等生态服务功能，也为当地经济社会可持续发展提供了重要的物质支撑。为了支持大兴安岭地区湿地生态系统保护，选定了黑龙江多布库尔国家级自然保护区和内蒙古根河源国家湿地公园作为项目示范点，对现行的生态系统健康情况、生物多样性指数、保护管理能力等进行评价，提出促进与支持湿地合理利用和有效保护的对策建议，为在大兴安岭地区全面示范和推广项目成功经验奠定了基础。两个选定的项目示范点的生态系统特点、栖息地类型与需解决的保护和管理问题与大兴安岭地区其他保护地一样，从而具有良好的代表性。根河源国家湿地公园以“湿地”生态系统为主，而多布库尔国家级自然保护区不仅有大面积湿地分布，还分布有大面积的森林。这两个选定的项目示范点有着各自的特点和面临的独特问题，可作为不同的实例用来全面增强大兴安岭地区保护地管理的有效性。

第一节　黑龙江多布库尔国家级自然保护区

一、自然地理概况

（一）地理位置与地质地貌

黑龙江多布库尔国家级自然保护区位于大兴安岭东部林区的东南部，大兴安岭主要支脉伊勒呼里山南麓。自然保护区总面积为128 959hm^2，由大兴安岭林业集团公司加格达奇林业局古里、达金、大黑山、多布库尔和翠峰5个林场部分施业区构成。保护区地理位置为北纬50°19′56″～50°43′02″，东经124°17′09″～125°03′36″。

多布库尔国家级自然保护区属北部强度寒冻剥蚀中低山地区，为融冻剥蚀地貌，自上古生代以来，由于流水侵蚀、风蚀和大山、冰川的作用及地质的不断变化，形成现有地貌上一些独有特点：其外貌呈丘陵状，地势平坦，山体浑圆，河谷坦荡，多不衔接，地势由西北向东南倾斜，相对高差小；平均坡度10°左右，海拔一般在400～600m。此外，山峰多分散、孤立，无过峰岭现象。

由于本区永冻层和季节性冻层普遍存在，河流下切作用受阻，因而加剧了侧向侵蚀，河流两岸不断被冲蚀，加之古“冰山”“削平”作用，逐渐使原来的窄河谷加宽，而形成宽阔的河谷。加上永冻层的普遍存在和分布，地表水很难排出和渗透，从而形成了广阔的水面和沼泽，森林沼泽湿地和草丛沼泽湿地特征明显。

（二）气候

多布库尔国家级自然保护区属寒温带大陆性气候。其气候特点是冬季寒冷而漫长，春秋不明显，夏季较短，年温差较大，最大温差可达 82.7℃。全年平均气温–1.3～–0.8℃，最低气温–45.4℃，最高气温 37.3℃。全年日照时数为 2600h。无霜期 101～112 天，植物生长期为 100 天左右。结冻期为 10 月至翌年 4 月。季节性冻土长达 8 个月以上，个别地段有岛状永冻层存在，年冻结深度 2～3m。全年平均降水 500mm。春季和秋季由于受蒙古高原干旱季风的影响，风力较大，主要为北风或西北风，最大风力可达 7 级。

（三）土壤

自然保护区内的自然条件复杂，因而形成了多种土壤类型。保护区土壤类型主要有棕色针叶林土、暗棕壤、草甸土、沼泽土、河滩森林土 5 个土类 9 个亚类。

保护区土被组合为棕色针叶林土和暗棕壤，因地形、植被变化而异。中低山以棕色针叶林土为主，暗棕壤面积较小，并与草甸土、沼泽土和河滩森林土镶嵌。针叶林下（如兴安落叶松、樟子松）发育棕色针叶林土；次生阔叶林下（如柞树、黑桦）发育暗棕壤。该林区土壤分布特点主要受地形地势和植被的影响，呈现出规律性变化。

（四）水文

1. 河流分布

自然保护区大小河流均属嫩江水系。流水不畅，加上常年积水和季节性积水，同时有多布库尔河、大古里河、小古里河、古里河、大金河等河流流经此地，致使该地区大小泡沼密布。据统计，该区湿地总面积 29 134.09hm^2，其中河流湿地面积为 848.86hm^2，湖泊湿地面积 20.35hm^2，沼泽地面积 28 264.88hm^2。

多布库尔河是自然保护区内最大的河流，流经保护区 90km，大古里河流经保护区 45km，小古里河流经保护区 20km，古里河流经保护区 18km，大金河流经保护区 35km。

2. 降水

降水是地下水和地表水的主要补给来源。自然保护区内年平均降水量 500mm，雨量多集中在 6～8 月。该区域无霜期短，积雪时间长，河流基本上属雨水、融水补给。与此同时，河流均发育在多年冻土区，地表长期冻结，在春季冰雪融化时，易产生大量地表径流，形成春汛。当春季凌汛过后，尤其是 5～6 月的干旱期，河水流量大减，蒸发量加大，浓缩作用增强，随融化层的逐渐加深，渗透融化能力增强，河水矿化度和主要离子含量较高。进入雨季后，降水量增大，河水流量剧增，河水盐分被稀释，水中矿化度和主要离子含量较低，属于微矿化极软型淡水。

3. 沼泽水

由于气候严寒和冻土防渗作用，加之地势起伏，沼泽水体循环交替，泥炭积累使之富含有机质，特别是腐殖酸含量相当高，为河水和地下水等其他水类腐殖酸含量的几倍，且铁、NO_3^-含量较高，大大超过饮用水标准。

4. 地下水

自然保护区地下水主要由降水和地表水补给，一般无色、无味、清澈透明；与其他类型水相比，矿质含量相对高些，但能达到饮用水标准，为良好的饮用水源。自然保护区处于高纬度地区，气候严寒、湿润、冻结期长，人烟稀少、开发较晚，并受冻土层保护，使深层地下水未受人为干扰和污染，水量稳定，各离子、矿质含量适宜、稳定，本底较好，是不可多得的天然优质饮用水来源。

二、湿地及其野生动植物资源概况

（一）湿地资源概况

1. 湿地类型及面积

多布库尔国家级自然保护区湿地包括三大类七个型，三大类指沼泽湿地、河流湿地和湖泊湿地。其中沼泽湿地分为森林沼泽湿地、灌丛沼泽湿地、草本沼泽湿地、泥炭藓沼泽湿地；河流湿地主要为永久性河流湿地；湖泊湿地可进一步细分为冰湖湿地和牛轭湖湿地。

根据调查统计，保护区现有的湿地总面积为 29 134.09hm^2，占保护区总面积的22.59%。其中沼泽湿地面积为 28 264.88hm^2，占保护区湿地总面积的 97.02%；湖泊湿地面积为 20.35hm^2，占保护区湿地总面积的 0.07%；河流湿地面积为 848.86hm^2，占保护区湿地总面积的 2.91%。

2. 湿地特点

该自然保护区湿地生境类型多、自然景观完整、野生动植物绝对数量大、生物多样性丰富，具有重要的保护和科研价值。

第一，区内以沼泽湿地为主。自然保护区湿地资源十分丰富，其中沼泽湿地占绝大多数，面积 28 264.88hm^2，占保护区湿地总面积的 97.02%，主要因为降水较为丰富，地势平缓，河谷宽阔、平坦，加上永冻层与季节性冻土层的存在和广泛分布，地表水很难排出和下泄，从而形成了广泛分布的沼泽湿地。湿地四季各异，森林沼泽、灌丛沼泽和草本沼泽镶嵌分布，形成了本区特有的沼泽景观。

第二，典型的天然沼泽湿地生态系统。自然保护区内降水量较充足，地形条件适合，发育了典型的森林沼泽、灌丛沼泽、草本沼泽等天然沼泽湿地生态系统，特别是森林沼泽湿地在全国占有很重要的地位，岛状林沼泽湿地也是大兴安岭林区特有的湿地类型。其核心区十几年以来一直处于严格保护状态，受人为干扰较少。该湿地生态系统具有典型和重要的保护与科研价值，适合做长期的科学研究与监测。

第三，生物多样性十分丰富。自然保护区具有丰富的动植物资源，包括类型多样的水生动植物和鸟类物种。区内共有脊椎动物 6 纲 326 种，占黑龙江省脊椎动物总种数的56.6%。陆生野生动物有 296 种，其中兽类 53 种、鸟类 231 种、两栖类和爬行类 12 种。区内的气候条件为冷水鱼类提供了良好的生存条件，至今多布库尔河、大古里河、小古里河等河流中还保存着特有的细鳞鱼、哲罗鱼、狗鱼等珍贵经济鱼类共 30 种。区内昆虫资源十分丰富，共发现常见昆虫种类 10 目 57 科 146 种。区内常见维管植物有 56 科 416 种，列为国家重点保护植物的有 8 种。

第四，湿地水资源丰富。自然保护区内湿地分布广泛，面积较大，水资源丰富。区内有三级水系 2 条，四级水系 7 条，小支流 29 条，均属于嫩江水系。多布库尔河、大古里河、小古里河、古里河、大金河均发源于此地。该区域湿地连着湿地，湿地连着河流，每一条河流与大面积湿地相连，呈树枝状覆盖在嫩江源头区，总面积达 14 428hm^2，占保护区总面积的 11.19%。区内的湿地是嫩江的发源地，为嫩江的诞生提供了最初的源泉，具有涵养水源、保水、蓄水、调节河川径流量等多重功能。

第五，生态效益明显。自然保护区位于大兴安岭与松嫩平原的过渡地带，具有明显的边缘效应，对其进行严格的保护，既对大兴安岭林区的生态平衡有重要的意义，又对松嫩平原的保护有积极的影响。作为嫩江水系的发源地，自然保护区在涵养水源、调节嫩江水位、防止水土流失方面始终发挥着重要的作用，是构建嫩江流域和大兴安岭地域生态安全及社会和谐的基础与保障。

（二）野生植物资源概况

本区共有国家重点保护野生植物 8 种，详见表 1-1。

表 1-1　多布库尔国家级自然保护区国家重点保护野生植物

序号	中文名	学名（拉丁名）	保护级别
1	钻天柳	*Chosenia arbutifolia*	渐危种、II
2	黄檗	*Phellodendron amurense*	渐危种、II
3	乌苏里狐尾藻	*Myriophyllum propinquum*	II
4	貉藻	*Aldrovanda vesiculosa*	I
5	野大豆	*Glycine soja*	渐危种、II
6	紫椴	*Tilia amurensis*	II
7	东北岩高兰	*Empetrum nigrum* var. *japonicum*	渐危种
8	黄芪	*Astragalus membranaceus*	渐危种

本区的植物种类相对较为丰富，大兴安岭地区代表性植物种类在本区均有分布，经初步调查，本区共有维管植物 56 科 204 属 416 种，其中蕨类植物 2 科 3 属 7 种、裸子植物 1 科 3 属 5 种、被子植物 53 科 198 属 404 种，而被子植物包括双子叶植物 43 科 155 属 321 种、单子叶植物 10 科 43 属 83 种。

本区有国家重点保护植物 8 种：杨柳科的钻天柳（*Chosenia arbutifolia*）、芸香科的黄檗（*Phellodendron amurense*）、小二仙科的乌苏里狐尾藻（*Myriophyllum propinquum*）、茅膏菜科的貉藻（*Aldrovanda vesiculosa*）、豆科的野大豆（*Glycine soja*）、椴树科的紫椴（*Tilia amurensis*）、兰科的东北岩高兰（*Empetrum nigrum* var. *japonicum*）、豆科的黄芪（*Astragalus membranaceus*）。

（三）野生动物资源概况

根据 1995～2000 年全国陆生脊椎动物资源调查，并结合文献记载及近几年野生动物资源候鸟监测结果，该自然保护区共有脊椎动物 6 纲 326 种，占黑龙江省脊椎动物总种数的 56.50%，详见表 1-2。

表 1-2　多布库尔国家级自然保护区脊椎动物资源统计表

类群	多布库尔	黑龙江省
圆口类	1	2
鱼类	29	103
两栖类	6	12
爬行类	6	16
鸟类	231	356
哺乳类	53	88
总计	326	577

自然保护区迄今已记录兽类有 53 种，隶属于 6 目 15 科 35 属。在兽类中，有大兴安岭寒温带针叶林特有种 7 种，它们也是大兴安岭寒温带针叶林稀有种或濒危种，国家Ⅰ级重点保护兽类 3 种，国家Ⅱ级重点保护兽类 7 种，详见表 1-3。

表 1-3　多布库尔国家级自然保护区珍稀保护兽类名录

种名	国内保护等级		CITES 保护等级	
	I	II	附录I	附录II
猞猁		○		○
棕熊		○	○	
紫貂	○			
貂熊	○			○
水獭		○		
豹猫		○		○
雪兔		○		
原麝	○			○
马鹿		○		
驼鹿		○		

注：“○”代表有此类物种分布

自然保护区共有鸟类 231 种，隶属于 16 目 41 科。其中，古北界种 173 种，占区内鸟类总数的 74.9%；广布种 56 种，占区内鸟类总数的 24.2%；东洋界种仅 2 种，占区内鸟类总数的 0.9%。古北界种和广布种占绝对优势，东洋界种所占比例很少，充分反映了该区所处的地理区划特点（表 1-4）。

表 1-4　多布库尔国家级自然保护区鸟类区系组成

种名	从属区系			居留类型			
	东洋界种	古北界种	广布种	留鸟	夏候鸟	旅鸟	冬候鸟
种数	2	173	56	45	135	45	6
占比/%	0.9	74.9	24.2	19.5	58.4	19.5	2.6

该自然保护区共有两栖动物2目4科4属6种。其中，有尾目小鲵科1属1种，约占总种数的17%；无尾目蟾蜍科1属2种，约占总种数的33%；蛙科1属2种，约占总种数的33%；雨蛙科1属1种，约占总种数的17%。

区内共有爬行动物2亚目3科5属6种。其中，蜥蜴亚目1科3属3种，占总种数的50%；蛇亚目2科2属3种，占总种数的50%。

区内圆口类和鱼类共有7目10科27属30种。其中，七鳃鳗目1科1属1种，约占总种数的3%；鲑形目2科3属3种，占总种数的10%；鲤形目2科18属21种，占总种数的70%；鲶形目1科1属1种，约占总种数的3%；鳕形目1科1属1种，约占总种数的3%；鲈形目2科2属2种，约占总种数的7%；鲉形目1科1属1种，约占总种数的3%。

（四）大型真菌

自然保护区地处大兴安岭南坡，地势以多山丘陵为主，植物类型丰富。多布库尔河流域及其周围地区大型树木以阔叶林为主，间有针叶林。流域内湿地草本植物茂盛，种类繁多。林地内和湿地有非常厚的枯枝落叶层，形成了适于真菌生长的优良自然环境。调研表明，区内共有大型真菌8目17科43种。

三、所在地区社会经济状况

（一）社会人口情况

自然保护区处于大兴安岭地区，行政管理上隶属于大兴安岭地区行政公署。大兴安岭地区属黑龙江省十三个地级行政单位之一，常住总人口为511 564人，其中家庭户194 060户，家庭户人口为493 744人，占常住总人口的96.52%，平均家庭户规模为2.54人。

自然保护区林业区由加格达奇林业局辖区划分出来。保护区的核心区、缓冲区和实验区内均没有常住人口，仅有从事种养植业季节性暂住人口和保护区的管护人员常年在管护站（点）巡护。

加格达奇林业局2013年年底在岗职工2165人，以汉族为主，占97%，其次是满族、鄂伦春族、朝鲜族、俄罗斯族，以及人数很少的达斡尔族、回族、蒙古族、壮族、锡伯族等14个少数民族。

（二）经济状况

自然保护区所在地区经济结构较为单一，一度以营林和木材采伐及林产品制造作为主业，具有典型的林区的经济特点。在当地经济中，加格达奇林业局占有重要地位，除林业局之外的其他单位和部门经济总量相对较少。

加格达奇林业局利用资源优势，大力发展以绿色食品、特色种养殖、北药种植和生态旅游为主的富民工程。2014年年底实现林业产业总产值为17 885万元，其中第一产业17 353万元，第三产业525万元，第一、第二、第三产业所占比重分别为97%、0、3%。在完成的全部林业产业总产值中，生态旅游业230万元，绿色食品业2738万元，北药开发业 120 万元，特色养殖业 2422 万元。企业资产总额为 60 174.77 万元，负债总额为 21 296 万元，资产负债率 35.4%。

随着全面禁止天然林商业性采伐政策的实施，林区经济呈现出“两头立林”的典型特点。

四、发展历史及法律地位

自然保护区由大兴安岭林业集团筹建于 1998 年，2002 年 9 月，国家林业局以“林护发〔2002〕204 号”文件批准其为部级自然保护区。2006 年 1 月，黑龙江省人民政府以“黑政函〔2006〕6 号”文件批准其为省级自然保护区。2012 年 1 月 21 日，国务院以“国办发〔2012〕7 号”文件批准建立多布库尔国家级自然保护区。

该自然保护区是以保护我国寒温带地区湿地生态系统及珍稀濒危野生动植物物种栖息地的自然保护区，是集生态保护、科研监测、科学研究、资源管理、生态旅游、宣传教育和生物多样性保护等多种功能于一体的湿地自然保护区。

2013 年 4 月，大兴安岭地区机构编制委员会以“大编〔2013〕5 号”正式批准成立黑龙江多布库尔国家级自然保护区管理局，实行集体领导下的分工负责制。

当前，自然保护区管理局为正处级建制，目前核定事业编制 35 名，管理局下设综合办公室、计划财务科、保护管理科、科研中心、宣教中心、生产经营科等 6 个职能部门。各科（室）既有分工，又密切配合，不足人员根据工作需要采用聘或雇临时工解决，以节省开支。保护区实行管理局、保护管理中心站、保护管理站（点）三级管理。区内现有保护管理中心站 1 座，保护管理点 10 个。

自然保护区制定了《多布库尔国家级自然保护区管理办法》《多布库尔国家级自然保护区规章制度》等多项管理制度。现有保护管理站（点）每天均开展日常巡护工作，并有巡护记录。

五、保护对象

自然保护区属“自然生态系统类、内陆湿地和水域生态系统类型”自然保护区，以保护位于嫩江源头区由河流湿地、湖泊湿地、沼泽湿地等组成的典型沼泽湿地生态系统为主要目标，具体保护对象包括：第一，典型完整的沼泽湿地生态系统；第二，嫩江发源地；第三，以东方白鹳、白鹤、鸳鸯等为代表的珍稀水禽及其栖息地；第四，珍稀动植物资源及丰富的生物多样性。

六、土地概况及功能区划

自然保护区总面积 128 959hm^2，森林、林地和林木权属均为国有，并有原林业部核发林权证“国林证字 411 号权属”作为证明，森林资源经营管理权为自然保护区管理局所有。保护区四至边界清楚，无土地权属争议。

区内的宜农林地属于历史遗留问题。1994 年，大兴安岭地区鼓励林业职工搞林农复合经营，开发熟化土壤产生的土地，并与当地种养户签订宜农林地承包合同。当时，大兴安岭林区林业“两危”形势严峻，职工生活、工资水平很低，开展林农复合经济的农业开发活动，带动了职工经济状况的好转，在当时具有重要的现实意义。当前，保护区内共有228户种养殖户，其中种植户200户、养殖户28户。

按照区划与有关标准，在实地踏查的基础上，充分考虑本区植被群落和野生动物的典型性、稀有性、自然性等特点，结合该区的地形地貌、湿地类型及行政区划，采取以自然区划为主的区划法，将其划定为核心区、缓冲区和实验区。三个区域面积及比例详见表1-5。

表1-5 多布库尔国家级自然保护区功能区划表

功能分区	面积/hm^2	林班/个	面积比例/%
核心区	41 786	113	32.40
缓冲区	38 879	109	30.15
实验区	48 294	138	37.45
合计	128 959	360	100

第二节 内蒙古根河源国家湿地公园

一、自然地理及景观概况

（一）地理位置与地形

内蒙古根河源国家湿地公园（下文简称根河源国家湿地公园）地处大兴安岭北麓西坡中段、内蒙古自治区呼伦贝尔根河市境内，位于根河市好里堡镇东北部，地理坐标为北纬50°48′～51°13′、东经121°34′～122°41′，总面积59 060.48hm^2，湿地面积20 291.01hm^2，占总面积的34.36%，呈东北至西南长条状，北边起自根河源头萨吉气森林管护所，南至潮查森林管护所，是中国极少数建立在冻土上的湿地公园，也是我国目前保持原生态最完好最典型的国家级湿地公园之一。

根河源国家湿地公园所处地区属中低山丘陵地形，山峦起伏不平，总的趋势为东北高、西南低。平均坡度为15°左右，山脉多南北走向。开拉气南部、约安里南部、萨吉气东部连接大兴安岭主脉。最高海拔1451m，最低海拔623m。湿地公园的总体地势沿根河流域呈东北-西南走向，具有古老的准平地面与浑圆形山体的特征。区内河网发育，河谷开阔，比较平缓，相对高差在100～300m，地势起伏相对较缓。上游的湿地保育区以覆盖针叶林的山体地貌为主，其他功能区河汊较多，河谷开阔。

（二）气候

根河源国家湿地公园气候属寒温带湿润型森林气候，并由于远离海洋具有大陆性季风气候的某些特征。其特点是：寒冷湿润，冬长夏短，春秋相连，无霜期短，气温年较差、日较差大，年均气温为–2.6℃。1月平均气温–30.8℃，极端最低气温为–49.6℃。

7 月平均气温为 16.6℃，极端最高气温为 35.4℃，年均降水量为 425.5mm，蒸发量为 939mm。≥10℃的年均积温 1308.9℃。年均相对湿度 71%，年日照时数平均 2614.1h，早霜期为 8 月下旬，晚霜期为 6 月上旬，无霜期 80～90 天。春秋两季风大，一般为 4～5 级，年平均风速 1.9m/s。

（三）土壤

根河源国家湿地公园地质构造属古生代—中生代复式背斜构造，褶皱轴向多为北东向新华夏式构造，属大兴安岭新华夏隆起带的一部分。由于沉积作用、岩浆活动、构造运动和变质作用等因素，本区构造复杂，以断裂构造为主，构造线方向为北东和北西向。褶皱构造次之，主要为一些小的背斜和向斜构造。地质结构主要由古生代结晶岩中的花岗岩、砂质片岩和玄武岩组成。成土母质为上述岩石风化后形成的残积物和坡积物。

受气候、地形特点的影响，森林土壤的地带性结构简单，大多地域土层浅薄，粗骨性强，形成大兴安岭林区典型的地带性土壤——棕色针叶林土。在山顶岗梁上分布有零星粗骨土，沟谷洼地和山沟碟形低地分布有较大面积的沼泽土，河流两岸阶地分布有草甸土等隐域性土壤。

湿地公园主要土壤为棕色针叶林土，分布较为普遍，从山脊到沟谷均有分布。原始植被有兴安落叶松（*Larix gmelinii*）、白桦（*Betula platyphylla*）、樟子松（*Pinus sylvestris* var. *mongolica*）。沼泽土主要分布在各沟谷溪旁，草甸土主要分布在根河两岸的岛状宜林荒地及二阶台地上，灰色森林土主要分布在山杨林和白桦林下。

（四）水及河流

根河源国家湿地公园最大河流为根河，发源于萨吉气生态功能区，由东北向西南贯穿全局，流经额尔古纳市注入额尔古纳河。拉布大林断面测量数据显示，根河多年平均径流量 16.8 亿 m^3，多年平均蒸发量 1109.8mm。公园位于中低山丘陵区，沟谷和河谷呈枝网状散布在其间。湿地水源补给主要是大气降水，流出状况为永久性流出，积水主要是季节性积水，地表水 pH 为 7.14，分级为弱碱水，矿化度为 0.06g/L，分级为淡水，透明度为 1.0m，透明度等级为混浊；地下水水质状况：pH 6.56，分级为中性，矿化度为 0.318g/L，分级为淡水，水质级别为I级。

（五）自然资源

根河地区拥有独特的森林景观和生态体系，包括原始森林景观、河流景观、冰雪景观、珍稀野生动植物，奇特地貌、山峰，以及主要原始森林景观区、乌力库玛森林风景区、约安里观鸟区等，对探险者和崇尚自然的人具有极大吸引力。

二、湿地及其野生动植物资源概况

（一）湿地资源

根河源国家湿地公园位于根河的上游，该区域河流沟汊众多，迂回宛转，在地势平坦区形成很多河湾、沼泽及洪泛湿地，湿地分布广泛，成为最具特色的大兴安岭北部森林沼泽和河流湿地交错分布的典型区域（图 1-1）。据 2010 年第二次全国湿地资源调查数据统计，根河源国家湿地公园内湿地类型以沼泽湿地和河流湿地为主，并有少量的湖泊湿地存在，湿地总面积为 20 291.01hm²，其中沼泽湿地 18 370.59hm²，河流湿地 1902.42hm²，湖泊湿地 18.00hm²（表 1-6）。

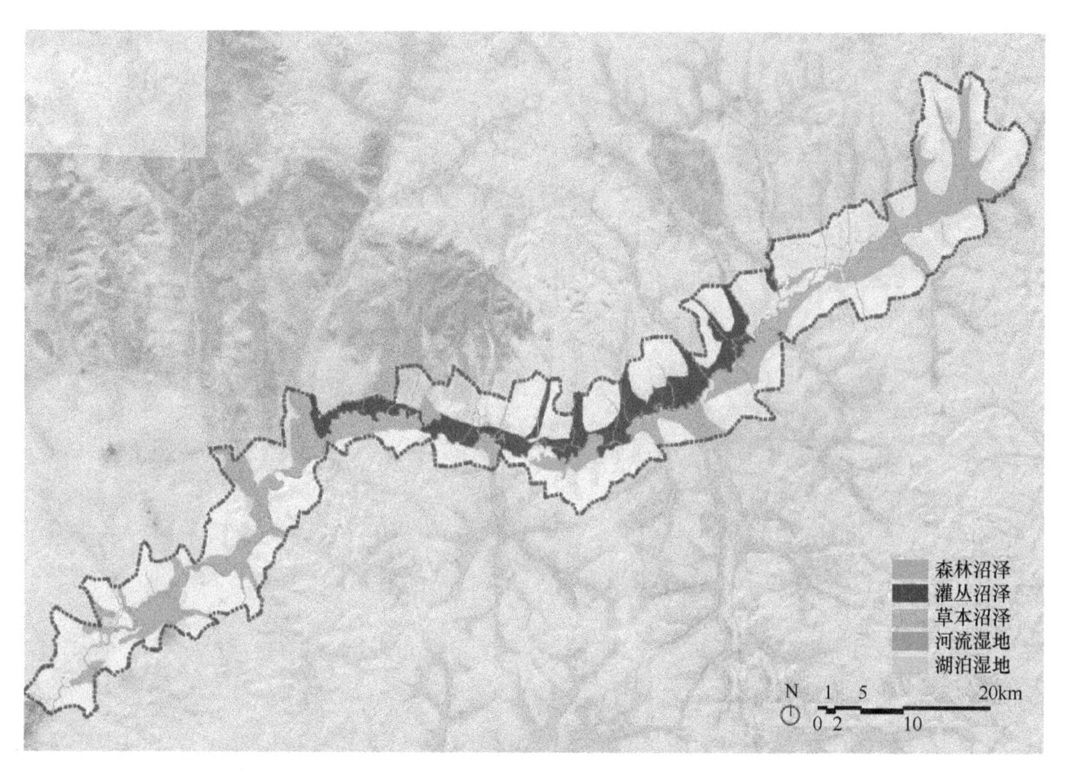

图 1-1　根河源国家湿地公园湿地资源分布图

表 1-6　根河源国家湿地公园湿地类型及其面积和比例

湿地类型	河流湿地	湖泊湿地	沼泽湿地			合计
			草本沼泽	灌丛沼泽	森林沼泽	
面积/hm²	1 902.42	18.00	6 299.15	6 430.22	5 641.22	20 291.01
占园区面积比例/%	3.22	0.03	10.67	10.89	9.55	34.34

1. 沼泽湿地

区内沼泽湿地类型较多，有森林沼泽、灌丛沼泽、草本沼泽，面积 18 370.59hm²，占该区湿地总面积的 90.53%，以兴安落叶松（Ass. *Larix gmelinii*）沼泽为主。森林沼泽根据其营养状况可划分为富营养型沼泽、中营养型沼泽和贫营养型沼泽，其代表类型分别为兴安落叶松–柴桦–球穗苔草（Ass. *Larix gmelinii-Betula fruticosa-Carex globularis*）沼泽、兴安落叶松–柴桦–笃斯越橘–藓类（Ass. *Larix gmelinii-Betula fruticosa-Vaccinium uliginosum*-Bryophyta）沼泽、兴安落叶松–狭叶杜香–泥炭藓（Ass. *Larix gmelinii-Ledum palustre-Sphagnum* spp.）沼泽。

兴安落叶松–柴桦–球穗苔草沼泽：见于平缓的沟谷和坡麓地带。兴安落叶松为建群种，常伴生白桦（*Betula platyphylla*）。林下灌木和草本比较丰富，灌木层以柴桦为优势种；草本层发达，以球穗苔草（*Carex globularis*）等莎草科植物为优势种；苔藓地被层有白齿泥炭藓（*Sphagnum girgensohnii*）、锈色泥炭藓（*Sphagnum fuscum*）等。上述各亚层优势种都是典型沼泽湿地植物，也是本群落的"特征种"或"指示种"。

兴安落叶松–柴桦–笃斯越橘–藓类沼泽：常分布于富营养型兴安落叶松–柴桦–球穗苔草沼泽和贫营养型兴安落叶松–狭叶杜香–泥炭藓沼泽之间。

兴安落叶松–狭叶杜香–泥炭藓沼泽：乔木层简单，为纯林，兴安落叶松为建群种，灌木层以狭叶杜香（*Ledum palustre*）为主；草本层植物稀少，层次不明显，多为喜湿的苔草、小叶章（*Deyeuxia angustifloia*）等；苔藓地被层较发育，如毡状分布，主要为泥炭藓，有中位泥炭藓（*Sphagnum magellanicum*）、锈色泥炭藓、尖叶泥炭藓（*Sphagnum capillifolium*）等。兴安落叶松枝干上悬生树衣等地衣类植物。

2. 河流湿地

区内河流湿地 1902.42hm^2，占湿地总面积的 9.38%。全区位于根河的上游，水量补给主要为自然降水（雨水和融雪）。

3. 湖泊湿地

区内湖泊湿地面积较小，面积仅 18.00hm^2，占湿地总面积的 0.09%，主要分布于根河上游区域。

（二）野生植物资源

根河源国家湿地公园的湿地植被类型可划分为森林湿地植被、灌丛湿地植被、苔草湿地植被 3 类。

根河源国家湿地公园内湿地植物共有 95 科 215 属 553 种。其中，地衣植物 3 科 3 属 5 种，苔藓植物 32 科 44 属 126 种，蕨类植物 3 科 3 属 11 种，裸子植物 1 科 1 属 1 种，被子植物 56 科 164 属 410 种。

（三）野生动物资源

根河源国家湿地公园内野生动物资源丰富，共有 20 目 27 科 67 属 117 种。其中，鱼类 6 目 10 科 22 属 30 种，两栖类 2 目 4 科 4 属 6 种，爬行类 2 目 2 科 2 属 2 种，鸟类 8 目 9 科 35 属 74 种，兽类 2 目 2 科 4 属 5 种。

三、所在地区社会经济状况

（一）社会经济状况

根河地区特色产业稳步发展，建立了以狐貂、驯鹿为主的特色养殖基地和以食用菌、野生浆果种植为主的特色种植基地，特色产品科技含量和附加值不断提高，产业化格局基本形成。以根河板业、根林木业、金河兴安板业为代表的林产品精深加工企业技术改造力度加大，产业升级步伐加快，刨花板年生产能力达到19万m^3，层积材年生产能力达到4万m^3，集成材、细木工板和雪条棒年生产能力分别达到1万m^3、1万m^3和4万m^3。第三产业发展迅速，2010年实现增加值140 000万元，年均增长18.2%。

根河林业局为根河源国家湿地公园上级主管部门，对整个园区内所有的林地、草地、河流等拥有林权证。园区以往是林木主伐区，有一些居民居住，在实施天然林资源保护工程后，大大较低了对森林的采伐量，土著居民也已全部搬迁，现只有几个林场管护站，主要活动者为管护人员和职工。

（二）文化资源概况

“敖鲁古雅”为鄂温克语译音，意为“杨树林茂盛的地方”，敖鲁古雅鄂温克族是中国鄂温克族独具特色的一个群体，也是中国最后的狩猎部落。1965年，鄂温克猎民迁到敖鲁古雅河畔安家，成立敖鲁古雅鄂温克猎民乡（以下称敖乡），实现了定居。鄂温克族从事畜牧生产的人占该民族总人口的一半。采集业及捕鱼业是鄂温克族狩猎和牧业经济的重要补充，是鄂温克妇女从事生产的重要组成部分。采集业包括桦树皮的采集和缝制成各种器皿，以及采集榛子、木耳、蘑菇、野菜等。

鄂温克民俗文化和桦树皮制作技艺2个项目被列入国家级非物质文化遗产拓展名录。在北京举办奥运会和残奥会期间，根河的非物质文化遗产——桦树皮手工制作技艺亮相京城。同时，敖乡在自治区公布的第四批全区民间文化艺术之乡中，被命名为“桦树皮文化之乡”和“驯鹿文化之乡”。2008年，敖乡5个饲养驯鹿的猎民点正式以敖鲁古雅部落的名义加入国际驯鹿养殖者协会，中国也成为世界上仅有的9个养殖驯鹿的国家中最后一个入会的成员。

四、湿地公园主要职能

根河源国家湿地公园致力于建成集湿地保护、观光休闲、湿地展示、科普教育、湿地和森林野生资源利用等于一体的湿地公园，以实现以下五方面职能。

第一，保护特有自然湿地类型。园区拥有森林、沼泽、河流等多种生态系统，这种森林与湿地交错分布的生态系统特征在全国是最具典型性的。根河还担负着额尔古纳河水量供给和水生态安全的重任，在维护国际水系生态安全方面具有举足轻重的作用。

第二，保障发挥根河源湿地重要功能。根河流域地处大兴安岭林区向呼伦贝尔大草原的过渡区域，具有很好的缓冲作用。区域内河谷平缓宽阔，低洼地众多，为各种湿地类型的形成提供了地貌条件，有利于生物多样性的增加和生物链（网）的形成。同时，根河源湿地还是整个根河流域的重要水源地，是众多珍稀野生动植物的栖息地，因此，在根河上游建立湿地公园，加强对根河源湿地的保护，对进一步发挥根河源湿地的服务功能具有关键作用。

第三，促进生态区建设和产业结构调整。天然林资源保护工程实施木材减产政策后，根河林业局经济总量出现下滑，经济产值不高。湿地公园的建设，将加快区域森林和湿地生态旅游产业发展，有利于加速产业结构调整，振兴当地经济，推进贯彻实施《大小兴安岭林区生态保护与经济转型规划》。

第四，弘扬当地特色文化。位于湿地公园延伸区的敖鲁古雅鄂温克族，是中国最后一个狩猎部落，是中国唯一饲养驯鹿的少数民族，它代表了根河林业局的地方特色。根河源国家湿地公园建设将充分展现和挖掘敖鲁古雅驯鹿文化。

第五，推动我国北部林区湿地保护和恢复建设。园区内拥有森林沼泽湿地、灌丛沼泽湿地、苔草沼泽湿地、泥炭沼泽湿地、河流湿地、湖泊湿地等多种湿地类型，湿地公园的建设是对该区域湿地多样性和原始森林实施保护的重大举措，将成为我国北部林区湿地保护和恢复的示范，并积极影响和推动对周边湿地区域的保护。

五、功能区划及土地权属

（一）功能区划

通过对根河源国家湿地公园规划范围的全面考察，结合各区域的景观特点和资源特色，在充分考虑生态保护和便于管理的前提下，将根河源国家湿地公园划分为湿地保育区、恢复重建区、合理利用区、宣教展示区、管理服务区等5个功能区。

1. 湿地保育区

湿地保育区正处于根河的源头，包括湿地和森林，总面积30 855.98hm^2，占全区总面积的52.24%。湿地面积10 103.21hm^2，其中河流732.69hm^2，湖泊18.00hm^2，森林沼泽4486.75hm^2，灌丛沼泽3455.49hm^2，草本沼泽1410.28hm^2。该区是湿地公园保护的“核心区”，受严格保护。这里拥有典型的大兴安岭森林、灌丛和草本沼泽湿地景观，荟萃了大兴安岭湿地的精华，功能定位于科学考察、生态监测和湿地研究，原则上不得进行任何与湿地生态系统保护和管理无关的活动。

2. 恢复重建区

恢复重建区位于根河源国家湿地公园带状区域北部，主要为20世纪改造后的水湿地退化区和火烧迹地，总面积653.16hm^2，占全区总面积的1.1%。湿地面积313.45hm^2，其中河流27.21hm^2，森林沼泽62.20hm^2，灌丛沼泽33.80hm^2，草本沼泽190.24hm^2。通过在区内实施小规模的地形改造，创造汇水条件，恢复湿地，增加生物多样性，为鸟类提供栖息地和觅食所。

3. 合理利用区

合理利用区位于根河源国家湿地公园中部的带状区域，以湿地为主。总面积27 526.34hm^2，占全区总面积的46.61%。湿地面积9868.65hm^2，其中河流1139.77hm^2，森林沼泽1092.27hm^2，灌丛沼泽2940.93hm^2，草本沼泽4695.68hm^2。该区主要开展河流、湖泊、沼泽湿地生态认知、湿地野生动植物认知等湿地科普就地宣教，以及敖鲁古雅鄂温克文化、森工文化等森林文化体验、休闲游赏、科研监测等活动。

4. 宣教展示区

位于根河源国家湿地公园西部，总面积 15.00hm^2，占全区总面积的 0.03%。湿地面积 1.47hm^2（全部为河流湿地）。该区通过采用电子翻书、触摸屏、幻影成像等多媒体技术，生动展示大兴安岭冷极湿地重要的生态系统功能及丰富的生物多样性、独特的自然景观，世界和中国的湿地概况，以及湿地的开发利用及其生态效应等。

5. 管理服务区

位于根河源国家湿地公园西部，是进入湿地公园的门户，总面积 10.00hm^2，占全区总面积的 0.02%。湿地面积 4.23hm^2，其中河流 1.28hm^2，草本沼泽 2.95hm^2。该服务区供湿地公园开展安全保卫、医疗服务，紧急事件处理，以及提供信息咨询、特色林副产品销售等服务。

（二）土地权属

区内所有湿地包括河道、沼泽和湖泊都在根河林业局管辖范围，同时这些区域都具有林权证，全部属于国有，湿地、森林土地权属明晰。

第二章　大兴安岭地区湿地价值评估

湿地生态系统具有多种价值，为人类生存和发展提供了多种服务，一旦湿地生态系统受到破坏，其损失将无法弥补。人们在利用湿地资源时，往往关注与自己利益相关的湿地服务，而忽视了其他的湿地服务，导致不同利益相关方之间的利益冲突，并且是以牺牲湿地其他的一些服务为代价。2003 年“千年生态系统评估”（Millennium Ecosystem Assessment，简称 MA）将“价值评估”定义为：通过计算的方式（如换算为货币进行计算）估量某一特定的效益或服务所具有的价值。目前，在经济核算和决策程序上还有许多结构性缺陷，导致湿地生态系统服务的价值在成本效益分析中不能得到充分体现，湿地生态系统的价值仍然被低估且被过度利用。在制定经济发展决策时往往忽略湿地生态系统的价值，导致湿地生态系统持续退化。

本章针对大兴安岭地区湿地价值进行评估，开展了国内外有关及与大兴安岭地区湿地类型相近的生态系统服务价值评估方法的文献综述，建立了有针对性的湿地生态系统服务价值评估方法，在评述已有生态系统服务价值评价方法的基础上，经过专家研讨与实际调研，充分衡量各种方法的可达性与不重复计算，完成了大兴安岭地区及项目示范点的湿地生态系统服务价值评估。结果表明，大兴安岭地区湿地生态系统服务总价值为 1067.6 亿美元/年，其中森林沼泽与草本沼泽提供了 96.6%的服务价值，是大兴安岭地区提供湿地生态系统服务的主体。大兴安岭湿地生态系统服务价值评估方法结果较为客观、准确地反映了大兴安岭地区湿地生态系统功能与生态服务的相对量级。

第一节　国内外湿地生态系统服务价值评估方法概述

一、国外湿地生态系统服务价值评估方法

国外对于湿地生态系统服务功能的评价始于 20 世纪后期，美国马萨诸塞大学的 Larson 于 1970 年第一次提出了帮助政府颁发湿地开发补偿许可证的湿地快速评价模型。20 世纪 80 年代以后，美国对湿地服务功能评价方法的研究投入了更多精力，对湿地生态系统服务功能的评价越发关注，最值得一提的是美国马里兰大学的 Costanza 等（1997，2014）对全球湿地生态系统的功能和自然资本价值的估算，这一研究成果为全球湿地评价提供了完整的可供对比的资料。

（一）湿地生态系统服务功能的内涵

De Groot（1992）、De Groot 等（2002）将湿地生态系统的服务功能分为供给功能、调节功能、支持功能和信息功能等四大类。Daily（1997）探讨了湿地生态系统服务功能的定义及其价值特性，以及生态系统服务功能与生物多样性之间的联系。Naeem 和 Li（1997）侧重于研究湿地生态系统服务功能变化的机制，特别是生物多样性与生态系统

服务功能变化之间的相互作用。Barbier 等（1997）把湿地效益划分为功能、使用价值和属性，并对每一项湿地效益进行了解释说明。印度尼西亚的 Rosemary（1991）不仅详细列出了这 3 个分类之下的诸项湿地效益，还就具体湿地提出了功能分类。

（二）湿地生态系统服务功能价值评估技术

Woodward 和 Wui（2001）提出了荟萃分析（meta-analysis）的非市场价值评估方法，Brinson 等（1995）提出了“五步”湿地生态系统服务功能评估方法，Kent（2000）开发了一种宏观层次上的湿地功能评估技术，Turner 等（2003）建立了湿地生态经济分析的框架。Barbier 等（1994）采用生产力损失法、市场价格法对尼日利亚哈代贾-恩古鲁湿地的农林效益的净现值进行了评估。Lannas 和 Turpie（2009）通过非正式的面访和结构化的家庭调查方法比较了非洲南部两个湿地的供给服务价值，Musamba 等（2012）采用旅行费用法评估了维多利亚湖的休闲娱乐价值。

（三）代表性评估方法

1. MA 评估框架

MA 对生态系统服务的定义为：生态系统服务是指人类从生态系统中获得的效益，将生态系统服务功能分为四大类（图 2-1），包括生态系统对人类可以产生直接影响的供给功能、调节功能、文化功能，以及对维持生态系统的其他功能具有基础作用的支持功能（Millennium Ecosystem Assessment，2005）。

MA 2005 年建立了驱动力-生态系统变化-服务功能变化-人类福利的关系（图 2-2）。驱动力引起的生态系统变化（左下角）将导致生态系统服务功能的改变，进而影响人类的福利状况。这些相互作用不止在一个尺度之上发生，而且可以跨越多个时空尺度。根据具体情况，几乎在 MA 框架上的每一环节上，人们都可以通过采取以双黑三角标示的行动来削弱消极的变化，或者增强积极的变化。

生态系统服务的变化通过影响人类的安全、维持高质量生活的基本物质条件、健康，以及社会关系等对人类福利产生深远的影响。

2. InVEST 模型评估

InVEST 全称为生态系统服务功能综合估价和权衡得失评估模型，由美国斯坦福大学、大自然保护协会（TNC）和世界自然基金会（WWF）联合开发。

InVEST 将生态系统服务划分为商品生产（the production of goods，如食物）、生命支持过程（life-support process，如水质净化）、满足生活条件（life-fulfilling condition，如美学、娱乐）和保护选择（conservation of option，为了未来的基因多样性保护）。

模型提供了多种生态系统服务功能评估，包括淡水生态系统评估、海洋生态系统评估和陆地生态系统评估三大模块，每个模块又分别包含了具体的评估项目。淡水生态系统评估包括产水量、洪峰调节、水质和土壤侵蚀；海洋生态系统评估包括生成海岸线、海岸保护、美感、水产养殖、生境风险、叠置分析、波能；陆地生态系统评估包括生物多样性、碳储量、授粉和木材生产量。

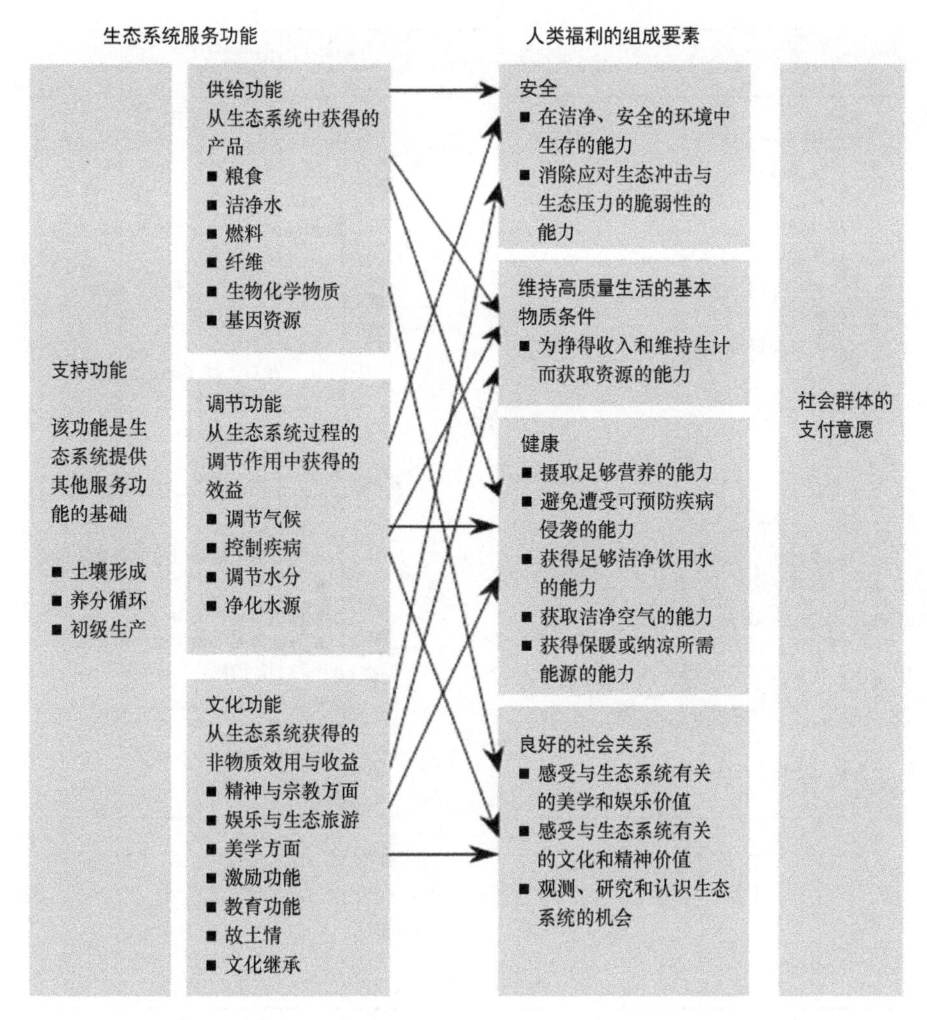

图 2-1　生态系统服务分类体系（Millennium Ecosystem Assessment，2005）

3. Costanza 等的研究

Costanza 等（1997）将生态系统服务划分为 17 种主要类型（表 2-1），根据土地覆盖将全球生态系统分为 15 类生物群落，将生态服务供求曲线为一条垂直直线作为假定条件，逐项估计了各种生态系统的各项生态系统服务价值，得出全球生态系统每年的服务价值为全世界国民生产总值（GNP）的 1.8 倍。

4. De Groot 等的研究

De Groot 等（2002）将生态系统功能定义为自然过程及其组成部分提供产品和服务从而满足人类直接或间接需要的能力。当生态系统功能被赋予人类价值的内涵时便成为生态系统产品和服务。

5.《关于特别是作为水禽栖息地的国际重要湿地公约》的湿地生态系统服务价值评估

2006 年第三号湿地公约技术报告建立了生态系统组分、生态过程及它们所支持的生

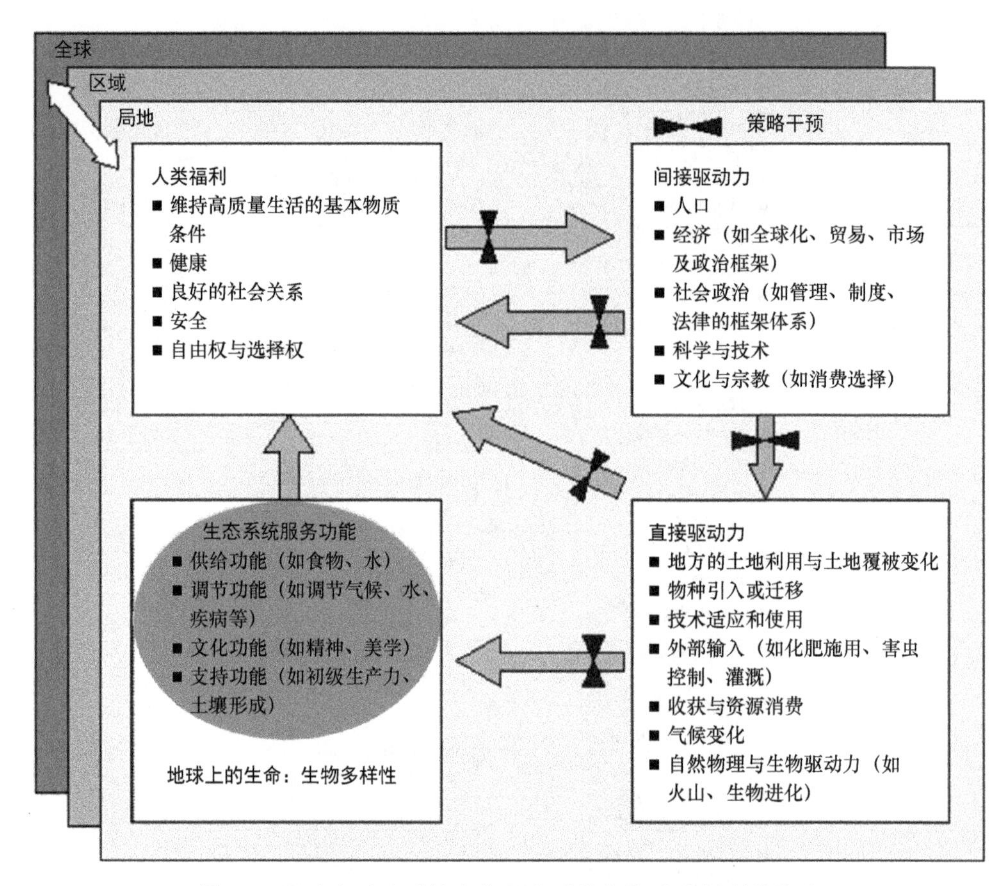

图 2-2 驱动力-生态系统变化-服务功能变化-人类福利的关系

双黑三角表示人类干预

表 2-1 Costanza 等 1997 年将生态系统服务划分的主要类型

序号	生态系统服务的主要类型	生态系统的功能	举例
1	调节大气	调节大气的化学成分	CO_2/O_2 平衡，O_3 对臭氧层的保护，SO_x 水平
2	调节气候	调节全球气温、降水和其他全球或区域范围内的气候过程	温室气体调节，影响云形成的颗粒物
3	干扰调节	生态系统的容量、抗干扰性和完整性对各种环境变化的反应	防御风暴、控制洪水、干旱恢复和其他生境对环境变化的反应，这些反应主要由植被结构决定
4	调节水分	调节水的流动	农业（如灌溉）、工业（如采矿）过程或运输中的水供应
5	供应水资源	存储和保持水分	流域、水库和地下含水层的水供给
6	控制侵蚀与沉积物滞留	生态系统中的土壤保持	防止土壤因风、径流和其他移动过程而流失，湖泊或湿地中的淤泥储积
7	土壤形成	土壤形成过程	岩石风化和有机物积累
8	养分循环	养分的贮藏、循环及获取	氮的固定，氮、磷及其他一些元素或养分的循环
9	废物处理	流动养分的补充、去除或破坏次生养分和成分	废物处理，污染控制，解毒作用

续表

序号	生态系统服务的主要类型	生态系统的功能	举例
10	授粉	花配子的运动	为植物繁殖提供花粉
11	生物控制	人口的营养-动态调节	主要捕食者对被捕食物种的控制，顶级捕食者对食草动物的控制
12	避难所	永久居住者和暂时人口的栖息地	育婴室，迁徙物种的停留地，本地丰盛种的区域性栖息地或越冬场所
13	食物生产	总第一性生产力中可作为食物提取的部分	水产、野味、庄稼、野果和水果
14	原材料	总第一性生产力中可作为原材料提取的部分特有生物材料和产品资源	木材、燃料或食料生产
15	基因资源	特有生物材料和产品资源	药品、材料产品、抗植物病原体和庄稼害虫的基因、宠物及各种园艺植物
16	娱乐	提供娱乐活动的机会	生态旅游、垂钓和其他户外活动
17	文化	提供非商业用途的机会	生态系统的美学、艺术及文教活动

注：总第一性生产力即总初级生产力

态系统服务之间的关系，将湿地生态系统服务分为供给服务、调节服务、文化服务和支持服务；将湿地生态系统总体价值分为生态价值、社会-文化价值、经济价值三大组成部分；经济价值由使用价值和非使用价值构成。该报告也提出了湿地生态系统服务价值评估方法。

二、国内湿地生态系统服务价值评估方法

吕磊和刘春学（2010）运用机会成本法、影子工程法、替代市场法及发展阶段系数法等评估了滇池湿地的生态系统服务价值。崔丽娟（2002）运用市场价值法、费用支出法、影子工程法等对扎龙湿地的生态系统服务功能价值进行了评估，刘晓辉等（2008）对三江平原湿地土壤碳存储功能价值进行了评估，王继国（2007）评价了艾比湖湿地调节气候功能的价值量，吴炳方等（2000）对东洞庭湖湿地的防洪功能进行了评价，肖笃宁等（2003）评价了辽河三角洲湿地的水文调节与防护功能。崔丽娟（2002，2004）对扎龙和鄱阳湖湿地进行了服务功能价值评估，张晓云等（2008）利用卫星遥感资料，构建了若尔盖高原湿地主要生态系统服务价值评价模型，毛德华等（2007）对洞庭湖湿地生态系统服务功能价值进行了评估，陈鹏（2006）将厦门市湿地生态系统类型划分为浅海水域、滩涂、河口水域等 9 个类型来评估厦门湿地各项生态系统服务功能价值。众多学者在洞庭湖（庄大昌，2004）、乌梁素海（段晓男等，2005）、白洋淀（张素珍和李贵宝，2005）、洪湖（莫明浩等，2008）、西藏拉鲁湿地（张天华，2005）、长江口湿地（吴玲玲等，2003）等进行了相关湿地生态系统服务功能价值评估等一系列研究。

辛琨和肖笃宁（2002）采用生态经济学的理论和方法来评估辽河三角洲盘锦地区各项湿地生态系统服务功能价值，郝运等（2004）研究了向海湿地生态系统服务功能价值，

江波等（2011）以 2005 年为基准年，评估了海河流域湿地生态系统提供的类生态系统服务的总价值。

湿地资源主要包括旅游资源、风景资源、农业资源、生物资源、水资源等。其中研究较多的是旅游资源，戴放（2006）、欧世芬和曾从盛（2006）、汤蕾和许东（2006，2007）、赵旭阳和刘立（2006）、王霄等（2007）、周晓丽（2009）、王伟光等（2010）、曾涛等（2010）、赵洋（2010）分别对黑龙江省安邦河湿地自然保护区、福建省闽江河口湿地、辽宁省辽河三角洲湿地、河北省滹沱河岗黄区湿地、江苏省盐城海滨湿地、辽宁省鸭绿江口滨海湿地自然保护区、黑龙江省八岔岛国家级自然保护区、黑龙江省兴凯湖国家级自然保护区、吉林省长白山湿地进行了旅游资源评价。

姜文来（1997a，1997b）、俞穆清等（2000）分析了湿地资源开发面临的环境问题，探讨了相应的环境影响评价指标体系。吴静（2005）在分析天津市湿地资源开发现状和规划思路的基础上，初步探讨了累积环境影响评价的理论和实践。张宏斌（2006）根据对黑河流域中上游湿地资源的全面系统的调查分类，采用层次分析法评价了该湿地资源的生态环境质量。崔保山和杨志峰（2001）评价了吉林省典型湿地资源向海、大布苏、莫莫格、查干湖、敬信湿地的功能、用途和属性效益。易烜（2007）基于层次分析法，构建了东江湖人工水库型湿地效益评价体系。

中国对湿地评价指标和定量化方法的研究还处于起步阶段，大部分仅仅是概念性的设想和建议或简单的定量研究，要提高评价的合理性、准确性和可信性，亟须解决的就是评价指标体系的完善和评价方法的改进。因此，应用新理论、新技术及新方法来推动和改善湿地服务功能价值的评价，建立一整套完善的评价指标体系及行之有效的评价标准和方法是今后湿地评价研究的发展趋势。

三、国内外湿地生态系统服务价值评估方法体系研究

能值分析法是指用太阳能值（solar energy value）计量生态系统为人类提供的产品或服务，进行定量分析研究的评估方法（Odum and Odum，2000；崔丽娟和赵欣胜，2004）。使用能值货币价值转化率，可以对湿地生态系统服务及其价值进行定量化评价。

物质量评价法是从物质量的角度对生态系统的各项服务进行定量评价（赵景柱和肖寒，2000），它可以被用来分析生态系统服务的可持续性，也是分析空间尺度较大的区域生态系统的有效途径（欧阳志云和王效科，1999；谢高地等，2001）。

价值量评价法是以货币的形式来呈现生态系统服务的价值的。其优势在于：评估结果都是货币值，易于加总和比较；评估结果易于纳入国民经济核算体系，实现绿色 GDP。不足之处在于：评估结果具有很强的主观性，由于评估方法不同，评估结果具有一定的差异性。

1）原材料价值：评价湿地生产的食物、木材等各种原材料的年生产价值。数据由当地湿地主管部门提供。估算方法是市场价格法，公式为

$$V=\sum_{i=1} S_i \times Y_i \times P_i \tag{2-1}$$

式中，V 为原材料价值，既包括水产品价值，又包括原材料生产价值；S_i 为第 i 类物质的可收获面积；Y_i 为第 i 类物质的单产；P_i 为第 i 类物质的市场价格。产品市场价格参照当年国家物价年鉴及当地实际物价。在原材料价值的估算中，可收获面积按总生产面积的 50%计算。

2）旅游价值：数据主要为当地湿地主管部门提供的统计数据，评价方法是费用支出法。估算中将旅游者费用支出的总和（包括交通费、食宿费等一切用于旅游方面的消费）作为该景观旅游功能的经济价值，公式为

$$\text{旅游价值}=\text{旅行费用支出}+\text{消费者剩余}+\text{旅游时间价值}+\text{其他花费} \tag{2-2}$$

式中，旅行费用支出主要包括游客从出发地至景点的直接往返交通费用、游客在整个旅游时间中的食宿费用、门票和景点的各种服务收费；旅游时间价值是由于进行旅游活动而不能工作损失的价值；其他花费包括用于购买旅游宣传资料或纪念品、摄影等方面的花费；某一生态系统旅游价值的消费者剩余取决于费用与旅游人次，约为其他各项费用支出的 10%。

3）科学研究价值：采用美国经济生态学家 Costanza 等（1997）推算出的世界湿地的文化价值［881 美元/（hm^2·年）］来推算湿地的科学研究价值，计算时根据当时的汇率换算为人民币。湿地面积由遥感图像解译得到。

4）调节大气：湿地调节大气的价值由湿地每年吸收 CO_2 和释放 O_2 的价值之和来表征，吸收 CO_2 和释放 O_2 的价值由碳税标准和工业制氧价格与湿地面积之积来计算。湿地面积由遥感图像解译得到。估算方法是碳税法和机会成本法，公式为

$$X=A_1W_1+A_2W_2 \tag{2-3}$$

式中，X 为湿地调节大气的价值；A_1 指碳税标准，为 700 元/t；W_1 为湿地固定 CO_2 的质量；A_2 指工业制氧价格，为 400 元/t；W_2 为湿地释放 O_2 的质量。依据植物光合作用方程

$$6CO_2+6H_2O \xrightarrow[\text{叶绿体}]{\text{光照、酶}} C_6H_{12}O_6+6O_2 \tag{2-4}$$

植物每年生产 1t 干物质可固定 1.63t CO_2，释放 1.2t O_2，根据研究区每年初级产品按干湿比 1∶20 计算，即可计算出研究区湿地调节大气的价值。

5）调蓄洪水：以湿地当年的洪水调蓄量和修建同样蓄积量的水库的价值来表征该指标。调蓄量由当地湿地主管部门提供。估算方法是影子工程法。公式为

$$R=\frac{1}{n}\sum_{t=1}^{n}c_tR_t\left(1+x_t\right) \tag{2-5}$$

式中，R 为多年平均调蓄洪水价值；R_t 为当年洪水调蓄量；c_t 为当年修建 $1m^3$ 水库库容的平均价格；x_t 为价格的增长系数，为 0.67 元/m^3。

6）净化去污：该指标以工业方法去除等量的污水所用的费用来表征湿地净化去污的价值，去除污水总量由当地湿地主管部门提供。估算方法是影子工程法，公式为

$$L=c_tV_t \tag{2-6}$$

式中，L 为研究区净化去污价值；V_t 为第 t 年接纳周边地区废水污水量；c_t 为第 t 年单位污水处理成本。

由于 V_t 较难获取，在缺乏数据的情况下，可采用成果参照法进行计算。采用 Costanza

等（1997）的研究成果，对全球湿地净化去污的价值估计为4177美元/（hm^2·年），计算时根据当时的汇率换算为人民币。湿地面积由遥感图像解译得到。

7）生物多样性：生物多样性的估算，采用成果参照法。采用Costanza等（1997）的研究成果，对全球湿地生物多样性的价值估计为439美元/（hm^2·年），计算时根据当时的汇率换算为人民币。湿地面积由遥感图像解译得到。

8）生存栖息地：生存栖息地价值的估算，采用成果参照法。采用Costanza等（1997）的研究成果，即湿地的生存栖息地价值为304美元/（hm^2·年），计算时根据当时的汇率换算为人民币。栖息地的面积由遥感图像解译得到。

湿地生态系统综合价值：将上述计算得到的8种二级指标的湿地价值相加即得到湿地生态系统的综合价值。

四、湿地生态系统服务研究存在的问题及原因

（一）评估尺度的问题

对湿地服务价值的评估，既要放眼宏观来把握大尺度脉搏，又要做好小尺度评估以指导区域实践。杨光梅等（2007）认为任何现象的尺度问题、相互联系的程度问题、跨尺度的测量问题及在不同尺度间同一现象的变化等都非常重要，Mitsch和Gosselink（2007）所著的*Wetlands*一书中指出，湿地所提供的主要服务功能是存在于不同尺度条件下的，赵军和杨凯（2007）指出，大尺度的价值评估能更好地认识自然资本的总量和价值，然而大尺度的价值评估对于指导小区域生态系统的管理意义并不明确，因此强调要加强对中小尺度生态系统的价值评估。

（二）评估结果可比性差

对同一块湿地，不同评估采用的指标、数据和方法各异，因而结果差异显著。例如，崔丽娟（2004）、鄢帮有（2006）分别对鄱阳湖湿地服务价值进行了评估，得到的结果却相差近4倍。对不同类型湿地的单位面积服务价值进行计算，其结果也存在巨大差异。在20项湿地研究中，湛江红树林湿地的服务价值达22.63亿元/（hm^2·年），而崇明东滩的服务价值仅为0.77亿元/（hm^2·年），相差近28倍。同为洞庭湖湿地的研究，结果相差3倍（庄大昌，2004；张素珍和李贵宝，2006）。同为乌梁素海湿地的研究，结果只相差10%（崔丽娟，2004；段晓男等，2005）。

目前，对湿地服务价值难以准确估计的一个原因是，人们对生态系统的复杂结构、功能和过程，以及生态过程与经济过程之间的复杂关系等还缺乏准确的定量认识。生态系统服务是生态系统功能的表现，但生态系统服务与生态系统功能并不一一对应（张志强等，2001）。王伟和陆健健（2005）强调应抓住湿地不同于其他生态系统的有计算依据的核心服务功能进行估算，以此作为决策依据和指导意见。

（三）缺乏地域差异研究

自从邓培雁和陈桂珠（2003）提出湿地服务价值具有地域性特点后，缺乏深入探讨

与后继研究，不同地域间湿地服务价值比较的研究尚未开展。不同大气候背景下，湿地小气候的意义与价值是有差异的。当前极少数研究如管伟等（2008）对广州南沙红树林调节小气候的研究，仅是在城市中心与湿地周边的短距离小范围的对比。孙贵珍和陈忠暖（2007）从旅游价值出发，折射出湿地区位条件的优劣影响湿地服务价值。

（四）时空差异性服务评估

湿地生态系统服务的源、汇和最终受益者经常处于不同的时间和空间，即在提供服务的湿地生态系统和接受服务的人类之间存在“时空差异”（Costanza et al.，2008；Fisher et al.，2009）。例如，对于湿地生态系统水质净化服务和水资源供给服务而言，由于水质净化需要一定的污染物消解时间，水资源供给则需要一定的空间范围，在计算服务价值时，需要合理识别并计算时空差异性价值。而关于时空差异性价值的计算，目前尚未形成针对性强的方法，多以替代工程法等效计算。因此，采用替代工程法等效计算时空差异性服务的价值，针对性较低，使服务价值部分缺失，难以准确量化价值。

（五）重复计算

湿地生态系统的复杂性、服务的多样性、评估方法的多样性等决定了湿地生态系统服务重复计算产生原因的复杂性，主要表现在湿地调节功能和支持功能的价值量化过程中（Kandziora et al.，2013；Ojea et al.，2012；Fisher et al.，2009），在湿地生态系统服务的水质净化、水流调节及娱乐休闲服务中最为常见，如水质净化服务，因与营养物中的氮、磷相关，是生态功能的一个结果，这种功能仅在经过下游其他生态过程被转化为可被受益者直接使用的物品和服务时才可作为最终服务而纳入价值计算。

合理解决重复计算问题的意义在于，可以更精确地量化湿地生态系统服务价值，尤其是量化湿地生态系统服务的改变所带来的效益，可用于评价生态系统保护与开发的效率，如污染治理效率、政策执行力度等（Bateman et al.，2011；Freeman et al.，2003）。

（六）湿地生态系统功能与服务的复杂性

1）湿地功能与服务的复杂性和多元性：目前所开展的湿地生态系统服务价值估算研究领域存在较有难度的问题，即缺乏对湿地、湿地生态系统、湿地服务功能的明确定义和界限分定（Roy et al.，2000）。不同的生态系统服务功能之间存在相互依赖性，所以将其分成互不联系的组可能不现实（Gustafsson，1998；Costanza，1991）。生态系统内部的各个要素之间、人类与生态系统之间及不同尺度的生态系统之间，存在复杂的能量流、信息流和物质流交换。基于上述的复杂性和多元性，目前对湿地生态系统的科学认识仍然存在一定的局限性。

2）评估方法具有一定适应范围：某一种服务功能往往有几种不同的评估方法，导致评估的差异过大，另外某些服务功能的价值估算方法仍然值得商榷。目前关于湿地生态系统服务价值评估还没有统一的方法，主要使用福利经济学中的一些方法。由于这些方法本身有一定的适用范围，许多经济学家对其应用于生态系统服务价值评估后结果的有效性提出了质疑（Curtis，2004）。同时每一种生态系统服务通常可以有几种评估方法，使评估结果较大地依赖于不同方法的选择，从而使得可比性下降（杨光梅等，2006）。

3）服务功能的界定和分类存在不确定性：这种不确定性容易导致对某些服务功能的重复计算、忽略计算。在某些情况下，某一生态系统的服务是由两种或两种以上的生态系统功能共同承担的结果；而在另外一些情况下，某一生态功能则参与形成两种或两种以上的生态系统服务。不同类型的生态系统服务功能之间存在相互依赖性，湿地生态系统服务功能的内在驱动和外在表现是复杂、多元的，简单地将其分成互不联系的类型是不切合实际的（Cedfeldt et al.，2000）。

Barbier（2000）认为热带湿地的营养保持功能可能是其保持生物多样性必需的条件，所以将两者作为不同的类型进行单独计算可能导致重复。Turner 等（2003）也认为服务效益中的互补性和对立性服务如果不加区分也会导致重复计算，如湿地的娱乐美学功能与其污水处理和储藏功能，如果对两者不加区分会导致重复计算。

五、未来发展趋势

关于生态系统服务价值评估的争论是激烈、多方面的。生态系统服务价值评估是由生态系统结构和过程、生态系统服务、人类福利、土地利用决策及其相互作用动力机制构成的框架体系（Liu et al.，2010）。由于湿地生态系统的复杂性、评价指标的多样性和评价方法的局限性等问题，傅伯杰等（2003）指出湿地的复杂生态功能还需要进一步研究，单纯的方法创新也许不能科学地解决所有评估问题。崔丽娟（2006b）认为生态系统变化的周期长，短期内不能找出其内在规律，而湿地作为全球生态系统中的一员，其脆弱性、复杂性、类型多样性及其特殊性决定了对其功能的研究是一个漫长的过程。

（一）生态系统服务与生态系统过程的复杂关系

在今后的研究中，需要以生态系统服务功能-生态系统结构为主线，加强基础生态学的研究与观测，分析生态系统服务与生态系统结构之间的关联关系，研究生态系统过程与服务表现的动态变化和相互作用，揭示这些复杂过程之间的关联特征与定量关系。

（二）湿地生态系统服务的特征研究

湿地生态系统服务的特征研究主要是指尺度与公私物品特征两个方面。针对湿地生态系统服务的尺度研究，要从湿地生态系统服务表达的时空尺度、不同尺度生态系统服务的转换与关联、同一尺度内部生态系统的相互作用等方面进行研究。在未来的研究中，要注意将湿地生态系统的最终服务与经济学属性相结合来选择最终要评价的服务。在这一过程中，要注意避免将湿地生态系统服务过于简单化。

（三）服务功能价值评价应用研究

现有的生态系统服务功能价值化的研究有各种各样的方法，没有统一的标准和系统，导致不同的研究方法计算出来的服务功能价值量高低不均。因此，结合生态学、经济学等理论基础，对湿地生态系统服务功能价值的估算方法进行研究，创建全面的生态系统评估框架和指标体系，将这一过程标准化、合理化，建立更为精准、平衡了多方面因素的生态系统服务功能价值量估算方法，提高其适用性。

（四）湿地生态系统退化过程与机制的研究

在今后的研究中，要将湿地生态系统退化的成因、退化程度、退化过程及机制作为研究重点，对系统退化的驱动力深入分析，对退化程度给出量化诊断，将对今后生态系统的恢复与重建及生态破坏损失的核算有重要意义。

合理利用自然资源，保护和维持生态系统服务功能，从而保护人类的生存环境，保护地球生命支持系统，维持一个可持续的生物圈是可持续发展的基础与核心。

（五）生态经济学与科学技术有机结合

以 GIS 和生态系统模型为技术手段，完善其在生态系统管理和环境政策制定中的功能（Liu et al.，2010）。充分利用 3S 技术及国际重要湿地检测中心技术平台，完善数据采集、布点系统、分布测试和数据处理等监测体系，准确、及时、全面地反映、预报湿地环境质量的现状和发展趋势，为湿地环境管理、迁徙物种的保护、污染源控制、湿地资源合理利用规划等提供科学依据。

第二节　大兴安岭湿地生态系统服务价值评估方法建立

一、大兴安岭湿地生态系统分类、遥感影像解译和精度验证

对大兴安岭湿地生态系统进行分类，并通过遥感影像解译和精度验证，最终确定每种类型的面积。

（一）基于湿地生态系统服务价值评估的大兴安岭湿地生态系统分类

对大兴安岭湿地生态系统建立等级分类系统，全面反映大兴安岭湿地景观的空间分异和组织关联，揭示其空间结构与功能特征，是对大兴安岭湿地生态系统服务价值进行评估的基础。在综合考虑项目的目标、研究的尺度和可操作性的基础上，项目选择 2010 年 1 月正式实施的中国《湿地分类》国家标准进行分类。《湿地分类》国家标准综合考虑湿地成因、地貌类型、水文特征和植被类型，将湿地分为三级。按照湿地成因进行第一级分类，将全国湿地生态系统划分为自然湿地和人工湿地两大类。自然湿地按照地貌特征进行第二级分类，再根据湿地水文特征和植被类型进行第三级分类。按照《湿地分类》国家标准，大兴安岭湿地可分为森林沼泽与草本沼泽、永久性河流/季节性河流、永久性湖泊和水库、地热湿地 4 个类型（图 2-3）。

（二）遥感数据与处理方法

遥感技术已成为对地观测的高新科学，目前已成为各领域认识和利用资源的先行技术手段，在面对不同领域的应用研究时，采用不同的遥感源与处理技术手段会对成果精

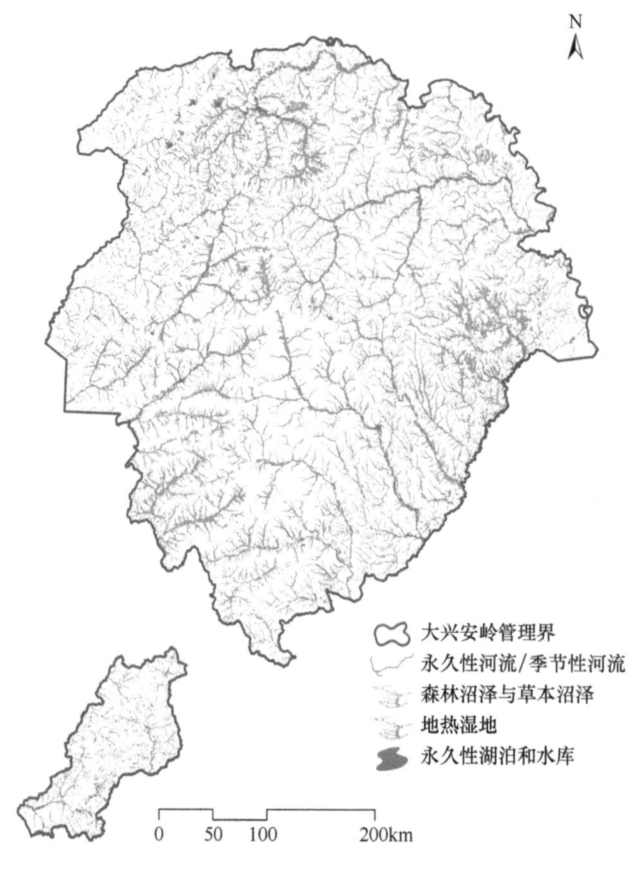

图 2-3 大兴安岭地区湿地资源分布

度有重要的影响。根据本项目的研究目标，中尺度的 Landsat8 OLI 数据作为主要的遥感数据，影像成像时期为 2015 年 7～9 月植被生长季，可较好地反映一年中湿地植被的覆盖程度，代表年度植被的状况。

Landsat 系列最新卫星 Landsat8 于 2013 年 2 月 11 日发射，携带有陆地成像仪（OLI）和热红外传感器（TIRS），Landsat8 的 OLI 包括 9 个波段，包括了 ETM+传感器所有的波段，与 ETM 传感器相比，OLI 对波段进行了重新调整，调整比较大的是 OLI band5（0.845～0.885μm），排除了 0.825μm 处水汽吸收的影响；OLI 全色波段 band8 范围较窄，这种方式可以在全色图像上更好地区分植被和无植被特征；此外，还有两个新增的波段：气溶胶波段（band1：0.433～0.453μm）主要应用于海岸带观测，卷云波段（band9：1.360～1.390μm）包括水汽强吸收特征，可用于云检测。近红外波段 band5 和卷云波段 band9 与中分辨率成像光谱仪（MODIS）对应的波段接近，TIRS 包括 2 个单独的热红外波段。Landsat8 中 OLI 各波段说明详见表 2-2。

表 2-2 Landsat8 各波段说明

波段	波长范围/μm	空间分辨率/m
1-气溶胶波段	0.433～0.453	30
2-蓝波段	0.450～0.515	30

续表

波段	波长范围/μm	空间分辨率/m
3-绿波段	0.525～0.600	30
4-红波段	0.630～0.680	30
5-近红外波段	0.845～0.885	30
6-短波红外 1	1.560～1.660	30
7-短波红外 2	2.100～2.300	30
8-全色波段	0.500～0.680	15
9-卷云波段	1.360～1.390	30

在对遥感数据进行几何精校正后，对所有遥感数据进行预处理，包括数据导入、多波段图像的彩色合成、图像裁切、图像的几何校正等，在 Envi（一个完整的遥感图像处理平台）环境下，利用 Gram-Schmidt Pan Sharp 算法，对多光谱波段进行空间增强，将空间分辨率提高至 15m。结合野外考察，建立研究区遥感解译标志和样本库，在此基础上对遥感数据进行分类处理，分类方法采用人机交互分类，并利用实地采集的 GPS 样点和第二次全国湿地资源调查数据对最终分类结果进行精度评价，大兴安岭湿地遥感解译结果各类精度均大于 85%，满足项目研究需要。湿地资源空间分布解译结果如图 2-3 所示。

大兴安岭地区、多布库尔国家级自然保护区、根河源国家湿地公园、内蒙古大兴安岭地区和黑龙江大兴安岭地区湿地生态系统森林沼泽与草本沼泽、永久性河流/季节性河流、永久性湖泊和水库、地热湿地实际分布面积如表 2-3～表 2-7 所示。

表 2-3　大兴安岭地区湿地类型、面积　（单位：万 hm^2）

湿地类型	森林沼泽与草本沼泽	永久性河流/季节性河流	永久性湖泊和水库	地热湿地
面积	270.56	5.62	0.27	0.23

表 2-4　多布库尔国家级自然保护区湿地类型、面积　（单位：万 hm^2）

湿地类型	森林沼泽与草本沼泽	永久性河流/季节性河流	永久性湖泊和水库	地热湿地
面积	2.873	0.013	0.002	0

表 2-5　根河源国家湿地公园湿地类型、面积　（单位：万 hm^2）

湿地类型	森林沼泽与草本沼泽	永久性河流/季节性河流	永久性湖泊和水库	地热湿地
面积	2.17	0.03	0	0

表 2-6　内蒙古大兴安岭地区湿地类型、面积　（单位：万 hm^2）

湿地类型	森林沼泽与草本沼泽	永久性河流/季节性河流	永久性湖泊和水库	地热湿地
面积	125.49	2.30	0.22	0.23

表 2-7　黑龙江大兴安岭地区湿地类型、面积　（单位：万 hm^2）

湿地类型	森林沼泽与草本沼泽	永久性河流/季节性河流	永久性湖泊和水库	地热湿地
面积	145.1	3.3	0	0

二、确定大兴安岭湿地生态系统功能与生态服务的相对量级

首先通过专家打分，对每种类型湿地的服务功能强弱按高、中、低给出定性结果（表 2-8）。

表 2-8 大兴安岭地区湿地生态系统服务功能定性评价

服务	森林沼泽与草本沼泽	永久性河流/季节性河流	永久性湖泊和水库	地热湿地
供给功能				
食物	高	高	高	未知
淡水	低	高	高	未知
纤维和燃料	高	中	中	低
生物化学品	未知	低	低	未知
遗传物质	低	低	低	未知
调节功能				
调节气候	高	低	高	低
调节水文	中	高	高	未知
控制污染和脱毒	中	高	高	未知
预防侵蚀	中	中	低	未知
调控自然灾害	中	中	高	未知
支持功能				
生物多样性	低	高	高	低
土壤形成	中	高		未知
养分循环	中	高	高	未知
授粉	低			未知
文化功能				
精神和灵感	中	高	高	低
休闲娱乐	低	高	高	低
美学	中	中	中	低
教育	中	高	高	低

由于湿地生态系统内部结构、质量及状态等完全相同，其年际所提供的生态服务价值量会因其处于不同的区域而存在较大差异；而同一湿地生态系统在不同的时间范围内，提供的生态服务价值量也会因水、热等自然条件变化而存在差异。基于以上理论，为了克服专家打分法的主观偏差，并且体现湿地生态系统服务功能在时空尺度上的异质性，在对湿地生态系统服务功能进行评价的过程中，需要选择能够客观描述湿地生态系统服务功能强弱的评价指标，对湿地生态系统服务功能强弱的时空差异进行定量指示，进而得出修正后的湿地生态系统服务价值，其结果会更接近客观真实值，且更能体现湿地生态系统功能的时空差异。

在本研究中，经过科学筛选，最终选定全球陆地植被净初级生产力（net primary productivity，NPP）为基础计算指示指标。植被净初级生产力是指绿色植物在单位时间和单位面积上所产生的有机干物质的总量，作为表征植物活动的关键变量，可反映植被对大气中 CO_2 的固定能力，是陆地生态系统中物质与能量运转研究的重要环节。植被净

初级生产力是植物自身生物学特性与外界环境因子相互作用的结果，它是评价生态系统结构与功能特征和生物圈的人承载力的重要指标。本研究采用的 NPP 数据为美国国家航空航天局（NASA）EOS/MODIS（TERRA 卫星）提供的 2001～2015 年的遥感数据产品（MOD17A3）。MOD17A3 是通过 BIOME-BGC 模型计算出的全球陆地植被净初级生产力（NPP）年际变化的资料，空间分辨率为 1km。经对样方调查、大兴安岭地区国家级保护区本底调查及文献中对大兴安岭地区沼泽湿地地表生物量的数据统计可知，大兴安岭地区沼泽湿地地表生物量为 70～800g/（cm^2·年）（牟长城等，2013）。而 MOD17A3 反演结果均值为 412.9g/（cm^2·年），其值可精确反映大兴安岭地区湿地生物量情况，用于模型计算。

利用 2000～2015 年年均 NPP，逐个斑块计算 Wetland_NPP_Index，对沼泽湿地功能强弱进行标定，进而修订价格当量表，Wetland_NPP_Index 计算过程如下公式所示。

$$\text{Wetland\_NPP\_Index} = 0.5 + \frac{NPP_i - NPP_{min}}{NPP_{max} - NPP_{min}} \times \frac{NPP_i}{2NPP_{max}} \quad (2\text{-}7)$$

式中，NPP_i 为第 i 斑块内 2000～2015 年年均 NPP 值；NPP_{min} 为湿地生态系统 2000～2015 年 NPP 最小值；NPP_{max} 为湿地生态系统 2000～2015 年 NPP 最大值。对大兴安岭地区 NPP 数据的分析可知，大兴安岭地区湿地生态系统 NPP 平均值为 412.9g/（cm^2·年），而最小值为 221.7g/（cm^2·年），最小值为均值的 53.7%，在参考国内外已有研究的基础上，确定大兴安岭 Wetland_NPP_Index 值域下限为 0.5，上限为 1.0。大兴安岭地区湿地生态系统 NPP 与 Wetland_NPP_Index 计算结果如图 2-4、图 2-5 所示。

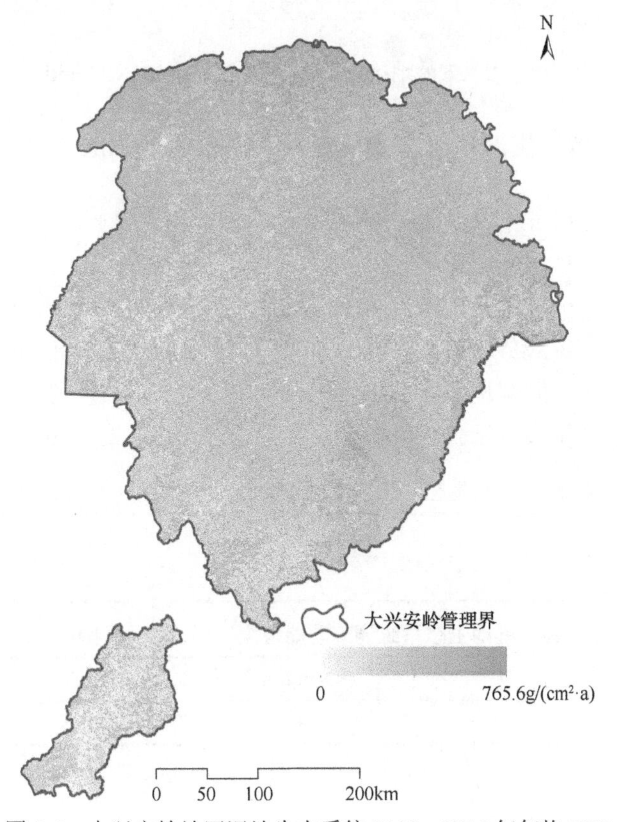

图 2-4 大兴安岭地区湿地生态系统 2000～2015 年年均 NPP

图 2-5 大兴安岭地区湿地生态系统 Wetland_NPP_Index

三、建立大兴安岭湿地生态系统服务功能和货币价值之间的关系

当量因子法是在区分不同种类生态系统服务功能的基础上，基于可量化的标准构建不同类型生态系统各种服务功能的价值当量，然后结合生态系统的分布面积进行评估的方法。相对于其他评价法而言，当量因子法较为直观易用，数据需求少，特别适用于区域和全球尺度生态系统服务价值的评估。本项目中，为了增强评估结果的可比性，采用湿地公约技术报告提供的湿地生态系统服务最大货币价值当量（表 2-9～表 2-12），进行大兴安岭湿地生态系统服务评价。

表 2-9 湿地生态系统供给功能最大货币价值 ［单位：美元/（hm^2·年）］

食物	原材料	基因资源	药用资源	观赏植物资源
2761	1014	112	112	145

表 2-10 湿地生态系统调节功能最大货币价值 ［单位：美元/（hm^2·年）］

调节大气	调节气候	干扰调节	调节水分	供应水资源	土壤保持	废物治理	授粉	生物控制
265	223	7240	5445	7600	245	6696	25	78

表 2-11　湿地生态系统支持功能最大货币价值　[单位：美元/（hm^2·年）]

避难所	培育所	土壤形成	营养循环
1523	195	10	21 100

表 2-12　湿地生态系统文化功能最大货币价值　[单位：美元/（hm^2·年）]

美学	休闲旅游	文化和艺术	精神和历史	科学教育
1760	6000	0	25	0

四、建立大兴安岭湿地生态系统服务相对量级和货币价值之间的关系

根据专家意见，将大兴安岭湿地生态系统服务的相对量级赋予权重，本项目评估中具体赋值如下：高——1.0；中——0.75；低——0.5。此权重计算结果为湿地公约技术报告方法结果，用于验证本项目提出的大兴安岭湿地生态系统服务价值评估结果的精度。所有湿地斑块的 Wetland_NPP_Index 值均可作为湿地生态系统服务的相对量级。

五、运用大兴安岭湿地生态系统服务价值评估方法进行价值估算

在获取大兴安岭地区每个湿地斑块的 Wetland_NPP_Index 值后，对各个湿地斑块进行湿地生态系统服务功能价值计算，进而获得整个研究区湿地生态系统服务功能价值，计算模型为

$$\mathrm{ESV}=\sum_{i=1}^{N} A_i \times \mathrm{VC}_i \times \mathrm{Wetland\_NPP\_Index}_i \tag{2-8}$$

式中，ESV 是湿地生态系统服务功能价值（元）；A_i 是研究区第 i 个湿地生态系统斑块面积（hm^2）；VC_i 为单位面积的湿地生态系统服务功能的价值当量（元/hm^2）；$\mathrm{Wetland\_NPP\_Index}_i$ 为第 i 个湿地生态系统斑块服务功能强弱指示指标；N 为研究区湿地斑块总数。

第三节　大兴安岭地区湿地生态系统服务价值评估结果

一、大兴安岭地区湿地生态系统总体服务价值评估结果

大兴安岭地区湿地生态系统服务价值评估方法评估结果见表 2-13。整个大兴安岭地区湿地生态系统服务总价值为 1067.6 亿美元/年。其中，森林沼泽与草本沼泽提供的价值量为 1031.5 亿美元/年，占该地区总服务价值的 96.6%，其他湿地类型提供的价值量与专家打分法计算结果相等。在各类生态服务中，调节服务为 474.1 亿美元/年，占该地区总服务价值的 44.41%；支持服务为 390.1 亿美元/年，占该地区总服务价值的 36.54%；供给服务为 70.6 亿美元/年，占该地区总服务价值的 6.61%；文化服务为 132.8 亿美元/年，占该地区总服务价值的 12.44%。

表 2-13 大兴安岭地区湿地生态系统服务价值评估方法评估结果

服务		湿地类型			
		森林沼泽与草本沼泽	永久性河流/季节性河流	永久性湖泊和水库	地热湿地
调节服务/（万美元/年）	调节大气	43 681.8	745.2	71.4	38.13
	调节气候	36 758.7	627.1	60.1	32.1
	干扰调节	1 193 420.8	30 538.9	1 950.6	1 041.8
	调节水分	897 538.2	30 623.3	1 467.0	783.5
	供应水资源	1 252 762.2	42 743.3	2 047.6	1 093.6
	土壤保持	40 385.1	1 033.4	33.0	35.3
	废物处理	1 103 749.4	37 659.1	1 804.0	963.5
	授粉	4 120.9	105.5	5.1	3.6
	生物控制	12 857.3	329.0	21.0	11.2
	调节服务合计	4 585 274.4	144 404.8	7 459.8	4 002.73
支持服务/（万美元/年）	避难所	251 047.0	8 565.5	410.3	219.1
	培育所	32 143.2	1 096.7	52.5	28.1
	土壤形成	1 648.4	56.2	2.7	1.4
	营养循环	3 478 063.5	118 668.8	5 684.7	3 036.1
	支持服务合计	3 762 902.1	128 387.2	6 150.2	3 284.7
供给服务/（万美元/年）	食物	455 115.3	15 528.2	743.9	397.3
	原材料	167 144.9	4 277.1	204.9	145.9
	基因资源	18 461.8	315.0	15.1	16.1
	药用资源	18 461.8	315.0	15.1	16.1
	观赏植物资源	23 901.4	407.7	19.5	20.9
	供给服务合计	683 085.2	20 843.0	998.5	596.3
文化服务/（万美元/年）	美学价值	290 113.4	7 423.8	355.6	253.2
	休闲旅游	989 022.8	33 744.7	1 616.5	863.3
	文化和艺术 精神和历史价值 科学教育价值	4 120.9	140.6	6.7	3.6
	文化服务合计	1 283 257.1	41 309.1	1 978.8	1 120.1
共计/（亿美元/年）		1 031.5	33.5	1.7	0.9

二、多布库尔国家级自然保护区湿地生态系统服务价值评估结果

多布库尔国家级自然保护区湿地生态系统服务价值评估结果见表 2-14。湿地生态系统服务总价值约为 8.9 亿美元/年。其中，森林沼泽与草本沼泽提供的价值量约为 8.79 亿美元/年，约占该地区总服务价值的 98.76%，其他湿地类型提供的生态服务价值量与专家打分法计算结果相同。在各类生态服务中，调节服务约为 2.6 亿美元/年，约占该地区总服务价值的29.21%；支持服务约为4.1 亿美元/年，约占该地区总服务价值的 46.07%；供给服务约为 0.75 亿美元/年，约占该地区总服务价值的 8.42%；文化服务约为 1.4 亿美

元/年，约占该地区总服务价值的 15.73%。

表 2-14　多布库尔国家级自然保护区湿地生态系统服务价值评估结果（单位：万美元/年）

服务		湿地类型		
		森林沼泽与草本沼泽	永久性河流/季节性河流	永久性湖泊和水库
调节服务	调节大气	473.4	1.8	0.5
	调节气候	398.3	1.5	0.5
	干扰调节	1 293.2	72.1	14.7
	调节水分	9 726.1	72.3	11.1
	供应水资源	1 357.5	101.0	15.5
	土壤保持	437.6	2.4	0.2
	废物处理	11 960.7	89.0	13.6
	授粉	44.7	0.2	0.0
	生物控制	139.3	0.8	0.2
	调节服务合计	25 830.8	341.1	56.3
支持服务	避难所	2 720.4	20.2	3.1
	培育所	348.3	2.6	0.4
	土壤形成	17.9	0.1	0.0
	营养循环	37 689.7	280.3	42.9
	支持服务合计	40 776.3	303.2	46.4
供给服务	食物	4 931.8	36.7	5.6
	原材料	1 811.3	10.1	1.5
	基因资源	200.1	0.7	0.1
	药用资源	200.1	0.7	0.1
	观赏植物资源	259.0	1.0	0.1
	供给服务合计	7 402.3	49.2	7.4
文化服务	美学价值	3 143.8	17.5	2.7
	休闲旅游	10 717.5	79.7	12.2
	文化和艺术 精神和历史价值 科学教育价值	44.7	0.3	0.1
	文化服务合计	13 906.0	97.5	15
共计		87 915.4	791.0	125.1

三、根河源国家湿地公园湿地生态系统服务价值评估结果

根河源国家湿地公园湿地生态系统服务价值评估结果见表 2-15。湿地生态系统服务总价值为 8.8 亿美元/年，森林沼泽与草本沼泽提供的价值量为 8.64 亿美元/年，占该地区总服务价值的 98.18%，其他湿地类型提供的生态服务价值量与专家打分法计算结果相同。在各类生态服务中，调节服务为 3.9 亿美元/年，占该地区总服务价值的 44.32%；支持服务为 3.2 亿美元/年，占该地区总服务价值的 36.36%；供给服务为 0.6 亿美元/年，

占该地区总服务价值的6.82%；文化服务为1.1亿美元/年，占该地区总服务价值的12.50%。

表 2-15 根河源国家湿地公园湿地生态系统服务价值结果（单位：万美元/年）

服务		湿地类型	
		森林沼泽与草本沼泽	永久性河流/季节性河流
调节服务	调节大气	366.1	4.5
	调节气候	308.0	3.8
	干扰调节	10 000.8	185.4
	调节水分	7 521.3	185.9
	供给水资源	10 498.1	259.5
	土壤保持	338.4	6.3
	废物处理	9 249.4	228.6
	授粉	34.5	0.6
	生物控制	107.7	2.0
	调节服务合计	38 424.3	876.6
支持服务	避难所	2 103.8	52.0
	培育所	269.4	6.7
	土壤形成	13.8	0.3
	营养循环	29 146.0	720.4
	支持服务合计	31 533.0	779.4
供给服务	食物	3 813.8	94.3
	原材料	1 400.7	26.0
	基因资源	154.7	1.9
	药用资源	154.7	1.9
	观赏植物资源	200.3	2.5
	供给服务合计	5 724.2	126.6
文化服务	美学价值	2 431.1	45.1
	休闲旅游	8 288.0	204.9
	文化和艺术 精神和历史价值 科学教育价值	34.5	0.9
	文化服务合计	10 753.6	250.9
共计		86 435.1	2 033.5

四、内蒙古大兴安岭地区湿地生态系统服务价值评估结果

内蒙古大兴安岭地区湿地生态系统服务价值评估结果见表2-16。湿地生态系统服务总价值约为452.0亿美元/年。其中，森林沼泽与草本沼泽提供的价值量约为436.0亿美元/年，约占该地区总服务价值的96.46%，其他湿地类型提供的生态服务价值量与专家打分法计算结果相同。在各类生态服务中，调节服务约为200.8亿美元/年，约占该地区总服务价值的44.42%；支持服务约为165.2亿美元/年，约占该地区总服务价值的36.55%；

供给服务约为 29.9 亿美元/年，约占该地区总服务价值的 6.61%；文化服务约为 56.2 亿美元/年，约占该地区总服务价值的 12.43%。

表 2-16　内蒙古大兴安岭地区湿地生态系统服务价值评估结果

服务		湿地类型			
		森林沼泽与草本沼泽	永久性河流/季节性河流	永久性湖泊和水库	地热湿地
调节服务/（万美元/年）	调节大气	18 466.1	304.6	59.0	38.13
	调节气候	15 539.4	256.3	49.7	32.1
	干扰调节	504 508.7	12 484.1	1 613.1	1 041.8
	调节水分	379 426.7	12 518.6	1 213.2	783.5
	供给水资源	529 594.7	17 473.2	1 693.3	1 093.6
	土壤保持	17 072.5	422.5	27.3	35.3
	废物处理	466 600.8	15 394.8	1 491.9	963.5
	授粉	1 742.1	43.1	4.2	3.6
	生物控制	5 435.3	134.5	17.4	11.2
	调节服务合计	1 938 386.3	59 031.7	6 169.1	4 002.73
支持服务/（万美元/年）	避难所	106 128.0	3 501.5	339.3	219.1
	培育所	13 588.3	448.3	43.4	28.1
	土壤形成	696.8	23.0	2.2	1.4
	营养循环	1 470 322.2	48 511.1	4 701.2	3 036.1
	支持服务合计	1 590 735.3	52 483.9	5 086.1	3 284.7
供给服务/（万美元/年）	食物	192 396.2	6 347.8	615.2	397.3
	原材料	70 659.1	1 748.5	169.4	145.9
	基因资源	7 804.6	128.7	12.5	16.1
	药用资源	7 804.6	128.7	12.5	16.1
	观赏植物资源	10 104.1	166.7	16.2	20.9
	供给服务合计	288 768.5	8 520.4	825.8	596.3
文化服务/（万美元/年）	美学价值	122 643.0	3 034.8	294.1	253.2
	休闲旅游	418 101.1	13 794.6	1 336.8	863.3
	文化和艺术 精神和历史价值 科学教育价值	1 742.1	57.5	5.6	3.6
	文化服务合计	542 486.2	16 886.9	1 636.5	1 120.1
共计/（亿美元/年）		436.0	13.7	1.4	0.9

五、黑龙江大兴安岭地区湿地生态系统服务价值评估结果

黑龙江大兴安岭地区湿地生态系统服务价值评估结果见表 2-17。湿地生态系统服务总价值约为 615.5 亿美元/年。其中，森林沼泽与草本沼泽提供的价值量约为 595.4 亿美元/年，占该地区总服务价值的 96.74%，其他湿地类型提供的生态服务价值量与专家打分法计算结果相同。在各类生态服务中，调节服务约为 273.4 亿美元/年，约占该地区总

服务价值的 44.41%；支持服务约为 224.9 亿美元/年，约占该地区总服务价值的 36.54%；供给服务约为 40.7 亿美元/年，约占该地区总服务价值的 6.61%；文化服务约为 76.6 亿美元/年，约占该地区总服务价值的 12.44%。

表 2-17 黑龙江大兴安岭地区湿地生态系统服务价值评估结果

服务		湿地类型		
		森林沼泽与草本沼泽	永久性河流/季节性河流	永久性湖泊和水库
调节服务/（万美元/年）	调节大气	25 215.7	440.6	12.4
	调节气候	21 219.3	370.7	10.4
	干扰调节	688 912.2	18 054.8	337.5
	调节水分	518 111.4	18 104.7	253.8
	供给水资源	723 167.5	25 270.1	354.2
	土壤保持	23 312.6	611.0	5.7
	废物处理	637 148.6	22 264.3	312.1
	授粉	2 378.8	62.3	0.9
	生物控制	7 422.0	194.5	3.6
	调节服务合计	2 646 888.1	85 373.0	1 290.6
支持服务/（万美元/年）	避难所	144 919.0	5 064.0	71.0
	培育所	18 555.0	648.4	9.1
	土壤形成	951.5	33.3	0.5
	营养循环	2 007 741.3	70 157.7	983.5
	支持服务合计	2 172 166.8	75 903.4	1 064.1
供给服务/（万美元/年）	食物	262 719.1	9 180.4	128.7
	原材料	96 485.8	2 528.7	35.4
	基因资源	10 657.2	186.2	2.6
	药用资源	10 657.2	186.2	2.6
	观赏植物资源	13 797.3	241.1	3.4
	供给服务合计	394 316.6	12 322.6	172.7
文化服务/（万美元/年）	美学价值	167 470.4	4 389.0	61.5
	休闲旅游	570 921.7	19 950.1	279.7
	文化和艺术	2 378.8	83.1	1.2
	精神和历史价值	0.0	0.0	0.0
	科学教育价值	0.0	0.0	0.0
	文化服务合计	740 770.9	24 422.2	342.4
共计/（亿美元/年）		595.4	19.8	0.3

第四节 大兴安岭湿地生态系统服务价值评估方法检验

采用湿地公约技术报告中的评估方法对大兴安岭地区湿地生态系统服务价值进行评估，并与大兴安岭湿地生态系统服务价值评估方法结果进行比较（表 2-18）。

表 2-18　大兴安岭湿地生态系统服务价值　（单位：万美元/年）

评价方法	全地区	多布库尔国家级自然保护区	根河源国家湿地公园	内蒙古大兴安岭地区	黑龙江大兴安岭地区
湿地公约技术报告方法	1274.7	13.2	10.1	590.4	684.3
大兴安岭湿地生态系统服务价值评估方法	1067.5	8.9	8.8	452.0	615.5

湿地公约技术报告方法主要依据专家主观认识和湿地生态系统服务价值最大化，是基于湿地生态系统健康、生态系统服务充分发挥的前提下的最大服务价值。因此，其评估结果会略高于实际情况。大兴安岭湿地生态系统服务价值评估方法基于遥感手段，以NPP为指标定量，对湿地生态系统健康程度进行评价，再结合专家主观认识，对湿地生态系统服务价值进行客观评价。该方法会受到评估当年气候条件等的影响，评估结果年际有波动。

第五节　结论与讨论

分析图 2-6 可知，大兴安岭地区湿地生态系统服务总价值为 1067.6 亿美元/年，其中森林沼泽与草本沼泽提供了 96.6%的服务价值，是大兴安岭地区提供湿地生态系统服务的主体，也是大兴安岭地区湿地保护管理的主要对象。在多布库尔国家级自然保护区，湿地生态系统服务总价值为 8.9 亿美元/年，其中森林沼泽与草本沼泽提供价值量为 8.79 亿美元/年，占该地区总服务价值的 98.76%（图 2-7）。根河源国家湿地公园湿地生态系统服务总价值为 8.8 亿美元/年，森林沼泽与草本沼泽提供价值量为 8.64 亿美元/年，占该地区总服务价值的 98.18%（图 2-8）。

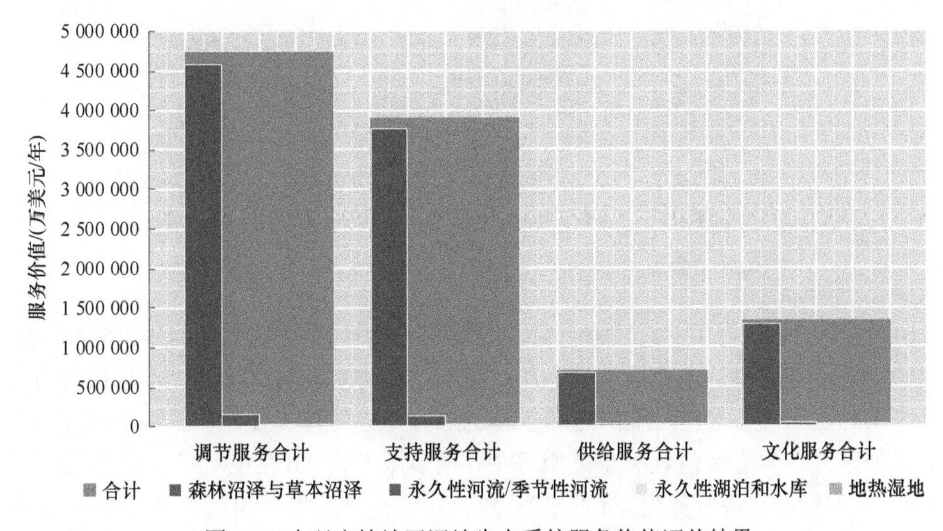

图 2-6　大兴安岭地区湿地生态系统服务价值评估结果

大兴安岭地区湿地生态系统各类服务中，调节服务价值最大，其次为支持服务。调节服务价值为 474.1 亿美元/年，占该地区总服务价值的 44.41%；支持服务为 390.1 亿美元/年，占该地区总服务价值的 36.54%；供给服务为 70.6 亿美元/年，占该地区总服务价

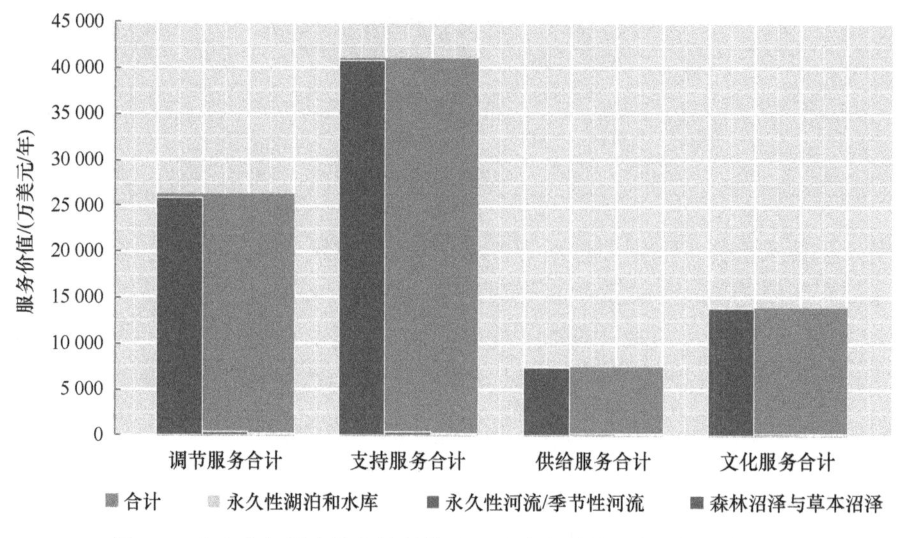

图 2-7　多布库尔国家级自然保护区湿地生态系统服务价值评估结果

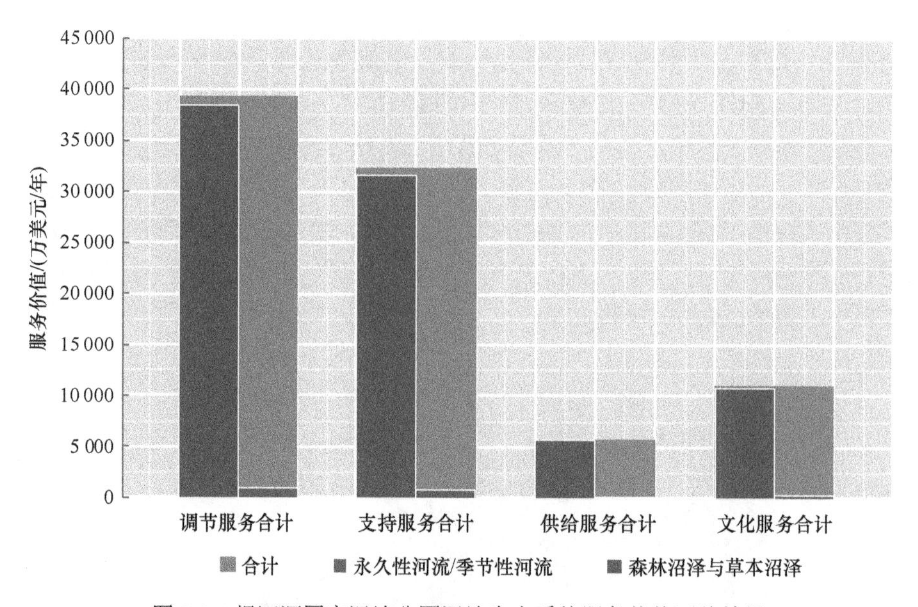

图 2-8　根河源国家湿地公园湿地生态系统服务价值评估结果

值的 6.61%；文化服务为 132.8 亿美元/年，占该地区总服务价值的 12.44%。该结果表明，大兴安岭地区湿地提供的生态系统服务不仅限于本区域，其除在防止土壤侵蚀等方面发挥重要作用外，在调节气候、维护流域水资源等方面也发挥重要作用。在多布库尔国家级自然保护区湿地生态系统各类生态服务中，调节服务为 2.6 亿美元/年，占该地区总服务价值的 29.21%；支持服务为 4.1 亿美元/年，占该地区总服务价值的 46.07%；供给服务和文化服务分别占该地区总服务价值的 8.30%和 15.73%。在根河源国家湿地公园湿地生态系统各类生态服务中，调节服务为 3.9 亿美元/年，占该地区总服务价值的 44.32%；支持服务为 3.2 亿美元/年，占该地区总服务价值的 36.36%；供给服务和文化服务分别占该地区总服务价值的 6.3%和 12.50%。

内蒙古大兴安岭地区湿地生态系统服务总价值为452.0亿美元/年，其中森林沼泽与草本沼泽提供价值量为436.0亿美元/年，是该地区2016年GDP的5.2倍；与整个大兴安岭地区相同，在各类生态服务中，服务价值从大到小依次为调节服务、支持服务、文化服务和供给服务，分别占该地区总服务价值的44.42%、36.55%、12.43%和6.61%。黑龙江大兴安岭地区湿地生态系统服务总价值为615.5亿美元/年，其中森林沼泽与草本沼泽提供价值量为595.4亿美元/年，是该地区2016年GDP的25.9倍（图2-9）；在各类生态服务中，服务价值从大到小同样依次为调节服务、支持服务、文化服务和供给服务，分别占该地区总服务价值的44.41%、36.54%、12.44%和6.61%。

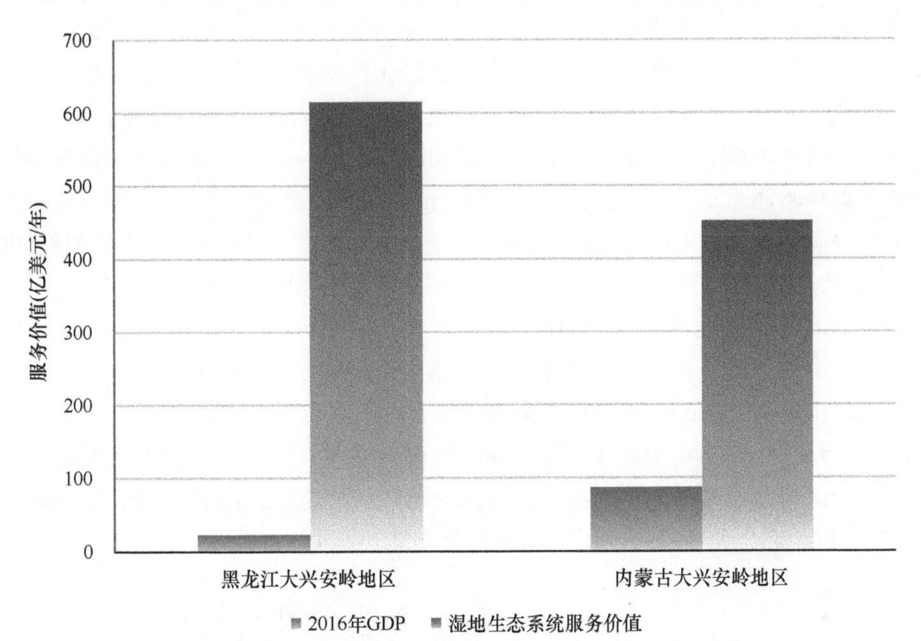

图2-9　黑龙江大兴安岭地区和内蒙古大兴安岭地区森林沼泽与草本沼泽服务价值及该地区2016年GDP

大兴安岭湿地生态系统服务价值评估结果较为客观、准确地反映了大兴安岭地区湿地生态系统功能与生态服务的相对量级，可以推广到大兴安岭地区整个保护地管理体系中，也可以为各级政府和非政府组织开展湿地保护管理和合理利用研究提供一定的决策依据。

第三章　大兴安岭地区湿地碳吸收能力研究

大兴安岭地区是我国泥炭地分布的主要地区之一，湿地巨大的固碳潜力及碳储量对区域乃至全球碳循环过程影响重大。然而，长期以来缺少关于本地区典型泥炭地固碳潜力估算及其影响因素的相关研究。基于此，本章利用同位素定年技术（^{137}Cs、^{210}Pb），构建典型泥炭地土壤剖面沉积序列，结合土壤理化性质分析，在遥感技术的支持下，定量评估典型泥炭地及整个大兴安岭地区泥炭地的固碳潜力。同时，利用数理统计分析方法，揭示本地区泥炭地固碳潜力的影响因素。研究发现，多布库尔国家级自然保护区森林湿地（森林沼泽与草本沼泽）土壤 0～30cm 深度有机碳密度为 1.03g/cm^2，河流湿地土壤中有机碳密度为 0.83g/cm^2，0～30cm 深度土壤碳储量为 2 958 831t；本地区土壤 0～30cm 剖面历史为 88 年和 108 年，河流湿地与森林湿地固碳速率分别为 93.38g/（m^2·年）和 86.90g/(m^2·年)。根据两种湿地的面积可以推算出多布库尔湿地年固碳量，为 25 087.8t；根河源国家湿地公园森林沼泽与草本沼泽土壤中有机碳密度为 0.891g/cm^2，河流湿地土壤中有机碳密度为 2.106g/cm^2，0～30cm 深度土壤碳储量为 1 996 650t；本地区土壤 0～30cm 剖面历史为 96 年和 108 年，河流湿地与森林湿地固碳速率分别为 127.7g/（m^2·年）和 80.16g/(m^2·年)。根据两种湿地的面积可以推算出根河源国家湿地公园湿地年固碳量，为 17 777.82t；整个大兴安岭地区年固碳量为 2 582 000t。

第一节　研究方法介绍

一、土壤样品采集

2016 年对根河源国家湿地公园和多布库尔国家级自然保护区典型湿地采样，并对土壤中有机碳含量进行分析测试，同时采用 ^{137}Cs 和 ^{210}Pb 对土壤进行定年后估算其固碳速率。每个样点至少采集 3 个土壤剖面，采样时详细记录采样点的地理位置、植被状况、地貌特征、水文特征等。土壤剖面采集深度为 0～30cm（个别剖面 40cm），样品采集使用自制的采样器，其直径为 6.72cm，可最大程度地避免对土柱的压缩与干扰。将该取样器小心地插入土壤，然后推进，即可获得不同深度的土壤样本，并立即用刀按照 2cm 间隔切割，用小容器保存，于 4℃冷藏箱保存，避免挥发并减少微生物的活动直至分析。每个土壤样本在烘箱中 65℃烘至恒重，计算土壤容重。土壤样品粉碎后通过 2mm 尼龙筛后保存待测。一个土壤柱样用于测定 ^{137}Cs 及 ^{210}Pb 的比活度，一个用于碳、氮、磷等相关指标的分析，另外一个作为备用。

样品在烘箱中 105℃条件下烘干至恒重后，测定其含水量，然后将土壤样品粉碎，过 2mm 尼龙筛后，分析测定土壤中的有机碳含量。土壤中有机碳含量测定采用高温外热重铬酸钾氧化-硫酸亚铁滴定容量法，实验过程中每个样品均设置平行样品，并设置空白以保证测试的精确性。试验中所用的玻璃器皿在使用前均在 3mol/L 的硝酸溶液中浸泡过夜，使用前用足量的去离子水冲洗干净后烘干。试验中所用的化学试剂均为优级纯或者分析纯。

二、土壤容重与含水量测定方法

土壤容重是指单位体积泥炭沼泽土壤的质量，干容重则指干燥的土壤样品质量与其体积（V）之比。用铝盒取新鲜泥炭样品放入已知质量的坩埚（W_0）中，称质量（W_1）后 105℃烘干 12h，取出冷却至室温再称质量（W_2），然后计算得出干容重（ρ）

$$\rho=(W_2-W_0)/V \quad (3\text{-}1)$$

则土壤含水量（W_{water}）为

$$W_{water}(\%)=(W_1-W_2)/(W_1-W_0)\times 100\% \quad (3\text{-}2)$$

^{137}Cs 和 ^{210}Pb 比活度在东北师范大学泥炭沼泽研究所测定，采用 γ 谱仪直接测量。^{137}Cs 的比活度以 661.62keV γ 射线的全能峰面积计算。仪器为美国 ORTEC 公司生产的 GMX30P-A 高纯 Ge 同轴探测器，每个样品的测定时间为 80 000s。

三、^{210}Pb 和 ^{137}Cs 测年

放射性核素测年技术在建立短时间尺度年代框架和反演近现代区域环境历史变化研究中发挥着重要作用。^{210}Pb 是天然放射性铀系元素中的一员，半衰期为 22.3 年，从大气中沉降到沉积物中的 ^{210}Pb，称为过量 ^{210}Pb（$^{210}Pb_{ex}$）。研究过量 ^{210}Pb 的衰减过程，即可推知沉积物的年龄。^{210}Pb 具有时限为 100 年左右的示踪与测年能力，在现代人类活动的百年时间尺度上具有不可替代的定年优势。放射性 ^{210}Pb 的比活度可用 γ 谱直接测量或经放射化学处理的 α 谱测量，前者要求的样品前处理相对简单，应用更为普遍。

^{210}Pb 测年方法一般采用稳定输入通量-稳定沉积物堆积速率（CFS）、稳恒沉积通量（CRS）和稳定初始放射性通量（CIC）（常量初始模式 CA）3 种模式。CFS 模式适用于 ^{210}Pb 输入通量和沉积物堆积速率都稳定的环境；CRS 模式适用于在 ^{210}Pb 输入通量保持恒定而沉积物堆积速率可能随时间的变化而变化的情况下计算沉积物的堆积速率；CIC 模式适用于沉积物主要来源于表层侵蚀产物，在沉积物中滞留时间较短，^{210}Pb 含量明显受到物源影响的情况，即沉积物增加的同时能导致相应 ^{210}Pb 的增加。

本文采用稳恒沉积通量（CRS）模型计算沉积年代和累积速率。

$$\sum C=\sum C_0\left[1-\exp(-\lambda t)\right] \quad (3\text{-}3)$$

$$t=-\lambda-1/\ln(1-\sum C/\sum C_0)=Z/S \quad (3\text{-}4)$$

式中，$\sum C_0$ 为沉积剖面中 $^{210}Pb_{ex}$ 总的累积输入量（Bq/cm^2）；t 为土壤剖面年龄；$\sum C$ 为某一深度 Z 以上各层沉积物中 $^{210}Pb_{ex}$ 的累积输入量（Bq/cm^2）；λ 为 ^{210}Pb 的放射性衰变系数，λ=0.031/年，S 为平均累积速率［g/（cm^2·年）］。

^{137}Cs 是一种人造放射性铯同位素，20 世纪 50～70 年代原子弹爆炸产生的放射性尘

埃降落到地表后，仅被土壤黏粒和有机物强烈吸附，半衰期为 30.1 年。^{210}Pb 的比活度测定用于确定百年时间尺度范围内的沉积序列，一般辅助使用 ^{137}Cs 比活度确定 1964 年的峰值。湿地是典型的沉积环境，由于具有很高的有机质累积速率，沼泽湿地的 pH 通常呈酸性。在 pH＜4 时，^{137}Cs 被释放到土壤后，重新被土壤吸收并扩散到植物中。^{137}Cs 比活度用同位素分析仪在 661.7keV 对每 2cm 的样品进行非破坏性辐射 Cs 比活度测定，每个样品的分析需要 24h 才能完成。根据 ^{137}Cs 的历史沉积模式，^{137}Cs 比活度最高的土层对应时间为 1964 年。

四、碳固定速率估算

根据 ^{210}Pb 测年结果建立泥炭沼泽土壤剖面的年代框架，得到深度 Z（cm）处的年龄 T（年），结合干容重和有机碳数据，即可估算近现代碳累积速率［RERCA，g/（m^2·年）］

$$\text{RERCA}=Z/T\times\text{DBD}\times\text{TOC}\times 100 \qquad (3\text{-}5)$$

式中，T（年）为深度 Z（cm）处的年龄；DBD（g/cm^3）是干容重；TOC（%）为有机碳百分含量；100 为单位转换系数。

大兴安岭地区的湿地固碳潜力评估主要依据野外采集及历史文献资料中关于固碳速率的相关资料。湿地面积相关资料主要为目前掌握的大兴安岭湿地分布资料，或者借鉴第二次全国湿地资源调查的结果进行评估。

根据目前检索的相关历史资料及项目组之前在大兴安岭地区开展的相关工作，目前具有 ^{137}Cs 或者 ^{210}Pb 定年数据的相关剖面主要分布在伊春、汤旺河、南瓮河、黑河等地区。2017 年在图强地区采集了典型泥炭剖面。

大兴安岭地区湿地固碳速率评估需要在 GIS 技术的支持下，对遥感影响进行解译以获取大兴安岭地区泥炭地的面积及分布，而后结合同位素定年对固碳速率的评估结果，在大的空间尺度上对大兴安岭地区湿地固碳潜力进行评估。

五、沼泽碳储量估算

泥炭沼泽土壤中的碳包括有机碳和无机碳，本研究主要对有机碳进行估算。通常国内外估算土壤有机碳（SOC）储量的方法是基于土壤类型，根据不同类型土壤剖面的实测土层厚度、有机碳含量、土壤容重计算各类型土壤碳密度，再依据土壤调查或者 GIS 方法得到的各类土壤的面积计算土壤有机碳储量。这种方法思路简单，容易形成统一的估算体系以便汇总和对比，但由于土壤在发育过程中剖面分布是非均匀的，而泥炭沼泽土壤碳的垂直分布也不同于一般土壤（刘子刚等，2012），因此本研究采取样地实测法来获取泥炭沼泽土壤的有机碳密度，即第 i 层土壤有机碳含量与第 i 层土壤容重和土壤厚度的乘积。

对于单个剖面的 SOC 密度，以分层厚度作为权重来计算，可以减少 SOC 在不同深度上的差异所造成的估算误差。计算公式为

$$C_d = \frac{\sum_{i=1}^{n} H_i B_i O_i}{\sum_{i=1}^{n} H_i} \tag{3-6}$$

式中，C_d为 SOC 密度；H_i为第 i 层厚度；B_i为第 i 层容重；O_i为第 i 层 SOC 含量。SOC 储量计算公式为

$$\text{SOC}=C_d \cdot H \tag{3-7}$$

式中，C_d为 SOC 密度，H 为剖面深度。

上述公式适用于在单个点位尺度上计算小范围湿地斑块中的有机碳储量。

第二节 多布库尔国家级自然保护区固碳量评估

一、多布库尔国家级自然保护区湿地土壤碳储量估算

多布库尔国家级自然保护区湿地主要类型为森林沼泽与草本沼泽（以下称森林湿地）、永久性河流/季节性河流（以下称河流湿地）两种，湿地面积分别为 2.873 万 hm^2 和 0.013 万 hm^2（表 3-1）。在野外调查时分别对这两种湿地进行采样。

表 3-1 多布库尔国家级自然保护区湿地类型、面积

湿地类型	森林沼泽与草本沼泽	永久性河流/季节性河流	永久性湖泊和水库	地热湿地
面积/万 hm^2	2.873	0.013	0.002	0

对两种湿地土壤性质的监测表明，两种湿地土壤理化性质有差异。由表层至底层，两种湿地土壤容重均呈现出增加趋势，而土壤有机质（SOM）含量及总氮（TN）含量则由表层至底层呈现出减少趋势。两种类型湿地中，土壤中总磷（TP）含量呈现波浪变化，而河流湿地中土壤 TP 含量要显著高于森林湿地（图 3-1）。

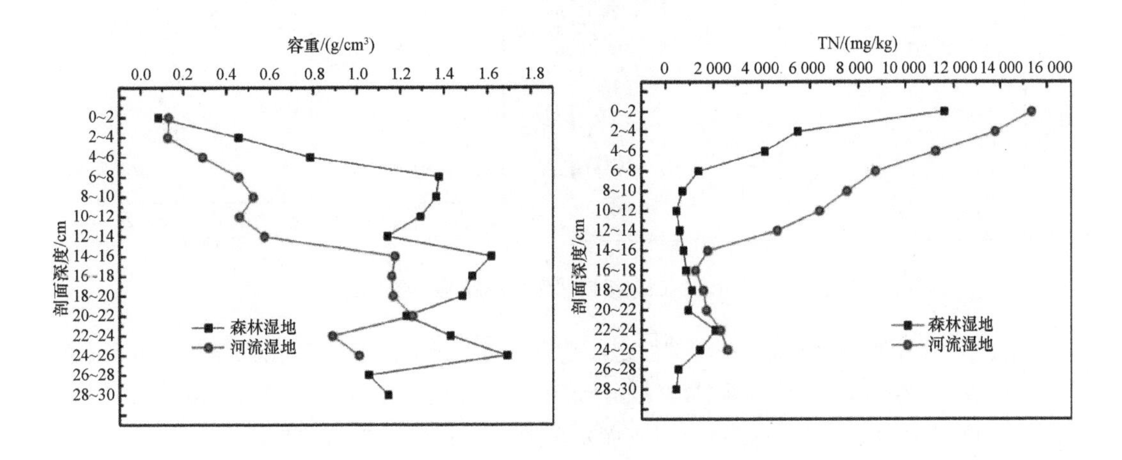

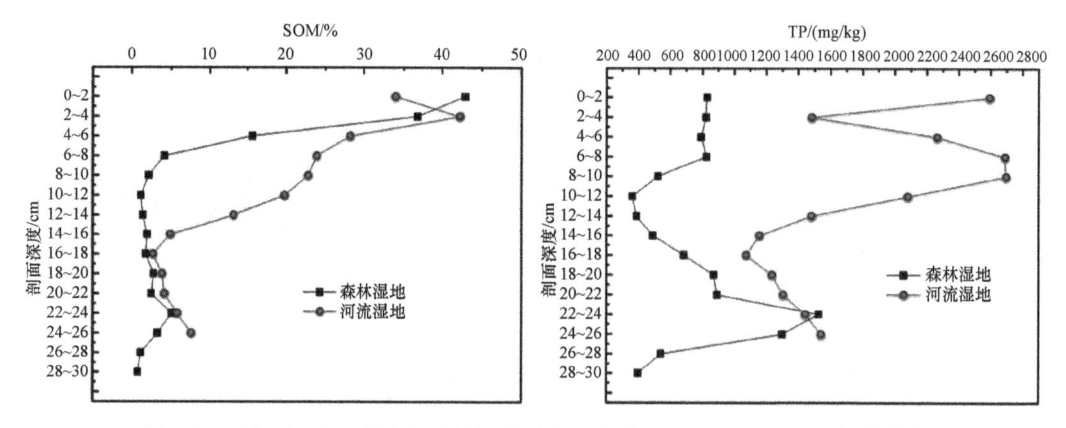

图 3-1　多布库尔国家级自然保护区湿地土壤容重、TN、SOM 及 TP 剖面分布

计算结果表明，森林沼泽与草本沼泽土壤中有机碳密度为 1.03g/cm²，河流湿地土壤中有机碳密度为 0.83g/cm²。根据湿地面积，可以估算出多布库尔国家级自然保护区湿地土壤 0～30cm 深度碳储量约为 2 958 831t。

二、多布库尔国家级自然保护区湿地土壤定年及固碳速率评估

对土壤中 ^{210}Pb 比活度的分析表明，两个土壤剖面中 ^{210}Pb 的比活度随着剖面深度增加逐渐降低。CRS 模式计算结果表明，两个土壤剖面的定年年限存在较大差异。其中，河流湿地土壤柱面年龄为 88 年，而森林湿地土壤柱面年龄为 108 年。根据土壤剖面深度可以计算出，河流湿地土壤沉积速率为 3.29mm/年，森林湿地土壤沉积速率为 2.33mm/年。河流湿地土壤沉积速率要比森林湿地高得多，可能是由河流泥沙携带输入所致（图 3-2）。

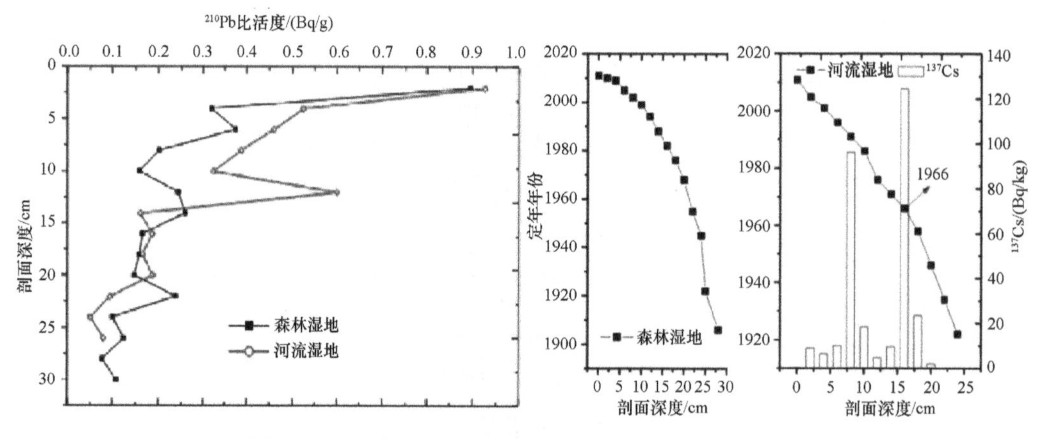

图 3-2　多布库尔国家级自然保护区湿地土壤剖面定年

根据土壤剖面中碳储量及土壤剖面定年结果，可以推算出多布库尔湿地土壤的固碳速率。估算结果表明，河流湿地与森林湿地固碳速率分别为 93.38g/(m²·年）和 86.90g/(m²·年）。根据两种湿地的面积，可以推算出多布库尔湿地年固碳量为 25 087.8t。

第三节　根河源国家湿地公园固碳量评估

一、根河源国家湿地公园湿地土壤碳储量估算

根河源国家湿地公园湿地类型为森林沼泽与草本沼泽、永久性河流/季节性河流湿地两种（图 3-3），湿地面积分别为 2.17 万 hm^2 和 0.03 万 hm^2（表 3-2）。在野外调查时分别对这两种湿地进行采样。

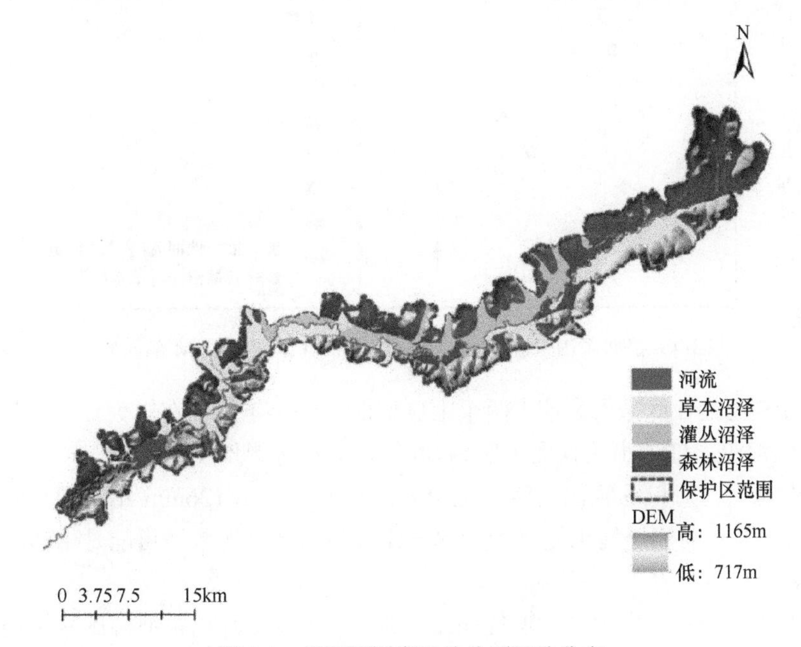

图 3-3　根河源国家湿地公园湿地分布

DEM. 数字高程模型

表 3-2　根河源国家湿地公园湿地类型、面积

湿地类型	森林沼泽与草本沼泽	永久性河流/季节性河流	永久性湖泊和水库	地热湿地
面积/万 hm^2	2.17	0.03	0	0

对两种湿地土壤性质的监测表明，两种湿地土壤理化性质有差异。由表层至底层，两种湿地土壤容重均呈现出增加趋势，而土壤有机质含量及总氮含量则呈现出减少趋势（图 3-4）。

计算结果表明，森林沼泽与草本沼泽土壤中有机碳密度为 0.891g/cm^2，河流湿地土壤中有机碳密度为 2.106g/cm^2。根据沼泽湿地面积，可以估算出根河源国家湿地公园湿地土壤 0～30cm 深度碳储量约为 1 996 650t。

二、根河源国家湿地公园湿地土壤定年及固碳速率评估

对土壤中 ^{210}Pb 比活度的分析表明，两个土壤剖面中 ^{210}Pb 的比活度随着深度增加逐

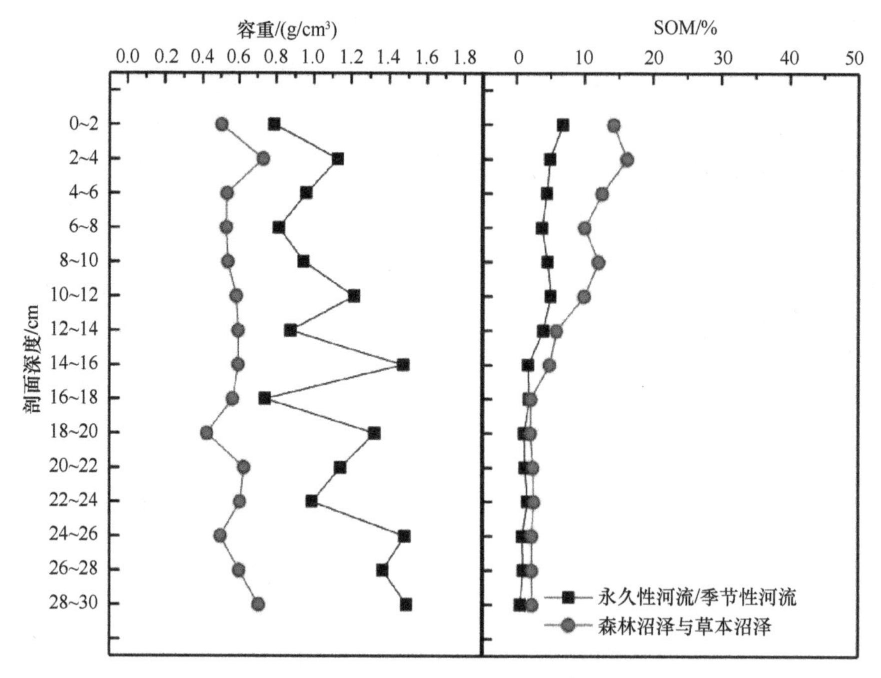

图 3-4　根河源国家湿地公园典型湿地土壤容重及 SOM 剖面分布

渐降低。CRS 模式计算结果表明，两个土壤剖面的定年年限存在较大差异。其中永久性河流/季节性河流湿地中土壤柱面年龄为 96 年，而森林湿地土壤柱面年龄为 108 年。根据土壤剖面深度，可以计算出河流湿地土壤沉积速率为 3.126mm/年，森林湿地沉积速率为 2.78mm/年。河流湿地土壤沉积速率要比森林湿地高得多，可能是由河流泥沙携带输入所致。

根据土壤剖面中碳含量及土壤柱面定年结果，可以推算出根河源国家湿地公园湿地土壤中的固碳速率。估算结果表明，河流湿地与森林湿地固碳速率分别为 127.7g/（m^2·年）和 80.16g/（m^2·年）。根据两种湿地的面积，可以推算出根河源国家湿地公园湿地年固碳量为 17 777.82t。

第四节　大兴安岭地区固碳量评估

一、大兴安岭地区泥炭地土壤碳储量估算

大兴安岭地区幅员广阔，其空间范围远远大于根河或多布库尔两个局地尺度，因此当研究尺度扩展到整个大兴安岭地区时，为了保证估算的准确性，扩大的研究尺度需要大量的土壤剖面点位支持，这种估算方法需要大量的人力财力。

在对评估结果精度要求不是很高的情况下，对估算的方式进行简化，可以考虑根据群落特性的不同，估算主要群落土壤的碳密度或储量，进而对整个大兴安岭地区土壤碳储量进行估算。例如，《大兴安岭泥炭资源调查报告》结果显示，大兴安岭东部林区沼泽湿地分布于黑龙江干流湿地、呼玛河流域湿地、嫩江源湿地三个湿地区，其中黑龙江

干流湿地区总面积 7179.99hm^2，主要植物群系为湿苔草群系；呼玛河流域湿地区总面积 15 951.66hm^2，主要植物群系为湿苔草群系；嫩江源湿地区总面积 140 009.98hm^2，主要植物群系为湿苔草群系。对大兴安岭地区植物群落组成调查研究发现，植被较为丰富且分布较有规律，主要植物群落为柴桦群系与苔草群系。

（一）柴桦群系组成分布

柴桦群系仅有柴桦-小叶杜鹃-修氏苔草沼泽群落一种。此类沼泽主要分布于图强林业局、阿木尔林业局，地表季节性积水地段局部常年积水。群落结构分两层，灌木层以柴桦为优势种，小叶杜鹃为亚优势种，常伴生有油桦和沼柳；草本层以修氏苔草为优势种，形成草丘。草丘上伴生有小叶章、小白花地榆、黑水缬草、短瓣金莲花、兴安藜芦（*Veratrum dahuricum*）等。草丘间季节性积水，生长有薄叶驴蹄草。草丘边缘常生长有毛水苏（*Stachys baicalensis*）、细叶繁缕（*Stellaria filicaulis*）等。

（二）灰脉苔草群系组成分布

灰脉苔草群系仅有灰脉苔草沼泽群落一种。此类湿地为本区典型草丛沼泽，广泛分布于河滩。群落中以灰脉苔草（*Carex appendiculata*）为优势种，伴生有修氏苔草，形成斑点状草丘，草丘的高度 30～40cm，直径 20～30cm，盖度 30%～40%，草丘上伴生植物有小白花地榆、小叶章、沼柳叶菜（*Epilobium palustre*）、沼旱熟禾（*Poa palustris*）、三棱草（*Bolboschoenus maritimus*）、草玉梅（*Anemone dichotoma*）、箭叶蓼（*Polygonum sieboldii*）、伞繁缕（*Stellaria longifolia*），草丘间积水洼地有沼委陵菜和水木贼（*Equisetum fluviatile*）等。

（三）修氏苔草群系组成分布

修氏苔草群系由修氏苔草-小叶章沼泽群落和修氏苔草-杂类草沼泽群落两种组成。修氏苔草-小叶章沼泽群落分布在宽谷低洼地带或苔草沼泽的边缘，地表季节性积水。群落植物种类较丰富，修氏苔草和小叶章为优势种，并形成稀疏且低矮的草丘，高度 20cm 左右。伴生有小白花地榆、短瓣金莲花、千屈菜（*Lythrum salicaria*）、水芹（*Oenanthe javanica*）、肾叶唐松草（*Thalictrum petaloideum*）、粗根老鹳草（*Geranium dahuricum*）、蚊子草、山黧豆、黑水缬草、风毛菊（*Saussurea japonica*）、百蕊草（*Thesium chinense*）、泽兰（*Eupatorium japonicum*）。草丘间湿洼地有兴安毛茛和薄叶驴蹄草。

修氏苔草-杂类草沼泽群落以修氏苔草为优势种，并形成低矮的草丘，草丘高度 10～15cm，草丘上伴生许多杂类草，如小叶章、小白花地榆、短瓣金莲花；也有许多草甸植物，如单穗升麻（*Cimicifuga simplex*）、伞花山柳菊（*Hieracium umbellatum*）、林荫千里光（*Senecio nemorensis*）、长柱金丝桃（*Hypericum ascyron*）、花锚（*Halenia corniculata*）、黄莲花（*Lysimachia vulgaris* var. *davurica*）、毛百合（*Lilium dauricum*）、龙胆（*Gentiana scabra*）、兴安藜芦、全叶独活（*Ostericum maximowiczii*）、东北婆婆纳（*Pseudolysimachion rotundum*）、草地乌头（*Aconitum umbrosum*）等，是草丛沼泽发育的初期阶段。

（四）毛果苔草群系组成分布

毛果苔草群系仅有毛果苔草沼泽群落一种。此类湿地一般分布在苔草沼泽中地势低洼常年积水地段或古河道、冰湖中，由于植物的根状茎发达，交织成网状，呈毯状浮于水面，形成浮毯型沼泽。群落以毛苔草（*Carex lasiocarpa*）为单优势种，伴生有小叶章、棉花莎草（*Eriophorum vaginatum*）、沼委陵菜、草玉梅、水木贼等，偶见小灌木越橘柳（*Salix myrtilloides*）。

（五）禾草型湿地植被型

禾草型湿地植被型在大兴安岭东部林区仅包括两个群系，即小叶章群系和芦苇群系，小叶章群系普遍分布在大兴安岭东部林区，芦苇群系在大兴安岭东部林区并不多见，偶见于池塘中，面积极小。

（六）小叶章群系组成分布

小叶章群系仅有小叶章沼泽群落一种。小叶章沼泽群落主要分布在林缘及草本沼泽间，多形成沼泽化草甸，分布上没有莎草型湿地普遍，常季节性积水。

基于上述资料可以发现，对于大兴安岭地区湿地土壤碳储量的估算，可以按照湿地类型划分后进行，以类型划分为计算依据。为了充分调研现有的关于大兴安岭地区湿地土壤碳含量/碳密度相关资料，在 CNKI 数据库中以“大兴安岭”“湿地”“土壤碳”为关键词进行检索，共检索出相关文献 13 篇，经整理获取有效数据点 16 个（含本研究 4 个有效数据点）。考虑到河流湿地一般分布在河流河漫滩阶地上，地势低洼，主要发育以草本类为优势群落的湿地。因此在划分过程中，以草本类湿地的碳密度代替河流湿地，如表 3-3 所示。

表 3-3　大兴安岭典型湿地土壤碳密度及碳储量

湿地类型		碳密度/（$\times10^6$t/km^2）	参考文献	碳密度/（$\times10^6$t/km^2）	湿地面积/km^2	碳储量/（$\times10^6$t）
森林-灌丛沼泽	柴桦-笃斯越橘湿地	9.14	刘斌等，2011	6.850	270.56	1853.336
	落叶松-杜香湿地	2.975				
	落叶松-苔草湿地	9.766	包旭，2013			
	灌丛沼泽	6.674	崔巍等，2013			
	灌丛沼泽	6.612	牟长城等，2013；王彪，2013			
	毛赤杨沼泽	5.806				
	白桦沼泽	3.842				
	落叶松沼泽	4.476				
	森林沼泽与草本沼泽（多布库尔）	10.3	本研究			
	森林沼泽与草本沼泽（根河源）	8.91				
草本沼泽	苔草沼泽（图强）	26.02	王娇月，2014	13.463	5.62	75.662
	草丛沼泽	7.658	崔巍等，2013			
	草丛沼泽	7.658	牟长城等，2013；王彪，2013			
	河流湿地（多布库尔）	8.3	本研究			
	河流湿地（根河源）	21.06				
	小叶章沼泽化草甸	10.08	王娇月，2014			

注：土壤剖面深度为 50cm

统计结果表明，森林-灌丛沼泽的平均碳密度为（6.850±2.600）$\times10^6$t/km^2，草本沼泽湿地土壤碳密度为（13.463±8.011）$\times10^6$t/km^2。大兴安岭地区湿地土壤碳储量为1928.998$\times10^6$t。

二、大兴安岭地区泥炭地固碳潜力评估

本项目评估主要依据项目野外开展工作获取的数据。大兴安岭地区共设置了4个点位，包括多布库尔、根河源、南瓮河和图强。其中多布库尔、根河源已有单独报告。

图强地区样品采集的湿地样点为典型的丛桦湿地，南瓮河样品采集的样点为典型的苔草湿地。定年结果如图3-5所示。根据^{137}Cs及^{210}Pb定年结果，图强地区的沉积速率为2.33mm/年，南瓮河地区沉积速率为3.38mm/年。根据土壤中有机碳含量，图强与南瓮河固碳速率分别为86.9g/（m^2·年）和85.8g/（m^2·年）。

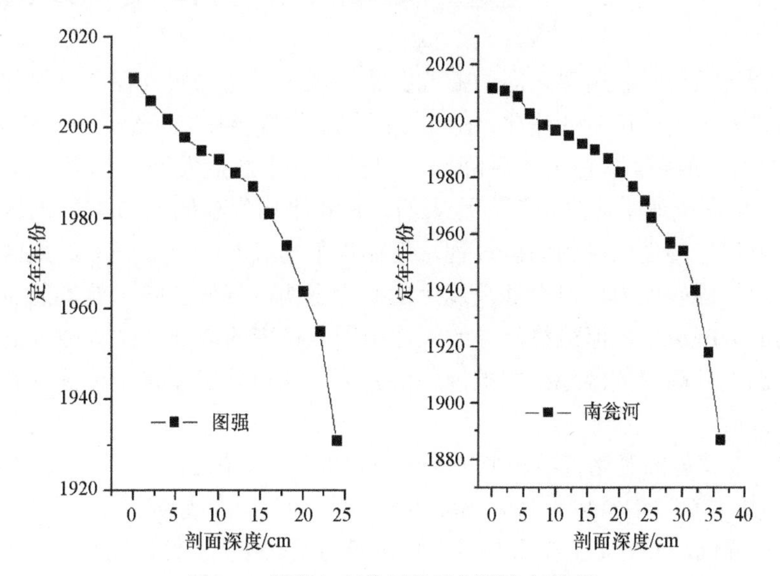

图3-5　图强与南瓮河地区剖面定年结果

估算结果表明，4个点位河流湿地与森林湿地点位固碳速率分别为127.7g/（m^2·年）、80.16g/（m^2·年）、93.38g/（m^2·年）和86.90g/（m^2·年）。4个点位相比，固碳速率之间相差并不大，这与大兴安岭地区湿地分布、类型相似有关。因此在估算大兴安岭地区湿地固碳潜力时采取4个点位的固碳速率平均值，取为97.04g/（m^2·年）。

根据大兴安岭地区湿地面积与固碳速率计算可知，大兴安岭地区湿地固碳潜力为2 582 000t/年。

三、大兴安岭地区湿地固碳潜力的影响因素

为了在大的空间尺度上揭示湿地固碳潜力的影响因素，本研究搜集、整理了东北地区12个点位的沼泽湿地固碳速率，主要分布在大小兴安岭及三江平原地区，并同时搜集整理相关点位的NPP、气温、降水等数据进行分析。

研究表明，气温和降水对湿地固碳速率具有重要影响。相关分析表明，气温与固碳速率呈显著负相关关系，活动积温与固碳速率之间无相关关系，降水与固碳速率呈极显著正相关关系，水热系数与固碳速率呈极显著正相关关系。

（一）水热波动

气温升高一方面增加了地表生态系统植被的生物量，另一方面促进了土壤的呼吸通量，其对生态系统碳固定过程的影响取决于两者之间的动态平衡（Janssens et al.，2001）。从活动积温与湿地土壤固碳速率不显著的负相关关系可以看出，气温升高对湿地植被NPP的增加作用并不显著，而气温与固碳速率之间显著的相关关系表明，气温升高所导致土壤中的碳释放强度要高于由NPP增加所导致的碳输入通量，最终引起固碳速率的降低。对北方泥炭地的研究表明，气温每升高1℃将导致生态系统呼吸速率在春季增加60%，在夏季增加52%，并且增加主要发生在25～50cm深度（Dorrepaal et al.，2009）。

通过拟合气温与固碳速率之间的曲线关系发现，一元二次方程可以很好地拟合在温度增加的过程中固碳速率的变化，在研究区年平均气温在–3～6℃变化时，随着年平均气温的增加，固碳速率先增加后降低，根据方程求解后发现，当年平均气温达到0.46℃时，湿地固碳速率达到最高。这表明，在年平均气温低于0.46℃的地区，气温的适当升高将促进湿地土壤的固碳过程，而在年平均气温高于0.46℃的地区，气温升高将减弱湿地的固碳能力。对全球尺度上的研究表明，气候变暖虽然不能显著加快湿地中枯落物的分解速率，但最终能导致湿地中固碳速率的降低（Boyero et al.，2011），我们推测，温度升高导致湿地中固碳速率的减弱，这可能更多是由土壤中有机质矿化过程加速导致的。

湿地中水文情势的变化将显著影响土壤中有机碳的矿化过程（Segers，1998）。在淹水条件下，土壤中CH_4的释放量将大幅度增加，然而降水增加导致湿地土壤中水分饱和，氧化还原电位降低，土壤微生物由有氧呼吸转变为无氧呼吸，枯落物在土壤中分解速率减缓，最终导致土壤中碳储量的增加，并且固碳速率升高（Kayranli et al.，2010）。在本研究中，无论是降水量还是水热系数，均与湿地土壤固碳速率之间存在极显著的正相关关系（图3-6），表明湿地水文情势对碳固定过程的影响显著，其影响力甚至超过了气温的变化。原位模拟实验表明，水位增加不仅提高了湿地植被生物量，抑制了枯落物分解过程，还显著抑制了土壤中有机质的矿化过程。另外，水文变化主导的沉积速率的波动是控制湿地碳固定过程的主导因子（Wang et al.，2013）。

气候变化更多表现出气温与降水的同步变化。分析固碳速率与水热系数（降水量与活动积温比例，Pre/AT）发现，随着水热系数的增加，固碳速率显著增加，表明气候的冷湿化将促进固碳速率的增加。目前，全球大部分地区气候变化的基本特征表现出气温升高，降水波动较大（Karl and Trenberth，2003），气候暖干化趋势在北半球高纬度地区表现得尤为明显。本结果表明，气候暖干化趋势将减弱北半球湿地固碳能力，加速湿地中有机质的矿化，增加其向大气中温室气体的释放通量，导致相应地区大气中CO_2浓度升高，气候暖干化—湿地碳固定过程—大气CO_2浓度将形成正反馈机制。

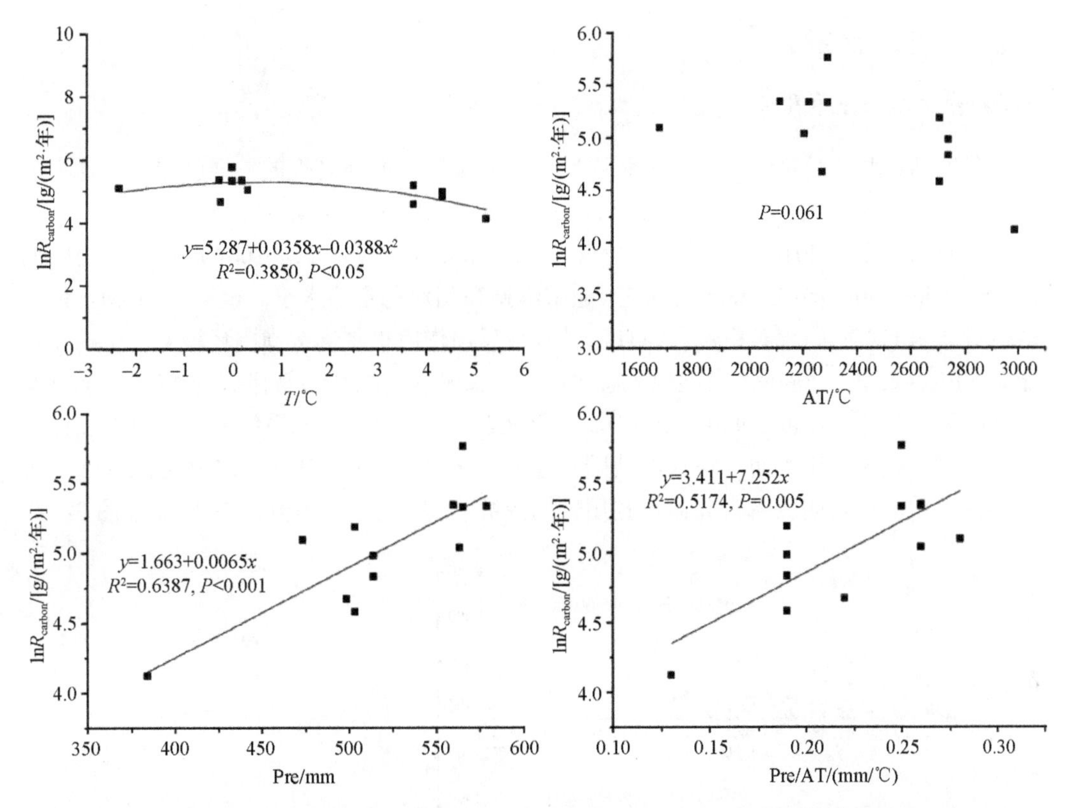

图 3-6 东北地区湿地固碳速率与气温、降水、积温及水热系数的关系

R_{carbon}为固碳速率；T为多年平均气温；AT 为多年平均>10℃积温；Pre 为多年平均降水量；Pre/AT 为水热系数

（二）植被和 NPP

气候变化等环境要素引起湿地植被群落结构的变化进而引起生物量及枯落物的波动，是影响湿地碳循环过程的重要一环。过去的大量研究表明，气温升高将促进叶片的光合作用，引起地表生物量的增加（Cao and Woodward，1998）。然而在北方温带地区，在升温但不伴随大气 CO_2 浓度升高的情况下，气候变化对 NPP 的影响并不大，甚至表现出负的相关关系（Melillo et al.，1993）。在本研究中，相关分析表明，东北沼泽地区 NPP 与 T 及 AT 呈现出显著的负相关关系（$r = -0.627$，$P<0.05$；$r = -0.696$，$P<0.05$），这与之前的研究结论一致。气候变暖导致的干旱是引起 NPP 降低的主要因素（Melillo et al., 1993），这一点与 NPP 和 Pre/AT 之间显著的正相关关系相互印证（$r=0.646$，$P<0.05$），尽管 NPP 与降水之间并无显著相关关系。这种相关关系表明，水热的协同作用对 NPP 的影响要比温度或降水单个因子的影响大。

对 NPP 与近 200 年来固碳速率的相关分析表明，NPP 与固碳速率之间无显著相关性，表明 NPP 的变化对土壤中碳输入-输出通量的变化无显著影响。碳固定的本质是大气中的 CO_2 经过植物光合作用固定，以枯落物的形式进入土壤后，经分解过程，一部分碳以 CH_4 或者 CO_2 的形式返还大气，一部分以有机质形式进入土壤中（Lal，2004）。在这个过程中，虽然 NPP 的增加会提供更多的枯落物，但是在此过程中，可利用碳源的增加、增温及营养盐的增加可能会刺激微生物的活性以分解更多的枯落物，最终导致固碳速率并无显著变化。

（三）营养盐（氮和磷）

营养盐，尤其是氮磷的生物可利用性是影响湿地碳循环过程的重要因素。全球大部分陆地生态系统受到N的限制(LeBauer and Treseder，2008)，土壤(Cleveland and Liptzin，2007；Tian et al.，2010)、植物叶片及枯落物（McGroddy et al.，2004）和微生物中的C∶N（Cleveland and Liptzin，2007）通常维持在相对稳定的水平。植物-微生物不但维持自身体内C∶N的相对稳定，而且通过复杂反馈作用机制维持周围环境C∶N的相对稳定（Elser et al.，2000）。在湿地生态系统中，N输入的增加通常伴随着NPP的上升及群落呼吸的增加（Zhang et al.，2006）。近年来发现，P对于生态系统的限制可能要比原来大得多。相关分析表明，沼泽湿地固碳速率与土壤中TN、TP及N∶P之间存在显著正相关关系，这表明氮磷营养盐可利用性的提高将促进湿地固碳能力的增加（图3-7）。

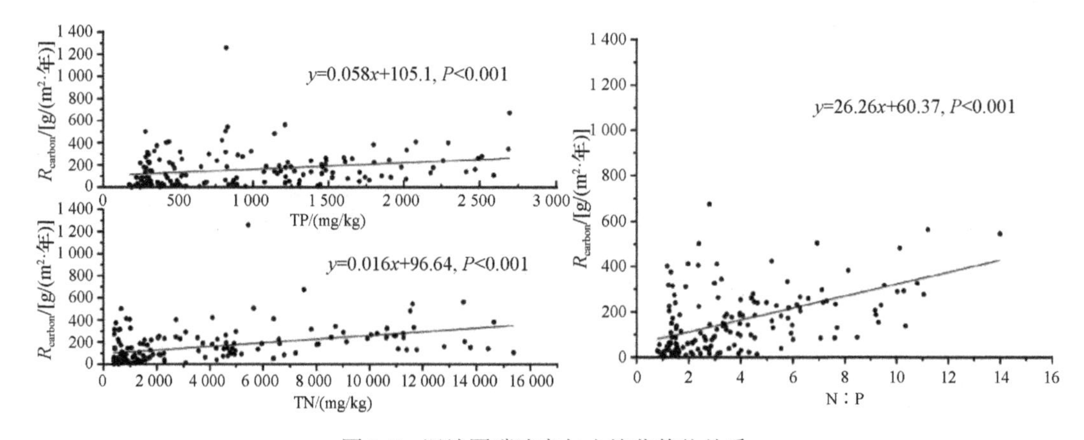

图3-7　湿地固碳速率与土壤营养盐关系

R_{carbon}为固碳速率

湿地生态系统中碳氮磷生物地球化学循环过程相互耦合，极其复杂。关于氮素输入对湿地生态系统碳汇功能的影响，国内外得出的结论差异较大，甚至相悖。一般认为氮素输入的增加，刺激了植被生长，增加了归还土壤中枯落物的量，从而提高了湿地碳汇功能，然而在一些模拟实验中也发现，氮输入削弱了湿地土壤的碳汇功能（Song et al.，2005）。在湿地的发生及发展过程中，湿地土壤、植被及微生物之间达到动态平衡，使得生态系统处于一种稳态。由于植被及微生物都具有自我条件以保持自身体内元素平衡的能力，并与土壤环境相互作用，保持土壤与地表植被间碳氮磷等元素循环通量稳定，这也是土壤中C∶N保持相对稳定的根本原因。在湿地生态系统中，当面临过量的氮素输入时，一方面，在湿地生态系统各种物理、化学及生物因素的作用下，氮素通过硝化或者反硝化作用以N_2或者N_xO的形式进入大气中，从而迁出系统之外，另一方面，更多的碳素被保留在湿地生态系统中以维持C∶N的稳定，这也解释了本研究中在N浓度增加条件下湿地固碳速率增加的原因（Hessen et al.，2005）。然而，这种促进作用是否存在一个阈值目前尚不得知。

P 在湿地生态系统中的作用正受到越来越多的重视。目前的研究表明，P 对湿地的限制可能比之前更为强烈（Elser et al.，2007）。湿地以其淹水、厌氧的土壤环境为特征，微生物的生命活动主要依赖于无氧呼吸，而 P 作为 ATP 的核心元素，在调控湿地土壤中微生物活动、物质循环及能量流动方面具有关键作用（Amador and Jones，1993）。充分的 P 供应，可以刺激微生物的无氧呼吸，促进枯落物中的生物碳向较为稳定的腐殖酸转换，增加了土壤对枯落物中碳的截留，从而提高了湿地中的固碳速率。

土壤中 N 与 P 通常共同作用对湿地生态系统中的碳循环进行调控。从相关分析的结果来看，土壤中 N∶P 的升高有利于湿地土壤固碳能力的增加，这与我们之前研究得到的结论一致（Shang et al.，2015）。虽然目前对于土壤中 N∶P 的生态学意义尚不清楚，但是可以推测目前东北地区持续增加的 N 沉降过程（Yu et al.，2011），增加湿地土壤中 N∶P，导致湿地中固碳速率的增加。

第五节　结论与讨论

一、结论

湿地土壤碳库是全球土壤碳库中最重要的组成部分，尤其是北方沼泽湿地碳储量巨大，固碳速率相对较高，对全球碳循环过程具有举足轻重的影响。大兴安岭地区是我国沼泽湿地的主要分布区，查清湿地土壤碳库，估算湿地固碳潜力，增强本地区湿地碳汇，对于减缓区域乃至全球大气 CO_2 浓度升高具有重要意义。本项目针对多布库尔国家级自然保护区、根河源国家湿地公园两个典型区及整个大兴安岭地区土壤碳储量与固碳潜力进行评估。大兴安岭地区湿地生态系统主要为森林沼泽与草本沼泽和永久性河流/季节性河流，面积总计为 276.18 万 hm^2；多布库尔国家级自然保护区湿地土壤碳储量约为 2 958 831t，根河源国家湿地公园湿地土壤碳储量约为 1 996 650t；整个大兴安岭地区碳储量为 192 899 800t。多布库尔国家级自然保护区沼泽湿地年固碳量为 25 087.8t，根河源国家湿地公园湿地年固碳量为 17 777.82t，整个大兴安岭地区年固碳量为 2 582 000t。

二、大兴安岭地区湿地增强碳汇能力建议与未来研究趋势

（一）大兴安岭地区湿地碳循环过程对多重胁迫的响应机制

北方沼泽湿地是全球极为重要的土壤碳库，同时也是对气候变化及人类活动极为敏感的脆弱的生态系统。气候变化、地表植被演替、NPP 等变化将对北方湿地碳循环过程产生重要影响。而目前高纬度寒温带湿地碳循环过程与气候变化、人类活动的关系、耦合及反馈机制等尚不清晰。受气候变化与人类活动的双重影响，湿地碳汇功能易被削弱，甚至由碳汇转变为碳源。气候变暖或将加速湿地生态系统中贮存的数量巨大的碳释放，尤其是北方中高纬度地区湿地更为敏感（Gorham，1991）。充分发挥我国湿地的固碳潜力，维持湿地碳汇功能，为我国经济社会良好、有序、可持续发展保驾护航，需要建立在深入理解沼泽湿地碳循环机制的基础上。东北地区是我国内陆淡水沼泽湿地发育最为

广泛的地区之一，沼泽湿地类型丰富，且东北地区湿地纬度相对较高，湿地碳循环过程对气候变化敏感。近 50 年来，东北地区是我国升温最为明显的地区（张树清等，2001），区域内湿地土壤碳库是否稳定？将如何响应水热条件的波动？这一系列重要科学问题目前尚无明确解答，其机制尚不清楚。如何从不同研究尺度水平如分子、个体、群落、生态系统、景观及区域水平回答这些问题，并阐释不同研究尺度间的耦合机制及相互作用，预估未来气候变化情境下湿地土壤碳库稳定性变化，是未来湿地研究中亟待解决的科学问题，这对制定未来湿地适应性管理对策具有重要科学意义和指导作用。

（二）未来气候变化情境下大兴安岭地区湿地适应性保护与管理措施

湿地适应性管理与可持续性发展是未来湿地保护及应对气候变化的重要工作。其内涵包括加强湿地资源可持续利用研究，建立一个多部门参与、支持、协调的湿地管理机构，建立湿地可持续利用的有效经济调节机制，大力加强湿地资源可持续利用示范区建设，积极传播湿地资源可持续利用知识，科学合理规划，加强立法保护和使用等。

（三）未来大兴安岭地区湿地恢复

恢复退化湿地是目前湿地保护工作、保障区域生态安全的重要举措。然而目前大兴安岭地区湿地恢复多集中在退耕还湿、植被重建等方面，缺乏多技术协同攻关的研究；此外，大多数湿地恢复工作缺乏足够的理论支撑，一方面，对于本地区湿地退化的驱动因素及在退化过程中湿地功能的衰减、转换等方面的认识尚待加强；另一方面，缺乏对湿地恢复成效的有效评估。此外，湿地恢复工作应当建立在对未来气候变化情境下湿地潜在分布区的准确预测的基础上，并在遵循自然规律的基础上规划并优化湿地恢复，以达到最优的投入和产出效益。

第四章 大兴安岭地区冻土及其退化对湿地的影响研究

大兴安岭地区湿地总面积为 27 339km²，约占大兴安岭地区总面积的 14.4%。大兴安岭地区湿地主要由森林沼泽与草本沼泽和永久性河流/季节性河流构成。大兴安岭是中国唯一一片具有地带性多年冻土的分布区。大兴安岭冻土区湿地是在高纬度或高海拔、冷湿的环境下形成的一种特殊的森林沼泽湿地类型。冻土与湿地存在一种密切的关系，冻土的消融与退化对湿地的形成发育和分布具有重要影响。大兴安岭多年冻土较薄，对气温升高和外界干扰极为敏感，生态系统非常脆弱。但目前对大兴安岭多年冻土湿地的研究还非常有限，未能充分传达给相关利益方或者让他们充分了解这些研究结果。鉴于大兴安岭湿地的诸多问题都与该地区冻土存在不可分割的关系，本章专门论述了大兴安岭由湿地与冻土组成的特殊的冻土-湿地共生体；随着气候转暖和诸多人为活动的强烈影响，该地区多年冻土南界逐渐北移，湿地面积萎缩，呈现出一定的退化趋势；研究报告在综述国内外研究的基础上，分析了冻土退化、退化的驱动力、冻土退化对湿地的影响及其机制，并根据该区域冻土-湿地共生体的生态环境特征，提出了生态环境的保护对策。

第一节 冻土及其退化特征

一、冻土概述

冻土，一般是指温度在 0℃或 0℃以下，并含有冰的各种土壤（周幼吾等，2000），其主要分布在北方高纬度或高海拔地带。根据冻土的地理分布、成土过程的差异及诊断特征，可分为冰沼土和冻漠土两个土类；按照含冰量的多少可分为富冰冻土（含冰量大于 50%）、多冰冻土（含冰量为 25%～50%）和少冰冻土（含冰量小于 25%）；按物理状态可分为坚硬冻土和塑性冻土；按照土、石冻结状态延续的时间可分为短时冻土、季节冻土和多年冻土。目前，我国多年冻土区面积大约为 159 万 km²（冰川和湖泊除外），季节冻土区面积大约为 536 万 km²（短时冻土除外）（Ran et al.，2012）。

多年冻土是指地表下一定深度内，地温持续两年以上处于 0℃以下的土层（Zhang et al.，1999）。多年冻土是寒区自然生态系统和环境的重要组成部分，是地质历史和气候变迁背景下，受区域地理环境、地质构造、岩性、水文和地表特征等因素的共同影响，通过地气间物质和能量交换而发育的客观地质实体（赵林和程国栋，2000）在长期地质及生物演化中与其他生态组分相互依存、彼此影响、协同发展形成的完整的自然生态体系。由于气候变暖及人为活动的共同影响，多年冻土迅速退化，多年冻土的变化必然会引起该区内部生物种群结构及相互作用规律的改变。

最近 30 年中，地球高纬度地区气温每 10 年上升 0.6℃，是全球其他地理区上升的 2 倍（IPCC，2013），直接导致该区域冻土的消融和退化（Brown and Romanovsky，2008；

Romanovsky et al.，2010）。因此，近年来多年冻土退化问题受到广泛关注。由于冻土区冷湿环境和冻土层的隔水作用，冻土区往往有湿地发育，而且往往有泥炭地分布。在气候变化和人类活动背景下，冻土消融和退化、冻土区泥炭地退化等受到广泛关注。但冻土和湿地间的关系如何界定，冻土退化下湿地如何演替等科学问题的研究还比较薄弱。特别是我国对冻土区的研究主要集中在高海拔青藏高原冰川，对北方高纬度冻土的研究相对较少。

大兴安岭地区冻土湿地是在高纬度冷湿环境下形成的一种特殊的森林沼泽湿地，分布于多年冻土的分布带上，地表多泥炭和藓类分布。全区有大片或岛状分布的多年冻土。对于大兴安岭湿地的研究，以往主要集中在泥炭地生态系统自身结构与功能的研究（孙菊等，2010；张武等，2013）。而对大兴安岭多年冻土与湿地发育的关系，以及冻土退化对湿地的影响的研究还非常有限，且定性的研究较多。

二、东北冻土及其退化事实

多年冻土对全球变暖的响应比较明显，冻土退化是近期多年冻土变化的主要趋势。研究发现，各地区多年冻土温度明显升高，多年冻土面积都有不同程度的减少（Jorgenson et al.，2001；Sherstyukov et al.，2008；Douglas et al.，2008；Romanovsky et al.，2008）。在全球变暖的气候背景下，冻土分布数值模型的预测结果也表明，未来全球多年冻土处于退化状态（der Beek and Teichert，2008）。Stendel 和 Christensen（2002）预测，至 2050 年北半球大部分多年冻土区活动层的厚度会增加 30%～40%，北半球多年冻土类型将会减少 12%～22%，其中连续性多年冻土会减少 12%～34%（马巍和金会军，2008）。

1. 东北冻土的分布和特点

冻土的分布状况与年平均气温有一定的相关性。在我国东北，大片连续多年冻土区、岛状融区多年冻土区和岛状多年冻土区的南界，分别与年平均气温–5℃、–3℃和 0℃一致；与大片连续多年冻土区、岛状融区多年冻土区和岛状多年冻土区相应的年平均地温为–3.5～–1.0℃、–1.5～–0.5℃和–1.0～0℃（郭东信等，1981；周幼吾和郭东信，1982）。

东北多年冻土区位于欧亚大陆多年冻土区的东缘地带，介于 46°30′～53°30′N（牙克石阿尔山-漠河北极村/乌苏里），海拔 100～2000m，是我国唯一的高纬度多年冻土区，也是我国第二大多年冻土区，多年冻土面积近 40 万 km^2。受大小兴安岭山脉走向及海拔与纬度的叠加影响，大小兴安岭多年冻土自然地理南界呈“W”字形，两山脊处界线向南突出，中间嫩江平原上的多年冻土南界明显北移。按照冻土类型，可以划分为大片连续多年冻土、大片-岛状多年冻土和岛状稀疏多年冻土。同时，我国东北部多年冻土也是欧亚大陆多年冻土区向南延续的最南端，随着纬度的变化，多年冻土的连续程度、年平均气温、年平均地温及多年冻土厚度自北向南具有明显的地带性规律，其主要特征见表 4-1。

东北多年冻土厚度变化总趋势：由南往北，由东南往西北逐渐增大；受海拔垂直地带性和局地地质地理条件因素影响显著；不完全服从纬度分带规律，厚度空间变化较大，厚薄不等。同时，山区冬季逆温层的存在、山间洼地和沟谷阶地苔藓及泥炭沼泽发育，造成同一局部地段内低洼处多年冻土最发育、地温最低、地下冰发育，多年冻土层也最厚。这也是造成欧亚大陆多年冻土南界向南伸入该区的原因之一（目前已经退出我国境内）。

表 4-1　东北多年冻土分布及其主要特征

多年冻土区类型	多年冻土类型	连续性/%	年平均气温/℃	年平均地温/℃	多年冻土厚度/m
大片连续多年冻土区	大片连续	65～75	<-5	-4.2～1.0	100～50
岛状融区多年冻土区	局部连续	50～64	-5～-3	-1.5～0.5	50～20
	不连续	40～49			
岛状多年冻土区	岛状的	20～39	-3～0	-1.0～0	20～5
	稀疏岛状的	5～19			
	零星孤岛	<5			
季节冻土区	季节性		0～3.5		

注：资料来源于王春鹤（1999）

2. 东北冻土的退化及其表现特征

研究过去 40 年大小兴安岭多年冻土区多年冻土的退化过程，结果表明，多年冻土南界位置不断北移（金会军等，2006；何瑞霞等，2015）。南界经过 40 年已经北移了 50～120km，腹部地区和东端北移现象比较明显。总面积由 20 世纪 70 年代的 39 万 km^2 减少至目前的 26 万 km^2（金会军等，2000）。在大兴安岭北部阿木尔地区，湿地冻土区年平均地温升高了 0.7～2.1℃；30 年来，活动层厚度加深了 20～40cm。冻土厚度变化基本趋势是自南向北、自东南向西北逐渐增厚。冻土类型也依次过渡：岛状多年冻土→岛状融区多年冻土→连续多年冻土。

东北北部冻土区域冻土退化主要表现为：首先，冻土南界及不连续多年冻土各分区边界北移而导致总面积减小、空间分布破碎化。其次，活动层加深，融区扩大，局地冻土岛消失。再次，冻土温度升高、厚度减薄、热稳定性降低等（图 4-1）。最后，地表植被和有机土壤盖层的破坏，加速了多年冻土的退缩；受冻土发育特征和气候变化强烈区域分异的影响，多年冻土在南界和岛状多年冻土区及受人为活动影响大的地区退缩较快；冻土热稳定类型变化，融化区扩展和一些对气候变暖敏感的冰缘作用增强。

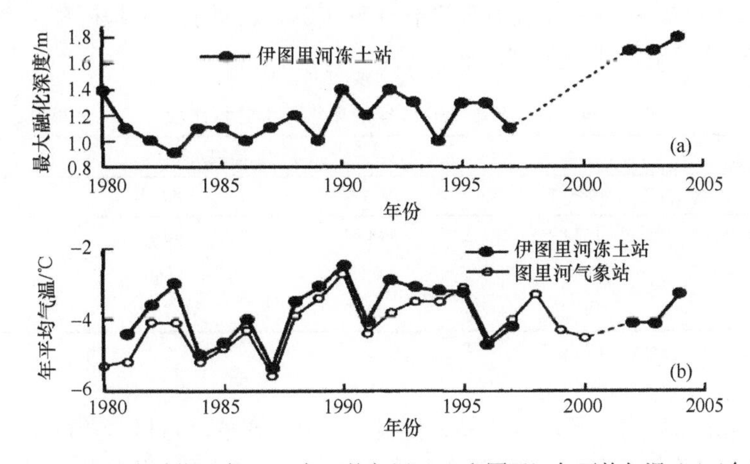

图 4-1　伊图里河冻土站最大融化深度（a）、年平均气温（b）和图里河年平均气温（b）（金会军等，2006）

第二节 冻土退化的驱动力分析

一、气候变暖

全球气候变暖是一个不争的事实（Solomon et al.，2007），特别是土壤温度的升高，是冻土退化的重要原因。北方高纬度地区温度的增高势必会导致其冻土区的气候、水文及物质循环发生变化。目前，气候变暖如何影响多年冻土，已成为国际冻土学界密切关注的问题。多年冻土是气候变动的敏感指示器（Pavlov，1994），而季节冻结和融化层（活动层）在温度年变化层的上部，更接近地表，对气候变暖的响应更为敏感和迅速。年平均地温及其动态是冻土的重要特征指标，是研究冻土对气候变暖响应必不可少的基本内容。我国东北部的多年冻土处于欧亚大陆冻土带南缘，冻土温度高、厚度小，冻土热状况不稳定，对气候变暖较敏感。

气候变暖可能通过影响泥炭藓的生存环境，降低泥炭藓的生物量和盖度，影响其种群密度，从而可能导致泥炭藓退化，加速冻土退化的强度与速度。泥炭开采从排水、转运泥炭及随后对泥炭地的遗弃，严重改变了泥炭地的生态环境，致使泥炭藓难以再度入侵和定居（Mcneil and Waddington，2003），继而引起泥炭地的退化。

周幼吾等（1996a）发现，在气候变暖的大背景下，近 40 年来季节冻结和融化层的年平均温度大多与气温一致（上升），在大小兴安岭北部多年冻土区尤为显著。

研究发现，如果从长期角度来看，泥炭地是非常重要的大气 CO_2 吸收地，从而缓解全球的暖化。据估计，在过去的一万年，由于泥炭地对大气 CO_2 的储存，全球的温度下降了 1.5～2.5℃（Holden，2005）。Anisimov 和 Nelson（1996）发现，如果北半球温度升高 2℃，多年冻土的面积将会减少 25%～44%。

魏智等（2011）的研究表明，在气候变暖的条件下，东北地区多年冻土已经或正在发生“三向”退化，并通过数据模型计算预测了东北地区冻土南界的变化。王澄海等（2014）比较了过去 30 年的冻土面积变化（表 4-2），表明了东北地区冻土面积的波动变化，并表明了其变化主要受气候因子影响。

表 4-2 1965～1995 年的多年冻土面积比较 （单位：万 km^2）

地区	多年冻土面积			
	1965 年	1975 年	1985 年	1995 年
青藏高原	153.89	148.97	140.45	147.83
东北地区	30.85	10.13	38.60	9.04
全国	191.30	167.09	187.18	164.41

注：资料来源于王澄海等（2014）

自 19 世纪末以来，区域气候显著变暖是引起大兴安岭地区多年冻土退化的基础因素。对内蒙古东北部及黑龙江省 33 个气象台站 1961～2000 年的年均气温进行统计，分析表明，上述升温过程在该区有明显表现，该区 20 世纪最后 10 年较 1961～1970 年 10

年平均气温升高 0.9～2.2℃，其中升高 1.5℃以上的台站为 25 个（占 75%），具有一定的普遍性，气温升高导致地温逐渐升高，从而引起冻土退化。研究认为，气候变化导致的地带性规律变化对冻土退化具有区域控制作用。

二、人类活动

人类活动主要包括森林砍伐、放牧、湿地开垦为农田等。

大兴安岭森林和宽谷沼泽湿地是多年冻土区生态系统的重要组成部分。大兴安岭山地地形、地貌和寒冷气候条件，以及大面积森林、广布但破碎化的斑状沼泽湿地，是多年冻土赖以保存的基本条件。经过多年采伐，森林蓄积量明显降低，由原来的以成过熟林为主，转变为以幼中林为主，林分密度变小，林中剩余物增多，森林透气性大、郁闭度差、质量下降，极易引发森林火灾。火烧迹地对升高沼泽地浅层地温的影响比坡地更强烈；在坡地发育的“高温”冻土，经火烧后退化为季节冻土区。沼泽地植被层受到破坏时，其储热储水功能减弱或消失，热量和水分的垂直输导加强，最终使下覆冻土退化或消失。

泥炭藓是泥炭地所特有的分类群，加之泥炭藓分解速率缓慢、活体和死的有机体生物量巨大，仅其残体就能使泥炭地创造出相当大的生物量（孟赫男，2015）。泥炭藓主要生长于较贫瘠的湿地土壤，其覆盖在土壤表层并与土壤层紧密连接在一起。由于泥炭藓结构相对简单，拥有特殊的生理适应机制，对干旱有一定的忍耐能力；泥炭藓的含水量比较高，对水湿的变化有较强的适应能力，蓄水能力也强；泥炭藓连接土壤层，也具有较强的适应温度变化的能力，有利于土壤保持一定的温度，生长良好的泥炭藓可使土壤温度、湿度保持相对的稳定，保护泥炭地免遭破坏。因此，泥炭藓破坏后，冻土容易退化，从而导致湿地退化（孟赫男，2015）。

由于经济发展的需要，兴安岭地区部分湿地已被开垦为农田，湿地被开垦为农田后，土壤水分减少、导热率增大、地温升高，从而加速多年冻土退化。同时由于森林采伐严重，周边湿地呈明显干缩与退化状态。

因城市发展而建设的铁路、公路、油气和给排水及供热管道，以及城市沥青路面和水泥地面，改变了天然地表辐射平衡和热量平衡，大规模的能源消耗改变了气候等。从图里河-根河-满归向北直至漠河县城是大兴安岭最寒冷的中心地带，多年冻土最发育。由于城市人类活动的剧烈影响，在上述几个城镇内均发现由冻土退化造成的在垂向上的不衔接现象，同时大部分地区存在下覆冻土退化的现象。

第三节　冻土与湿地的共生关系及冻土退化对湿地的影响

一、冻土与湿地的共生关系

20 世纪中期以来，我国学者已开始注意到冻土与沼泽湿地之间的密切关系。20 世纪 60 年代初，研究者注意到冻土的融冻作用与沼泽形成有密切关系，认为由于冻层阻隔，融水与春季降水积聚地表，促进沼泽形成和发育；同时，沼泽湿地保护了冻土（丁锡祉等，1987；王春鹤，1999）。冻土的季节性（主要是夏季）消融为湿地提供了水源；冻土的存在起到了“隔水板”的作用，阻止了地表水渗漏，是湿地在该地区得以存在的重要基础。另外，冷湿的气候环境使湿地植物残体难以被微生物分解，从而使有机质累积，形成泥炭；泥炭的形成又可以保护和促进冻土的发育。

冻土-沼泽湿地共生理论（孙广友，2000）认为，沼泽湿地植被层和下覆泥炭层既属于冻土的活动层，又是冻土与外部系统相互作用的界面，也是物质能量传输的通道。冻土的冷生环境为泥炭沼泽的发育提供了良好的基础（王娇月，2014）。沼泽湿地的多水及其结构的热物理特性，必然要对其下覆的冻土产生重要影响，而冻土的融冻过程也对上部的沼泽施加作用。这两种作用是双向的，而且是正效应，所以具有共生机制和特征。沼泽和冻土共生机制的结构基础在于两者既是独立系统，又是一个复合系统：沼泽地植被层和下覆泥炭层具有独特的热力学性质，即隔热和保水，良好的沼泽湿地植被层和泥炭层使冻土处于稳定或增生状态（何瑞霞等，2009）。冻土的阻水特性则使土壤水渗入困难，造成地表过湿，因而促进沼泽发育。冻土退化或消失又反过来破坏沼泽存在的物质基础，导致沼泽的退化或消失。

宏观尺度上，冻土和湿地的分布表现为区域分布的同位性。研究表明，大兴安岭地区沼泽湿地与多年冻土的南界都呈“W”形，两者的分布有高度的拟合性，说明两者在大尺度区域分布上具有重叠性，其物质能量场也具有拟合性，是两者结构共生模式存在的证据。

中观尺度上，冻土和湿地的分布表现为功能吻合性。大兴安岭北部沼泽强发育区与连续多年冻土区吻合；大小兴安岭中部沼泽湿地中度发育区与岛状融区多年冻土区吻合；大小兴安岭南部及山地外围沼泽弱发育区与岛状多年冻土区吻合。这表明在两者的形成发育上彼此发挥着互相促进的积极效应，这应是分区的体现：寒区沼泽湿地发育愈强的地区，多年冻土发育也愈厚、愈稳定，反之亦然，即中观尺度上表现为功能吻合性。

微观尺度上，二者表现为垂向结构性。冻土-湿地共生体在微观尺度上表现出具有特有的垂向结构性。垂向结构性主要体现在湿地植被类型、泥炭层厚度及多年冻土类型方面。该结构的基础就是多年冻土类型，是多年冻土类型结合局地水热条件和地貌等综合形成的。

冻土的冷生环境为泥炭沼泽的发育提供了良好的基础。多年冻土中永冻层的存在起到天然隔水板的作用，可以有效地阻止表层水向深部迁移，使地表集水、土壤过湿，造成低温缺氧的环境。在冷湿的气候环境下，植物残体难以被微生物分解，从而使有机质累积，形成泥炭层，土壤持水能力进一步增强，从而有利于沼泽的发育（于砚民，1995）。而分布在冻土活动层的沼泽湿地是冻土与外部系统相互作用的界面，也是物质能量传输的通道，可以保护和促进冻土的发育。沼泽湿地植被层和下覆泥炭层具有独特的热力学性质，即沼泽的隔热和蓄水功能，起到降低地温和减小季节融化的作用，可抑制活动层的能量交换过程，使其处于低水平状态，减弱多年冻土退化的强度与速度（孙广友，2000；何瑞霞等，2009）。

二、冻土退化对湿地的影响

（一）湿地面积变化

冻土退化会引起沼泽湿地特别是森林沼泽湿地分布的缩减，这具体表现为以兴安落叶松占绝对优势的天然林带锐减，整个北方森林带北移，沼泽湿地面积减小等（何瑞霞等，2009）。例如，大兴安岭北部霍拉盆地内的冻土具有自中心向边缘厚度变薄、温度升高、至四周山地出现融区等特征，同时又受局地因素如地形地貌、地表覆被、地下水赋存规律及地质构造等的影响，冻土分布、厚度及温度的空间格局在遵从普遍规律的基础上又具有差异性，盆地内沼泽湿地变化显著，月牙湖几近干涸（图 4-2）（何瑞霞等，2015）。

2011年8月

2013年6月

图 4-2　不同时期的月牙湖（何瑞霞等，2015）

另外，受不同地形地貌的影响，冻土融水在部分微地形区域聚集，将产生新生湿地。气候变暖和森林破坏（大面积采伐或森林火灾）导致冻土退化，不但影响冻土上层的原始湿地，而且导致新生湿地的扩张，林地被湿地取代。这种变化在青藏高原的冰川消退、湖泊面积增大时更加明显。

（二）湿地碳过程和碳库功能变化

冻结土壤的厌氧环境，活动层中饱和水的低温环境及冻融扰动对有机碳的埋深过程，均抑制了有机质的分解（Rodionow et al.，2006），使冻土区自全新世以来积累了大量的碳。湿地生态系统，尤其是分布在北方高纬度的湿地，在全球碳循环中发挥着重要作用。北方泥炭地仅占陆地面积的 3%，却存储了 200～450Pg 碳，占陆地总碳储量的 30%（Turunen et al.，2002）。而分布在北半球多年冻土区的泥炭地也存储了全球冻土区 20%～60%的有机碳（Schuur，2008）。北方高纬度地区是全球变化最为敏感的地区之一，冻土退化和消融带来了冻融过程，而且春季冻融过程会反复发生。冻融过程将显著改变土壤物理、化学和生物过程，从而影响土壤碳氮等生物地球化学循环过程及其碳库功能。冻土冻融过程已经成为冻土影响湿地生态系统生态过程和生态功能的重要驱动因子，也是目前研究的重点和热点区域。

在气候变暖的背景下，冻土环境特征所发生的诸多变化势必会加速存储在北方高纬度泥炭地中有机碳的分解。例如，全球变暖所带来的多年冻土的融化，会使土壤处于有氧和无氧两种主要状态。多年冻土区中的生态系统逐渐变为干旱（湿地/泥炭地的干旱）或潮湿，以及火灾的发生，导致更多的CO_2（好氧状态）和CH_4（厌氧状态）温室气体排放，进而影响冻土中的碳平衡，对碳的循环形成正反馈作用。

冻融作用对土壤的影响首先表现在改变土壤物理性状方面。土壤团聚体是土壤结构的基本单位。冻融循环能够破坏土壤结构，影响团聚体的稳定性，释放包裹的营养元素被微生物所利用。其破坏程度主要与土壤类型、有机质含量、含水量、最初团聚体的大小、冻结温度及冻融循环次数等因素有关。目前，关于冻融过程对团聚体稳定性的影响的说法不一。一些学者认为冻融会降低团聚体的稳定性，而另一些学者则认为冻融会增加其稳定性。冻融次数也影响团聚体的稳定性，但影响不显著。总体上，随着冻融次数的增加，团聚体的稳定性呈下降或先上升后下降趋势。

冻融作用也能够通过改变微生物的活性改变土壤中可溶性有机碳含量、微生物量碳含量，从而影响土壤有机碳的形态、组成和活性。

冻土退化，特别是融化期温室气体的大量排放已引起广泛关注。冻融作用能够影响土壤营养物质的迁移和转化，从而对碳平衡产生较大的影响。目前，湿地、森林、耕地、温带泥炭地、苔原和高寒草甸等生态系统均出现融化期温室气体高排放现象。在我国三江平原的淡水沼泽湿地研究中，也发现季节性冻融期沼泽湿地CO_2、CH_4和N_2O的排放显著增加。在此区域，Yang 等（2006）发现，解冻期（4～7 月）所产生的CH_4占全年释放量的 20%～30%，随后，在此区域又发现CH_4在春季解冻期出现爆发式高排放。

综合国内外研究的成果，冻土融化阶段温室气体的高排放主要包括以下几个因素：①秋季产生的部分温室气体由于土壤的冻结作用可能被封存于冻层中；②微生物在冬季仍存在活性，其所产生的气体由于排放通道受阻被封存在土壤空隙或水中；③土壤融化刺激了土壤中的微生物，使其活性显著提高，增加了温室气体的产生（王娇月，2014）。因此，随着温度的升高，解冻期封存的气体加上新产生的气体，在土壤溶液中的可溶性降低，从而导致气体在瞬间释放，形成高排放现象。而微生物在冻融期间所需的底物很可能是由于死亡的微生物和根的分解，营养物质释放。另外，土壤结构的改变也会影响温室气体的产生。冻融循环会打破团聚体的结构，使原来没有接触机会的底物暴露，进而导致矿化速率增加。

（三）其他影响

在大兴安岭地区，已经发生和可以预见的永久冻土解冻产生的负面影响包括：湿地沼泽会大面积减少并向北缩退，森林火灾和森林病虫害发生频次增加，动植物（尤其对树木更是如此，因为树木寿命更长且不能移动）所受生态压力加大。大兴安岭生态系统的生态功能服务退化，将直接导致自然灾害频发，如下游洪水泛滥、干旱、森林火灾和病虫害等。永久冻土解冻，将会进一步增加甲烷等温室气体的排放，还将直接对与之共存的湿地的固碳能力产生负面影响。

第四节　结　　论

中高纬度的湿地是对气候变化比较敏感的生态系统之一，中国中高纬度地区多年冻土的不断退化可能会使连续多年冻土不断退化为不连续岛状多年冻土，甚至会退化为季节冻土。冻土退化过程，特别是冻融过程，会引起湿地面积、湿地分布、湿地结构、湿地碳过程和湿地碳库等生态功能的变化。目前，在野外现实调查中能够明显发现冻土的向北推移和森林沼泽的退化，且速度有加快的趋势。

以大兴安岭为代表的冻土分布区沼泽湿地分布集中，也是我国国有林区和湿地碳汇的关键集中分布区，对保障森林和湿地碳汇功能、发挥其缓解全球变暖，以及实现我国生态文明建设的生态红线保障目标起到重要的后盾作用。在全国加强生态文明建设、国家正式出台湿地保护修复制度方案［《国务院办公厅关于印发湿地保护修复制度方案的通知》（国办发〔2016〕89号）］的大背景下，在阻止人类活动和无序开发对湿地破坏与占用的同时，应该高度重视全球气候变化背景下，冻土退化和冻土区湿地对全球变化的适应机制、响应特征和管理策略及宏观调控研究。

第五章　大兴安岭地区湿地生态系统监测

本项目经过4年的实施过程，已经完成了项目指标和任务要求，建立了大兴安岭地区湿地生态监测系统，包括监测指标的确立、监测方法等。监测指标涵盖了湿地生态系统的自然环境指标和社会经济环境指标。其中湿地生物多样性指标可以从根本上反映湿地的现状和发展趋势，也是湿地自然因素的外在表现，是湿地生态系统现状的“指示剂”，它能够完全、比较直观地反映出湿地生态系统的状况，并预示湿地生态系统发展的变化趋势。

第一节　湿地生态系统监测指标体系

湿地生态系统是全球三大生态系统之一，也是陆地三大生态系统之一。湿地生态系统具有比其他生态系统更为复杂、更为多样的特点，因此湿地生态系统监测也具有复杂性和多样性的特点。湿地生态系统监测就是采用科学、可比的方法在一定时间或空间上，对特定类型湿地生态系统的结构与功能的特征要素和功能要素进行野外定位观察及监测，是定量获取湿地生态系统现状特征及其变化信息的过程，以揭示湿地生态系统的形成过程和演化规律，阐明湿地退化的原因，评价湿地生态系统的健康状况和生态价值，探索湿地保护和生态修复的有效途径。湿地生态系统监测是进行湿地科学研究的基础性工作，是制定湿地保护政策和实施湿地生态恢复工程的依据。

湿地生态系统监测是获取湿地生态系统现状特征及环境信息的重要手段，其监测结果是对生态系统的变化过程做出科学的预测和判断，并制定合理保护与修复措施的重要依据。要了解一个区域的湿地生态系统环境现状，掌握湿地生态系统的结构、功能与发育演化的过程及规律并做出相应的预测和客观的评价，必须依靠对湿地生态系统各项指标的监测。湿地生态系统结构复杂，湿地生态系统监测的指标也比较复杂多样，既要监测自然环境指标，又要监测湿地社会经济环境指标。湿地自然环境指标包括湿地生物环境指标和非生物环境指标；湿地社会经济环境要素包括湿地的开发利用状况、周边区域社会经济发展状况、湿地受威胁状况及管理现状等。通过上述指标的监测和掌握，就可以制定科学的湿地保护管理政策，采取有利的湿地保护和生态修复措施，为加强湿地保护提供长期、系统的科学数据。

一、湿地生态监测内容

湿地生态监测是湿地保护与生态修复的科学依据，湿地生态监测的主要内容包括湿地自然因素和社会因素。湿地自然因素是湿地现状的潜在表现，也是决定湿地发展的最重要因素。其中湿地生物多样性指标是从根本上反映湿地的现状和发展趋势，也是湿地自然因素的外在表现，是湿地生态系统的“指示剂”，它能够完全、比较直观地反映湿地生态系统的状况，并预示湿地生态系统的发展趋势。社会因素主要包括人为干扰因素、社会经济因素和湿地管理现状等。从湿地生态系统现状来看，人为干扰是湿地发展的决定因素，湿地退化的根本原因来自于严重的人为干扰，人为干扰程度决定了湿地现状。

二、湿地生态监测指标

（一）湿地生物环境指标

1）植物及其群落：湿地植被的类型、面积与分布、盖度、多样性（物种多度、丰度）、生物量；指示种的分布、数量等。

2）兽类指示物种数及种群数量。

3）鸟类指示物种数及种群数量，主要水禽种群的数量。

4）爬行类种数及种群数量。

5）两栖类种数及种群数量。

6）鱼类种类及种群数量。

7）外来物种的种类、分布。

（二）湿地非生物自然环境指标

1）湿地类型与面积。

2）气象要素：空气温度（气温）、地表温度、降水量、蒸发量等。

3）水文：水位（地下水位、潜水位、地表水位）、水深（湖泊、河流、沼泽湿地）、流速、盐度、水温、冰厚等。

4）水质：总磷、总氮、硫酸盐、溶解氧（DO）、化学需氧量（COD）、透明度、浊度（湖泊、河流湿地）、pH、水中矿化度、其他污染物浓度等。

5）土壤：土壤温度、含水量、pH、有机质、全氮、全磷、全钾、全盐量、重金属等。

（三）湿地社会环境影响指标

1）渔业和水产业：渔民、渔船、捕获量、网眼的大小。

2）牧业：牛、羊的数量等。

3）旅游业：客流量、峰值期、日游客量。

4）交通（水运）：交通运输对湿地及其生物的影响。

5）非法活动：围垦、采挖、非法捕猎。

6）土地利用方式的改变：基建和城市化。

7）污染物排放：废水、废气、废渣的排放。

8）水利工程建设：水利工程对湿地生态系统的影响。

9）湿地排水：对湿地水文的影响。

10）湿地恢复和管理：良性影响因素。

三、湿地生态系统监测技术与方法

（一）湿地生物环境要素监测技术

湿地生物环境主要包括植物、动物和微生物。植物监测要素主要包括植物群落特征、植物的生物量和生产力；动物监测要素主要包括兽类种数及种群数量、水禽种数及主要水禽种群数量、爬行类种数及种群数量、两栖类种数及种群数量、迁徙动物种类和数量、土壤动物种类和数量、鱼类种类和数量、土壤微生物种类和数量；外来物种等。

常规监测指标和监测方法见表5-1。

表5-1 湿地生物环境要素监测指标与方法

监测项目	监测指标	监测方法和技术	监测频率
湿地植被	湿地植被类型、面积与分布	利用卫星影像、航片、地形图等资料，结合野外勘察	1次/5年
湿地植物群落特征	种类组成	样方法	1次/3年，在植物生长期进行调查，每月测定1次
	生活型	样方法	
	多度	样方法	
	密度	样方法	
	盖度	样方法	
	高度	样方法	
	叶面积指数	叶面积仪法	
湿地植物群落生物量	草本植物群落生物量	野外和室内进行地上地下监测	1次/5年，在植物生长期进行调查，每月测定1次
	湿地灌木群落生物量	直接收获样方法	
	湿地森林群落生物量	平均标准木法	
	大型水生植物现存量	框架采集法	
湿地植物群落	湿地草本植物群落	收获法或光合作用测定仪法	1次/5年，在植物生长期进行调查，每月测定1次
	灌木群落	收获法或光合作用测定仪法	
	湿地森林群落	收获法或光合作用测定仪法	
	初级生产力	叶绿素测定法或黑白瓶测氧法	
湿地野生动物	哺乳动物种类与数量	样带法	3次/年，春、秋、冬季调查；以冬季足迹调查为主
	水禽种类和种群数量	样线统计法或样点统计法	3次/年，春季、繁殖期及秋季进行监测
	爬行类、两栖类种类和种群数量	样线统计法	3次/年，春、夏、秋季进行监测
	鱼类种类和数量	捕捞，或者利用渔场或渔民所提供的渔获物	
底栖动物	水中底栖动物种类、数量和生物量的测定	采泥器法	3～4次/3～5年，春、夏、秋季（冬季可根据需要进行调查）进行监测
浮游生物	浮游植物种类和生物量	显微镜计数、生物定量法、叶绿素测定法或黑白瓶测氧法	
	浮游动物种类和数量	显微镜计数、测量法	
外来物种	外来物种的监测	野外直接调查法	1次/3年，在植物生长期进行调查，每月测定1次

（二）湿地非生物自然环境指标

1. 气象及大气环境要素监测技术

气象要素主要监测降水量、气温、地温、气压、空气湿度、风、蒸发量、日照、辐射等。湿地气象要素监测和大气环境化学监测的常规监测指标与方法见表 5-2。

表 5-2　湿地气象要素监测和大气环境化学监测的指标与方法

监测项目	监测指标	监测方法和技术	计量单位	监测频率
气压	气压	动槽式或定槽式水银压力表	Pa	4 次/天
大气温度	气温	干湿球温度表和气温计	℃	4 次/天
	最高气温	最高气温表	℃	
	最低气温	最低气温表	℃	
降水量	降水量	雨量器、翻斗式遥测雨量计或虹吸式雨量计	mm/d	4 次/天
相对湿度	相对湿度	干湿球温度表和湿度计	%	4 次/天
蒸发量	蒸发量	小型蒸发器和 E-601 型蒸发器	mm	1 次/天
地温	地面温度	地面温度表	℃	4 次/天
	地面最高温度	地面最高温度表	℃	1 次/天
	地面最低温度	地面最低温度表	℃	
	土壤温度	曲管地温表或直管地温表	℃	1 次/天
冻结深度	土壤冻结深度	冻土器	cm	1 次/天
风速	风向	电接风向风速计或达因式风向风速计		4 次/天
	风速	电接风向风速计或达因式风向风速计	m/s	
日照	日照时数	暗筒式或聚焦式日照计	h	1 次/天
	总辐射	总辐射表	W/m^2	1 次/h
	净辐射量	DFY-5 型或 TBB-2 型净辐射表	W/m^2	
辐射	散射辐射	散射辐射表	W/m^2	
	反射辐射	总辐射表	W/m^2	
	最高气温	最高气温表	℃	
	最低气温	最低气温表	℃	
	相对湿度	通风干湿表或湿度测定仪	%	
	风向	风标式风向风速表或轻便风向风速表		
	风速	风杯式风速表或轻便风速表	m/s	
	降水量	雨量器、翻斗式遥测雨量计或虹吸式雨量计	mm/d	
	地面温度	地面温度表	℃	
	土壤温度	曲管地温表或直管地温表	℃	
	总辐射	总辐射表	W/m^2	
	净辐射量	DFY-5 型或 TBB-2 型净辐射表	W/m^2	
	反射辐射	总辐射表	W/m^2	
大气环境化学指标	二氧化碳	气相色谱和非色散红外法	mg/m^3	每季度监测 1 次
	甲烷	现场采样和室内气相色谱仪分析的方法	mg/m^3	
	氮氧化物	盐酸萘乙二胺比色法、化学发光法及气相色谱法	mg/m^3	

2. 水文及水质环境要素监测技术

监测指标主要包括地表水深、水位、流速、水量、地下水位等指标，以及地表水的水质要素监测指标等。常规监测指标和方法见表 5-3。

表 5-3　湿地水文与水质环境要素监测指标和方法

监测项目	监测指标	监测方法和技术	计量单位	监测频率
湿地水文要素	地表水位	自记水位计和水尺	mm	1 次/天
	流速	流速仪	m/s	1 次/天
	径流量	三角形量水堰测流法	L/s	1 次/天
	地下水位	自记水位计测量或人工测量	mm	1 次/天
湿地水体理化性质	水温	水温计	℃	4 次/天
	浊度	分光光度法和目视比浊法	度	在枯水期、丰水期和平水期各监测 1 次，或者在春、夏、秋各监测 1 次
	pH	玻璃电极法		
	碱度	酸碱指示剂滴定法或电位滴定法	mg/L	
	透明度	塞式盘法	cm	
	生化需氧量	稀释接种法	mg/L	
	电导率	电导率测定法	ms/m	
	溶解氧	碘量法或电化学探头法	mg/L	
	氧化还原电位	氧化还原电位计测定法	mV	
	矿化度	质量法、电导法等	mg/L	
	钾、钠	火焰原子吸收分光光度法	mg/L	
	钙、镁	原子吸收分光光度法	mg/L	
	氯化物	硝酸银滴定法、离子色谱法等	mg/L	
	硫酸盐	质量法或铬酸钡分光光度法	mg/L	
	总氮	紫外分光光度法	mg/L	
	氨氮	纳氏试剂分光光度法、水杨酸-次氯酸盐光度法	mg/L	
	硝氮	酚二磺酸光度法、离子色谱法等	mg/L	
	凯氏氮	凯氏法	mg/L	
	总磷	钼酸铵分光光度计法	mg/L	
	磷酸盐	磷钼蓝分光光度法	mg/L	
	总有机碳	燃烧法、气相色谱法等	mg/L	
	化学需氧量	重铬酸钾法	mg/L	
	石油烃类	紫外分光光度法	mg/L	1～4 次/年
	多氯联苯	气相色谱法	mg/L	
	滴滴涕	气相色谱法	mg/L	

3. 湿地土壤环境要素监测技术

湿地土壤的监测指标可以分为湿地土壤物理指标和湿地土壤化学指标。

物理要素指标有机械组成、土粒密度、容重、孔隙度、土壤含水量、田间含水量、凋萎含水量、土壤水吸力和水分常数曲线及土壤呼吸等。

化学要素指标主要是 pH、氧化还原电位、有机质、腐殖质组成、全盐量、氮、磷、钾及土壤微量元素等。常规监测指标和方法见表 5-4。

表 5-4　湿地土壤环境要素常规监测指标和方法

监测项目	监测指标	监测方法和技术	计量单位	监测频率
湿地土壤的物理性质	土粒密度	比重瓶法	g/cm^3	1 次/10 年
	土壤容重	环刀法	g/cm^3	1 次/10 年
	土壤含水量	烘干法、中子法或时域反射仪法	%	1 次/7 天
湿地土壤的化学性质	pH	电位法		1 次/3 年
	氧化还原电位	电位法	mV	1 次/3 年
	土壤有机质	化学方法：重铬酸钾氧化-外加热法；物理方法：大小分组和密度分组	g/kg	1 次/3 年
	土壤全盐量	质量法或电导法	mg/kg	1 次/5 年
	全氮	凯氏法	g/kg	1 次/3 年
	铵态氮	氧化镁浸提-扩散法	mg/kg	1 次/年
	硝态氮	酚二磺酸比色法	mg/kg	1 次/年
	全磷	硫酸-高氯酸消煮-钼锑抗比色法或氢氟酸-高氯酸消煮-钼锑抗比色法	g/kg	1 次/3 年
	有效磷	盐酸-氟化氨浸提-钼锑抗比色法或盐酸-硫酸浸提法	mg/kg	1 次/年
	全钾	氢氧化钠碱熔-光焰光度法或氢氟酸-高氯酸消煮-光焰光度法	g/kg	1 次/3 年
	速效钾	乙酸铵浸提-火焰光度法	mg/kg	1 次/年
	硫化物	燃烧碘量法	g/kg	1 次/5 年
	有效硫	磷酸盐-HOAe 浸提-硫酸钡比浊法	mg/kg	1 次/5 年
	全铁	氢氟酸-高氯酸-硝酸消煮-原子吸收光谱法或氢氟酸-高氯酸-硝酸消煮-邻啡啰啉比色法	g/kg	1 次/5 年
	有效铁	DTPA 浸提-原子吸收光谱法或 DTPA 浸提-邻啡啰啉比色法	mg/kg	1 次/5 年
	全锰	氢氟酸-硝酸消煮-原子吸收光谱法或氢氟酸-硝酸消煮-高碘酸钾比色法	g/kg	1 次/5 年
	有效锰	乙酸铵-对苯二酚浸提-原子吸收光谱法或乙酸铵-对苯二酚浸提-高碘酸钾比色法	mg/kg	1 次/5 年

（三）社会经济环境要素监测技术

社会经济环境要素主要包括两大方面，内容如下。

1）湿地社会环境及其毗邻地区社会经济调查，包括人口、经济、文化、社会发展状况、人类活动、社会经济发展对湿地环境的影响等。

2）湿地灾害调查，主要包括洪涝、干旱、火灾、病虫害及台风等灾害。

具体监测指标和方法见表 5-5。

表 5-5　湿地面积、区域社会经济及灾害要素的调查（常规监测指标）

调查项目	调查指标	技术方法	监测频率
湿地面积	湿地地表水面积变化	遥感图像解译	1 次/5 年
灾害	干旱	直接调查	根据实际情况调整调查频次
	洪涝频率	直接监测	
	火灾	直接调查	
	台风灾害	从相关部门获得	

续表

调查项目	调查指标	技术方法	监测频率
社会经济要素	水利设施 交通线路	实际调查统计或从有关部门获取或从地方统计年鉴获取	1次/5年或根据实际需要调整调查频次
	牲畜数量 牲畜分布 放牧面积	从农业畜牧管理部门获得数据或直接调查	1次/5年或根据实际需要调整调查频次
	湿地植物资源利用 泥炭开采	通过调查，利用直接费用法计算	1次/年或根据实际需要调整调查频次
	农业用化肥施用量 工业污染数量和分布	从相关的管理部门获得数据或直接调查	1次/5年或根据实际需要调整调查频次
湿地景观变化	湿地景观类型面积变化	遥感图像解译	1次/5年
	湿地景观结构变化	野外调查和遥感解译	1次/5年
	湿地景观破碎化程度	遥感图像解译、分析	1次/5年
灾害	病虫灾	直接调查	1次/5年或根据实际需要调整调查频次
人口要素	人口总数 人口密度 劳动力人数	人口普查数据	1次/5年或根据实际需要调整调查频次
水产捕捞	捕捞人数 捕捞天数 捕捞数量	从水产部门获得数据或直接调查	1次/5年或根据实际需要调整调查频次
水产养殖	网、箱数 养殖面积 养殖时间		
旅游	旅游人数 旅游时间 游客来源 活动范围	通过调查，利用权变估值法计算效益	1次/5年或根据实际需要调整调查频次

第二节　多布库尔国家级自然保护区生态监测

一、植物生态监测

（一）多布库尔国家级自然保护区植物生态监测系统

1. 多布库尔国家级自然保护区植物区系的基本特征

多布库尔国家级自然保护区地处松嫩平原与大兴安岭寒温带针叶林区过渡地带，由于地理环境等诸多因素的影响，本区的植物区系具有如下特征。

（1）植物种类组成相对较为丰富

由于本区的自然地理条件比较复杂，既有低山丘陵，又有沟谷、草甸、河流与泡沼，因此，本区的植物种类相对较为丰富，大兴安岭地区代表性植物种类在本区均有分布（详见植物名录），经初步调查，本区内共有维管植物56科204属416种，其中蕨类植物2科3属7种、裸子植物1科3属5种、被子植物53科198属404种，被子植物包括双子叶植物43科155属321种、单子叶植物10科43属83种。

（2）植物区系组成上具有温带向寒温带过渡的特点

本区内的植被组成成分以东西伯利亚植物区系成分为主，并混有大量的长白植物区系成分。

本区内寒温带植物占优势，如兴安落叶松、越橘、笃斯越橘、杜香等；此外还混有一定数量的喜温或耐旱的温带植物，如胡枝子、榛等。这些植物种类的分布体现了本区温带向寒温带过渡的特点，同时也表明了本区在地理位置和植被分布上的重要性。

（3）非地带性植被发育

本区的地带性植被为兴安落叶松林，树种组成以兴安落叶松为单优势种，常混生一些温带阔叶树种，以较耐旱的蒙古栎、黑桦和山杨为主，由于本区的自然地理条件比较复杂，地带性植被发育不良，大面积的非地带性植被——草甸、沼泽和水生植被分布广泛，其中湿地面积占保护区总面积的 72.47%。在河岸、沟谷等排水不良地段，常形成杂类草草甸、苔草沼泽与灌木沼泽等，其分布面积相对较大，成为本区的一大特色，也是本区植物种类组成比较丰富的主要原因之一。在局部阳坡地段，也偶有小面积的喜阳的草本植物群落植被分布。广泛分布的草甸和沼泽与森林植被相间分布的格局成为本区植被分布格局的重要特征。

2. 植被类型

植被类型是植被研究工作的基础，对本区内植被类型的研究可以揭示区内植物群落的特征及其与环境之间的内在联系，并深入了解植物群落之间的关系及植物种内与种间的关系。通过调查，多布库尔国家级自然保护区植被可划分为森林、灌丛、草甸、沼泽、水生植被 5 个类型。

3. 植物监测方法

根据不同的方法对植物种类及群落进行调查，地面调查以样线和样方相结合的方式进行，即在调查样线的重点区域均匀布设一定数量的样方，涉水区域可根据情况灵活采用样带法进行，并记录植物资源种类的各种要素。拍摄所采集植物的个体、花、果枝、全株及所处植物群落外貌、结构的彩色照片，应采用数码单反相机进行操作。

（1）样线法

样线起始及长度根据实际情况定，要进行编号，做好 GPS 坐标点记录，并按实际填好样线调查表。

选择调查路线的基本原则是能够垂直穿插所有的地形和植被类型，不能穿插的特殊地区应给予补查。

决定调查路线必须选择有代表性的样地，能够覆盖及代表调查区域的植物资源种类，样线的布局按照路线间隔法结合区域控制法进行，在地形和植被变化比较规则、植物资源的分布规律比较明显、穿插部位有道路可行的区域，按照路线设置若干条基本平行的调查路线；在调查区域地形复杂、植被类型多样、植物资源分布不均匀、无法从整个调查区域按一定间距布置调查路线时可按地形划分区域，分别按选择调查路线的原则采用路线间隔法进行路线调查。

（2）样方法

在植物群落中选择植物生长比较均匀的地方设置样方，登记这一面积中所有植物的种类。

乔木植物：样方面积为 400m^2（20m×20m）（注：树高≥5m）。

灌木植物：平均高度≥3m 的样方面积 16m^2（4m×4m），平均高度在 1～3m 的样方面积 4m^2（2m×2m），平均高度<1m 的样方面积 1m^2（1m×1m）。

草本（或蕨类）植物：平均高度≥2m 的样方面积 4m^2（2m×2m），平均高度在 1～2m 的样方面积为 1m^2（1m×1m），平均高度<1m 的样方面积为 0.25m^2（0.5m×0.5m）。

（3）样带法

在调查一个环境异质性比较突出、植被也比较复杂多变的群落时，为了提高调查效率，沿一个方向、中间间隔一定距离布设若干平行的样带，再在与此相垂直的方向同样布设若干平行的样带。在样带纵横交错的地方设立样方，并进行深入调查。样带宽度在 1m 到 20m 不等，根据地形、植物种类及群落状况确定。

（二）植物监测项目基线

本项目主要依据卫星监测数据，在大尺度上通过不同类型植被面积的变化、湿地面积的变化等监测保护区内生态系统的动态变化趋势，并将其作为本项目植物监测的基线数据。本项目植物生态系统变化的动态监测主要依据森林面积、湿地面积、森林和灌丛沼泽面积、河流和湖泊面积、草本沼泽面积的变化，以此作为基线进行调查。

多布库尔国家级自然保护区总面积为 128 959hm^2。2015 年 7 月遥感调查数据为：森林面积 18 600hm^2，占保护区总面积的 14.42%；湿地总面积 93 455hm^2，占保护区总面积的 72.47%；疏林地面积 16 904hm^2，占保护区总面积的 13.11%。在各类湿地中，森林沼泽和灌丛沼泽面积 42 789hm^2，占湿地总面积的 45.78%；河流和湖泊湿地面积 14 428hm^2，占湿地总面积的 15.44%；草本沼泽面积 35 980hm^2，占湿地总面积的 38.49%（表 5-6）。

表 5-6　2015 年多布库尔国家级自然保护区植被及湿地面积特征

植被及湿地类型		面积变化/hm^2	占保护区总面积比例/%	占湿地面积比例/%
森林		18 600	14.42	
湿地	森林沼泽和灌丛沼泽	42 789	72.47	45.78
	河流和湖泊湿地	14 428		15.44
	草本沼泽	35 980		38.49
其他		16 904	13.11	

由于多布库尔国家级自然保护区已经实施多年保护，保护力度较大，区内几乎没有居民居住，并且国家已经实施了森林全面停伐的政策，2016 年、2017 年保护区内没有发生大的自然灾害，因此 2016 年和 2017 年保护区内的植被类型和面积没有大的改变，基本维持原状。

二、兽类资源生态监测

多布库尔国家级自然保护区迄今已记录兽类有 6 目 14 科 44 种。保护区的动物区系复杂，物种类型多样，珍稀物种较多。其中有大兴安岭特有种 7 种，它们也是大兴安岭地区稀有种或濒危种。国家I级重点保护兽类 3 种，国家II级重点保护兽类 6 种。兽类资源较为丰富，而且大兴安岭地区特有种在此均有分布。

（一）样带设置

参照国家林业局制定的《全国陆生野生动物资源调查与监测技术规程》中关于各景观类型抽样强度的规定，结合湿地具体的景观类型和生境面积进行抽样调查，抽样强度不少于保护区面积的 10%。根据动物的昼夜活动范围和调查地区的山形地貌的特点，样带长度一般为 5km，样带宽度视其在不同栖息生境下调查者对某种动物的足迹链或实体的可见度确定，通常为 100m；样带间距不小于 1km。

（二）外业记录

调查中每个队员对遇见的动物实体或动物活动痕迹都要仔细认真地观察并实事求是地记录。

统计实体时，一般只记载前方或左右两侧的动物，而不回头记载身后的，避免增大统计误差。

统计动物痕迹时，应避免重记、错记或漏记。在调查时，如果调查线上有很多足迹混淆不清时，先不记载，直到这些足迹分开，能够辨认出动物个体数时再行记载。相距 30～50m，反复穿越样线，足迹链数量相同的小群，应视作一个群体；在深雪中蹚成深沟的动物种群，应跟踪至浅雪分群处，清查群体数量；足迹与步距的大小差异，可作为区分不同个体的依据。野外作业图，最好用地形图，也可用林相图；记载粪便时，应记载新粪（24h 以内的），避免重记和漏记。根据调查情况填写野生动物样带调查表（表 5-7）。

表 5-7　兽类调查表（样带法）

<table>
<tr><td colspan="8">日期：201＿＿＿＿＿＿；地点：＿＿＿＿＿＿；样线编号：＿＿＿＿＿</td></tr>
<tr><td colspan="8">样带长＿＿＿m；宽度＿＿＿m；温度：＿＿℃；天气：＿＿＿；距居民点距离：＿＿＿km</td></tr>
<tr><td colspan="8">样线起点：＿°　′　″N，＿°　′　″E；样线终点：＿°　′　″N，°　′　″E</td></tr>
<tr><td colspan="8">调查人：＿＿＿＿＿＿＿＿＿＿记录人：＿＿＿＿＿＿＿＿＿＿</td></tr>
<tr><td>时间</td><td>种类</td><td>距离/m</td><td>数量/只</td><td>成/幼</td><td>足迹/卧迹/实体</td><td>生境</td><td>备注</td></tr>
<tr><td>/</td><td></td><td></td><td></td><td>/</td><td></td><td></td><td></td></tr>
<tr><td colspan="8">距离：距样带中线的垂直距离
栖息生境：1 林地、2 灌丛、3 草地、4 农田、荒地、5 水域、6 沼泽、7 居民区</td></tr>
</table>

（三）调查方法

1. 足迹调查法

冬季积雪覆盖期，动物在雪被上留下的足迹是一年中最易被发现的活动踪迹。因此，选择足迹链作为动物间接数量调查的统计指标，利用样带法估计出种群数量，这是目前东北地区普遍采用的主要兽类调查方法。

样带法适用于各种生境中的大多数兽类。调查时以步行为主，步行速度为 2～3km/h，观察对象可以是动物实体，也可以是动物的活动痕迹，如雪地中的动物足迹、卧迹、粪便、尿迹等。记录实体时，只记录位于调查员前方及两侧的个体，包括越过样带的个体，记录所见实体及活动痕迹至样带中线的垂直距离。记录足迹链时只记录与样带中线交叉的足迹链，故不存在垂距或 x=0。所记录的动物活动痕迹应该是 24h 内动物新鲜的活动痕迹，要避免重复记录和漏记。观察记录对象也包括样带预定宽度以外的实体数量。

2. 红外自动数码照相法

针对数量稀少、活动规律特殊、在野外很难见到其踪迹或活动痕迹的物种，主要采用此方法。在调查地点布设自动数码照相机，选择目标动物经常行走的小道及野生动物水源地附近安装相机；对每一台相机进行编号，每一相机对应一记录本，记录相应信息。根据照相机记录的信息确定动物的种类、数量和分布等，并记录相机安放位置的生境状况。

（四）数据处理

1. 密度计算

密度即千公顷样线上物种的数量，计算如下。

样线足迹密度公式为

$$x_i = N_i / 2L_iM_i \tag{5-1}$$

式中，x_i 为第 i 条样线密度；N_i 为第 i 条样线有动物足迹链数量；L_i 为第 i 条样线长度；M_i 为第 i 条样线单侧宽度。

样线动物密度公式为

$$X_i = x_i r \tag{5-2}$$

$$r = G / Z \tag{5-3}$$

式中，X_i 为样线动物密度；x_i 为样线足迹密度；r 为换算系数；G 为动物个体数；Z 为动物足迹链数。

粪堆动物密度公式为

$$X_i = N_i \ / \ C_i \times d_i \times A_i \tag{5-4}$$

式中，X_i 为第 i 条（个）样带或样方动物密度；N_i 为第 i 条（个）样带或样方粪堆数；C_i 为动物 i 日排粪量；d_i 为动物 i 粪堆距调查时的天数；A_i 为第 i 条（个）样带或样方面积。

动物密度均值为

$$\bar{X}_j = \frac{1}{m}\sum_{m=1}^{m} X_i \tag{5-5}$$

式中，$\bar{X}_j$ 为第 j 层动物平均密度；m 为第 j 层动物数量；X_i 为第 i 个动物密度。

统计方差为

$$S^2 = \frac{1}{m}\sum_{m=1}^{m}\left(X_i - \bar{X}_j\right) \tag{5-6}$$

式中，S^2 为统计方差；X_i 为第 i 个动物密度；$\bar{X}_j$ 为第 j 层动物平均密度。

丰富度估计误差限（Δ）

$$\Delta=\frac{ts}{\sqrt{m-1}} \tag{5-7}$$

式中，s 为区间统计中样本的标准差；t 值由可靠性 80%，自由度 m–1 查生物统计概率表求得。

各层某种动物个体密度估计区间（X_j）

$$X_j=\bar{X}_j\pm\Delta \tag{5-8}$$

精度为

$$P_j=\left(1-\frac{\Delta}{\bar{X}_j}\right)\times 100\% \tag{5-9}$$

式中，P_j 为第 j 层精度。

2. 各层统计量

$$M_j=\bar{X}_j S_j \tag{5-10}$$

式中，M_j 为第 j 层某种动物数量；$\bar{X}_j$ 为第 j 层动物平均密度；S_j 为第 j 层某种动物适栖面积。

3. 总体统计量

$$M=\sum_{j=1}^{n}M_j \tag{5-11}$$

式中，M 为总统计量，M_j 为第 j 层某种动物数量。

（五）调查时间与调查内容

1. 调查时间

根据本区兽类特点，兽类调查进行 3 次，即春季、秋季和冬季。以冬季雪地足迹调查为主，春、秋两季足迹调查、访谈调查及自动相机监测为辅。

2. 调查内容

本次调查采用全面计数、重点调查的方式，对多布库尔国家级自然保护区内兽类进行调查。调查内容主要包括保护区内的珍稀物种和常见物种。

根据 2015 年 3 月调查结果，多布库尔国家级自然保护区兽类珍稀物种（目标物种）主要有猞猁（*Lynx lynx*）、棕熊（*Ursus arctos*）、紫貂（*Martes zibellina*）、水獭（*Lutra lutra*）、原麝（*Moschus moschiferus*）、马鹿（*Cervus elaphus*）和驼鹿（*Alces alces*），估算（主要计算森林内的动物，森林面积 18 600hm^2=186km^2）数量如下。

猞猁：0.0378 只/km^2×186km^2≈7 只

棕熊：在保护区偶见

紫貂：0.0817 只/km^2×186km^2≈15 只

水獭：在保护区偶见

原麝：在保护区偶见

马鹿：0.0312 只/km^2×186km^2≈6 只

驼鹿：0.0703 只/km^2×186km^2≈13 只

多布库尔国家级自然保护区兽类常见物种（指示物种）主要有松鼠（*Sciurus vulgaris*）、狍（*Capreolus capreolus*）、野猪（*Sus scrofa*）、雪兔（*Lepus timidus*）和赤狐（*Vulpes vulpes*）等，估算（主要估算森林和疏林地内的动物，面积 18 600hm^2+16 904hm^2=35 504hm^2=355.04km^2，赤狐主要在疏林地内活动，面积 16 904hm^2=169.04km^2）数量如下。

松鼠：1.1339 只/km^2×355.04km^2≈403 只

狍：0.4240 只/km^2×355.04km^2≈151 只

野猪：0.1023 只/km^2×355.04km^2≈36 头

雪兔：1.1113 只/km^2×355.04km^2≈395 只

赤狐：0.1365 只/km^2×169.04km^2≈23.07 只

2016 年、2017 年跟踪调查的结果是野猪和狍的数量明显增加，其他动物数量变化不大（图 5-1）。

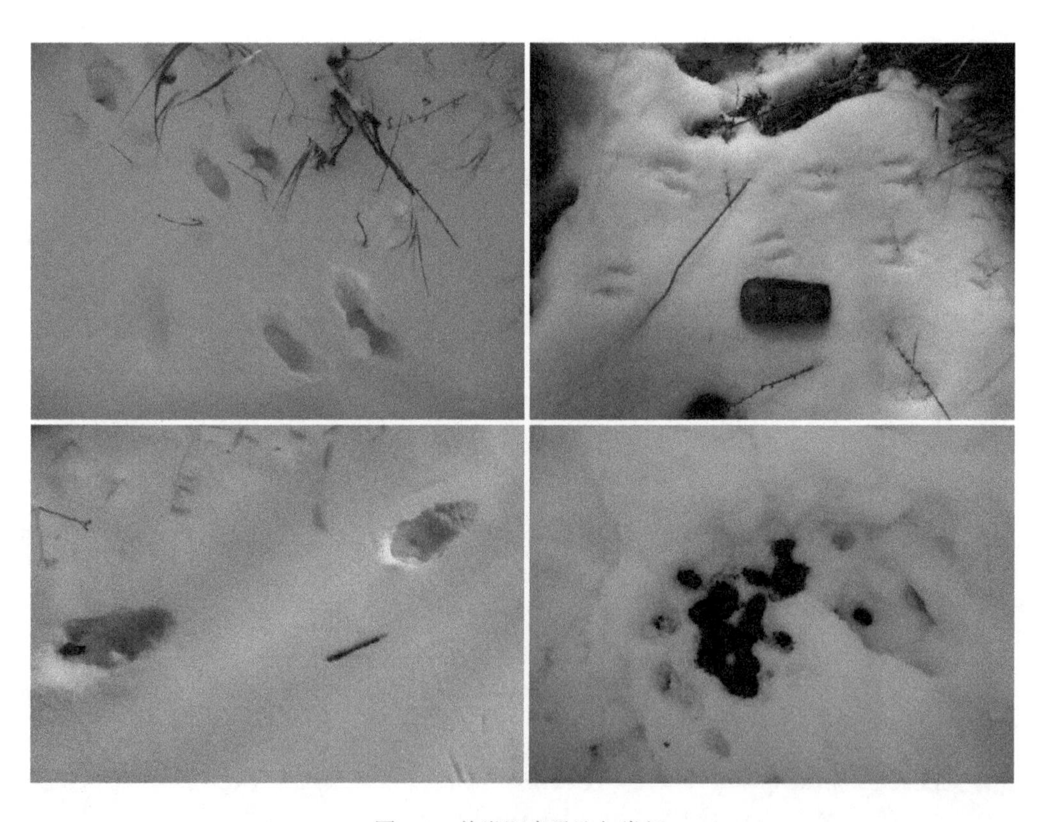

图 5-1 兽类调查足迹与粪便

三、鸟类资源生态监测

多布库尔国家级自然保护区记录有鸟类231种，其中留鸟45种，占总数的19.5%；夏候鸟135种，占58.4%；旅鸟45种，占19.5%；冬候鸟6种，占2.6%。可见夏候鸟和旅鸟在保护区鸟类组成中占绝大多数。

在目科组成上，非雀形目鸟类121种，约占本区鸟类总数的52.4%，雀形目鸟类为110种，约占本区鸟类总数的47.6%。鸭科23种，鹬科23种，鹟科15种，莺科16种，雀科15种，鹡鸰科9种，种类较多。

（一）调查方法

1. 调查抽样强度及面积的确定

多布库尔国家级自然保护区总面积12万余公顷。根据保护区实际及调查规范，本次调查面积拟定为保护区总面积的10%，据此，本次鸟类调查面积为12 000hm^2。

2. 调查季节

春季（5月）调查鸟类的种类和数量及迁徙情况，夏季（6～7月）调查繁殖鸟类的数量和种类，秋季（9月初至10中旬）调查鸟类的种类和数量及迁徙情况，冬季（12月初至翌年3月）调查越冬鸟类的种类和数量。

（二）调查内容

本次主要针对多布库尔国家级自然保护区的鸟类进行抽样调查，确定保护区内鸟类的珍稀物种（目标物种）和常见物种（指示物种）。

（三）陆地鸟类数量调查方法（样带法）

鸟类主要采取样带法进行调查，而集群的雁鸭类则采取样点法进行调查。调查时行进速度为2km/h，以保证调查的准确性和完整性。

样带宽度为单侧宽50m。

调查应在晴朗、三级风以下的天气进行，每天调查最佳时间在清晨或傍晚，步行速度 2～3km/h。

调查员记录位于前方及两侧的鸟类，包括飞过样地的个体。繁殖期调查时听到或看到一只雄鸟应记为一对，在没有见到雄鸟的情况下，见到一只雌鸟，一窝卵或雏也应视为一对。

记录所见个体到样带中线的垂直距离。对于集群鸟类，每一群体视为一点，记录群体中心点到样带中线的垂直距离。观察记录对象还应包括样带以外的个体或群体，并记录下它们到中线的垂直距离（表5-8）。

表 5-8　鸟类调查表（样带法）

日期：201__________；地点：__________；样带编号：________								
样带长_____m；宽度_____m；温度：___℃；天气：____；距居民点距离：____km								
样线起点：°　′　″N，°　′　″E；样线终点：°　′　″N，°　′　″E								
调查人：__________记录人：__________								
时间	种类	数量	距离/m	雄鸟/雌鸟	幼鸟	生境	行为	备注
/				/				

行为：1 飞行、2 停栖、3 觅食、4 鸣叫、5 行走
距离：距样带中线的垂直距离
生境：1 林地、2 灌丛、3 草地、4 农田、荒地、5 水域、6 沼泽、7 居民区

（四）水鸟数量调查法（样点法）

1. 直接记数法

直接记数法为直接记录调查区域内鸟类绝对种群数量的方法，适用于迁徙季节，在大的明水面区域内对雁鸭类调查采用此法。

2. 网捕法

除采用常规调查方法外，调查中还可使用网捕法进行调查，根据鸟类分布情况，设置两个网场，每个网场布设鸟网 10 片。调查记录表见表 5-9。

表 5-9　鸟类调查表格

日期：__________地点：__________组别：__________							
气温：__________天气情况：__________调查人：__________							
样点号	种类	距离/m	数量/只	性别（♀/♂）	状态	栖息生境	备注
				/			

（五）调查结果

2015 年 5～7 月，多布库尔国家级自然保护区鸟类调查结果显示，珍稀鸟类主要有金雕（*Aquila chrysaetos*）、白枕鹤（*Grus vipio*）、黑嘴松鸡（*Tetrao parvirostris*）、红隼（*Falco tinnunculus*）、鸳鸯（*Aix galericulata*）等；估算数量见表 5-10；常见鸟类主要有绿头鸭（*Anas platyrhynchos*）、普通秋沙鸭（*Mergus merganser*）、花尾榛鸡（*Bonasa bonasia*）、苍鹭（*Ardea cinerea*）、黑琴鸡（*Lyrurus tetrix*）、红尾伯劳（*Lanius cristatus*）等（表 5-11）。

表 5-10　多布库尔国家级自然保护区珍稀鸟类调查基线数据

序号	中文名	拉丁学名	居留类型	数量	栖息生境	保护级别
一	**鹳形目**	**CICONIIFORMES**				
（一）	鹭科	Ardeidae				

续表

序号	中文名	拉丁学名	居留类型	数量	栖息生境	保护级别
1	苍鹭	*Ardea cinerea*	S	30～50	M	
二	**雁形目**	**ANSERIFORMES**				
（二）	鸭科	Anatidae				
2	鸳鸯	*Aix galericulata*	S	30～40	W	II
三	**隼形目**	**FALCONIFORMES**				
（三）	鹰科	Accipitridae	S			
3	金雕	*Aquila chrysaetos*	S	2～5	F	I
（四）	隼科	Falconidae				
4	红隼	*F. tinnunculus*	S	100～200	F	II
四	**鸡形目**	**GALLIFORMES**			F	
（五）	松鸡科	Tetraonidae			F	
5	黑嘴松鸡	*Tetrao parvirostris*	R	10～20	F	I
五	**鹤形目**	**GRUIFORMES**				
（六）	鹤科					
6	白枕鹤	*Grus vipio*	S	5～10	M	

注：栖息生境：W——水域；M——沼泽；F——森林、灌丛
居留类型：S——夏候鸟；R——留鸟
保护级别：I——国家一级重点保护种类；II——国家二级重点保护种类

表 5-11　多布库尔国家级自然保护区常见鸟类调查基线数据

序号	中文名	拉丁学名	居留类型	数量	栖息生境	保护级别
一	**雁形目**	**ANSERIFORMES**				
（一）	鸭科	Anatidae				
1	绿头鸭	*Anas platyrhynchos*	P S	2000～4000	W	
2	普通秋沙鸭	*Mergus merganser*	S	20～40	W	
二	**鸡形目**	**GALLIFORMES**			F	
（二）	松鸡科	Tetraonidae			F	
3	黑琴鸡	*Lyrurus tetrix*	R	50～100	F	II
4	花尾榛鸡	*Bonasa bonasia*	R	300～500	F	II
三	**雀形目**	**PASSERIFORMES**				
（三）	太平鸟科	Bombycillidae				
5	红尾伯劳	*L. cristatus*	S	30～50	F	

注：栖息生境：W——水域；F——森林、灌丛
居留类型：S——夏候鸟；R——留鸟；P——旅鸟
保护级别：II——国家二级重点保护种类

2016 年和 2017 年雁鸭类鸟类种群数量有所增加，其他变化不大（图 5-2）。

四、两栖、爬行动物资源生态监测

多布库尔国家级自然保护区地处高寒地区，冬季漫长而寒冷，两栖、爬行动物资源极度匮乏，种类和数量都很少。

图5-2 鸟类野外调查

多布库尔国家级自然保护区有记录的爬行动物共有2目2亚目4科5属5种。其中龟鳖目记载1科1属1种，即中华鳖（*Pelodiscus sinensis*）；蜥蜴亚目1科1属1种，即胎生蜥蜴（*Lacerta vivipara*）；蛇亚目2科2属3种，即白条锦蛇（*Elaphe dione*）、中介蝮（*Gloydius intermedius*）和乌苏里蝮（*Gloydius ussuriensis*）。

该区共记录两栖动物2目4科4属6种。其中有尾目小鲵科1属1种，即极北鲵（*Salamandrella keyserlingii*）；无尾目蟾蜍科记录1属1种，即中华蟾蜍（*Bufo gargarizans*）（有记录）；蛙科2属2种，即黑龙江林蛙（*Rana amurensis*）、黑斑侧褶蛙（*Pelophylax nigrom aculata*）（南部有记录）；雨蛙科1属1种，即东北雨蛙（*Rana dybowskii*）（大兴安岭南部有记录）。

（一）两栖、爬行动物调查方法

两栖、爬行动物的数量调查主要采用样线法，该调查方法适合于大面积调查。

1. 样线确定原则

在样带内沿样线方向，分段布线；沿样线往返一次为一个调查；样线的长度以100～200m为宜，应均匀选择多条样线，沿样线前进方向布设，样线的数量根据样带的长度而定，一般应在5条以上。

2. 观察方法

沿样线观察时，每次巡视的速度应保持一致。发现动物个体后，立即记录（表5-12）动物名称及该个体与观察者之间的距离和生境状况，观察者的动作应尽量不惊扰动物。

表 5-12　两栖、爬行动物调查表（样线法）

<table>
<tr><td colspan="7">日期：201 / __/____ ；地点：______________；样线编号：__________</td></tr>
<tr><td colspan="7">样线长_______m；温度：____℃；天气情况：____；距居民点距离：______km</td></tr>
<tr><td colspan="7">样线起点：___°___′___″N，___°___′___″E；样线终点：___°___′___″N，___°___′___″E</td></tr>
<tr><td colspan="7">调查人：__________　记录人：_______________</td></tr>
<tr><td>时间</td><td>种类</td><td>数量</td><td>距离/m</td><td>生境</td><td>行为</td><td>备注</td></tr>
<tr><td>/</td><td></td><td></td><td></td><td></td><td></td><td></td></tr>
</table>

（二）调查内容

本次两栖、爬行动物调查，将所有两栖、爬行动物均列入调查范围，所见物种全部记录。

（三）调查时间

2015 年 5 月、7 月两次调查，每次调查 7～8 天。

（四）调查结果

本次调查，爬行动物只有乌苏里蝮（*Gloydius ussuriensis*），没有发现其他爬行动物。两栖动物只发现极北鲵（*Salamandrella keyserlingii*）、黑龙江林蛙（*Rana amurensis*）和中华蟾蜍（*Bufo gargarizans*）三种，而且都属于偶见。2016 年和 2017 年两栖、爬行动物都没有新的发现（图 5-3）。

图 5-3　两栖、爬行动物调查

五、鱼类资源生态监测

在黑龙江多布库尔国家级自然保护区范围内，分布的河流主要有多布库尔河、大古里河、小古里河等，水域特点是水域宽阔，石砾底质，河道弯曲流急，鱼类资源较丰富，而且冷水性鱼类较多。现将调查结果阐述如下。

（一）鱼类的种类组成

该区记录鱼类共有 7 目 10 科 27 属 30 种。其中圆口纲七鳃鳗目 1 科 1 属 1 种，约占总种数的 3%。鱼类中的鲑形目 2 科 3 属 3 种，约占总种数的 10%；鲤形目 2 科 18 属 21 种，占总种数的 70%；鲶形目 1 科 1 属 1 种，约占总种数的 3%；鳕形目 1 科 1 属 1 种，约占总种数的 3%；鲈形目 2 科 2 属 2 种，约占总种数的 7%；鲉形目 1 科 1 属 1 种，约占总种数的 3%。

（二）鱼类调查方法（样点法）

本次鱼类调查采用定点采样、称重和种类鉴定法进行。具体调查方法如下。

在多布库尔国家级自然保护区内多布库尔河的上游、中游和下游，分别设定三个采样点，在三个采样点分别布设相同的网具、地龙和刺网，每昼夜取一次网，分别进行种类鉴定和称重，并进行记录（表 5-13）。

表 5-13　鱼类调查记录表

<table>
<tr><td colspan="6">日期：201________；温度：____℃；天气情况：________</td></tr>
<tr><td colspan="6">水域名称：________采样点位置：____°　′　″N，　°　′　″E</td></tr>
<tr><td colspan="6">调查人：__________记录人：__________</td></tr>
<tr><td>采样点位置</td><td>种类</td><td>尾数</td><td>质量/g</td><td>总重/g</td><td>备注</td></tr>
<tr><td></td><td></td><td></td><td></td><td></td><td></td></tr>
</table>

（三）调查时间

2015 年 5 月、7 月、10 月三季进行（图 5-4）。

图 5-4　多布库尔国家级自然保护区鱼类资源调查

（四）调查结果

调查结果详见表 5-14～表 5-16。

表 5-14　2015 年 5 月鱼类调查结果

序号	鱼类名称	拉丁学名	尾数
1	雷氏七鳃鳗	*Lampetra reissneri*	3
2	细鳞鱼	*Brachymystax lenok*	1
3	黑龙江茴鱼	*Thymallus grubei*	3
4	马口鱼	*Opsariichthys bidens*	2
5	真鱥	*Phoxinus phoxinus*	3
6	湖鱥	*Phoxinus percnurus*	7
7	东北雅罗鱼	*Leuciscus waleckii*	2
8	鰲条	*Hemiculter leucisculus*	4
9	黑龙江鳑鲏	*Rhodeus sericeus*	8
10	唇鲭	*Hemibarbus labeo*	3

续表

序号	鱼类名称	拉丁学名	尾数
11	花䱻	*Hemibarbus maculates*	6
12	麦穗鱼	*Pseudorasbora parva*	7
13	棒花鱼	*Abbottina rivularis*	6
14	蛇鮈	*Saurogobio dabryi*	5
15	鲫	*Carassius auratus*	6
16	黑龙江花鳅	*Cobitis lutheri*	7
17	黑龙江泥鳅	*Misgurnus mohoity*	9
18	北方须鳅	*Barbatula nudus*	5
19	北鳅	*Lefua costata*	4
20	鲶	*Silurus asotus*	3
21	葛氏鲈塘鳢	*Perccottus glehni*	8
22	乌鳢	*Channa argus*	4
23	黑龙江中杜父鱼	*Mesocottus haitej*	2

注：2015 年 5 月调查鱼类的总重是 4355g

表 5-15　2015 年 7 月鱼类调查结果

序号	鱼类名称	拉丁学名	尾数
1	雷氏七鳃鳗	*Lampetra reissneri*	5
2	黑斑狗鱼	*Esox reicherti*	3
3	江鳕	*Lota lota*	1
4	黑龙江茴鱼	*Thymallus grubei*	2
5	真鱥	*Phoxinus phoxinus*	5
6	湖鱥	*Phoxinus percnurus*	9
7	东北雅罗鱼	*Leuciscus waleckii*	3
8	餐条	*Hemiculter leucisculus*	3
9	黑龙江鳑鲏	*Rhodeus sericeus*	7
10	唇䱻	*Hemibarbus labeo*	4
11	花䱻	*Hemibarbus maculates*	5
12	麦穗鱼	*Pseudorasbora parva*	9
13	棒花鱼	*Abbottina rivularis*	11
14	蛇鮈	*Saurogobio dabryi*	7
15	鲤	*Cyprinus carpio*	6
16	鲫	*Carassius auratus*	9
17	黑龙江花鳅	*Cobitis lutheri*	5
18	黑龙江泥鳅	*Misgurnus mohoity*	7
19	北方须鳅	*Barbatula nudus*	7
20	北鳅	*Lefua costata*	2
21	鲶	*Silurus asotus*	5
22	葛氏鲈塘鳢	*Perccottus glehni*	9
23	乌鳢	*Channa argus*	6
24	黑龙江中杜父鱼	*Mesocottus haitej*	3

注：2015 年 7 月调查鱼类的总重是 4635g

表 5-16　2015 年 10 月鱼类调查结果

序号	鱼类名称	拉丁学名	尾数
1	雷氏七鳃鳗	*Lampetra reissneri*	1
2	黑斑狗鱼	*Esox reicherti*	4
3	黑龙江茴鱼	*Thymallus grubei*	3
4	湖鱥	*Phoxinus percnurus*	10
5	鳌条	*Hemiculter leucisculus*	3
6	黑龙江鳑鲏	*Rhodeus sericeus*	11
7	花䱻	*Hemibarbus maculates*	3
8	麦穗鱼	*Pseudorasbora parva*	13
9	棒花鱼	*Abbottina rivularis*	9
10	蛇鮈	*Saurogobio dabryi*	9
11	鲤	*Cyprinus carpio*	3
12	鲫	*Carassius auratus*	6
13	黑龙江花鳅	*Cobitis lutheri*	7
14	黑龙江泥鳅	*Misgurnus mohoity*	11
15	北方须鳅	*Barbatula nudus*	8
16	鲶	*Silurus asotus*	6
17	葛氏鲈塘鳢	*Perccottus glehni*	9
18	乌鳢	*Channa argus*	5

注：2015 年 10 月调查鱼类的总重是 3250g

2016 年和 2017 年调查鱼类种类无大的变化。

第三节　根河源国家湿地公园生态监测

一、植物生态监测

根河源国家湿地公园湿地植被类型可划分为森林湿地植被、灌丛湿地植被、苔草湿地植被 3 类。

湿地公园的湿地高等植物共有 92 科 212 属 548 种。其中苔藓植物 32 科 44 属 126 种；蕨类植物 3 科 3 属 11 种；裸子植物 1 科 1 属 1 种；被子植物 56 科 164 属 410 种。

主要的湿地植物有兴安落叶松、柴桦（*Betula fruticosa*）、扇叶桦（*B. middendorfii*）、沼柳（*Salix rosmarinifolia*）、甸杜（*Chamaedaphne calyculata*）、臌囊苔草（*Carex schmidtii*）、小叶章等。水生植物主要有浮萍（*Lemna minor*）、水藓（*Fontinalis antipyretica*）等。主要植物群系为兴安落叶松群系。兴安落叶松作为湿地植被，主要分布在沟谷地带。林下灌木有柴桦、扇叶桦、狭叶杜香、沼柳、甸杜等。草本主要是臌囊苔草、小叶章（图 5-5）。

区内有较多国家重点保护的野生植物和珍稀濒危植物，如钻天柳（*Chosenia arbutifolia*）、岩高兰（*Empetrum nigrum* var. *japonicum*）、草苁蓉（*Boschniakia rossica*）、大花杓兰（*Cypripedium macranthos*）、乌苏里狐尾藻（*Myriophyllum propinquum*）、浮叶慈菇（*Sagittaria natans*）等，自治区级保护植物有兴安翠雀花（*Delphinium hsinganense*）、

图 5-5　根河源国家湿地公园植被类型

手掌参（*Gymnadenia conopsea*）、芍药（*Paeonia lactiflora*）、兴安升麻（*Cimicifuga dahurica*）、细叶百合（*Lilium pumilum*）、笃斯越橘（Vaccinium uliginosum）、北极花（*Linnaea borealis*）等。

本项目主要依据卫星监测数据，从大尺度上通过不同类型植被面积的变化、湿地面积的变化等监测保护区内生态系统的动态变化趋势，以此作为本项目植物监测基线数据。

根河源国家湿地公园内沼泽湿地类型较多，有森林沼泽、灌丛沼泽、草丛沼泽，面积 18 370.59hm^2，占该区湿地总面积的 90.53%，以兴安落叶松沼泽为主。

森林沼泽的代表类型分别为兴安落叶松–柴桦–球穗苔草沼泽、兴安落叶松–柴桦–笃斯越橘–藓类沼泽、兴安落叶松–狭叶杜香–泥炭藓沼泽。

兴安落叶松–柴桦–球穗苔草沼泽：见于平缓的沟谷和坡麓地带。兴安落叶松为建群种，常伴生白桦（*Betula platyphylla*）。林下灌木和草本比较丰富，灌木层以柴桦为优势种；草本层发达，以球穗苔草（*Carex globularis*）等莎草科植物为优势种；苔藓地被层有白齿泥炭藓（*Sphagnum girgensohnii*）、锈色泥炭藓（*S. fuscum*）等。上述各亚层优势种都是典型沼泽湿地植物，也是本群落的“特征种”或“指示种”。

兴安落叶松–狭叶杜香–泥炭藓沼泽：乔木层简单，为纯林，兴安落叶松为建群种，灌木层以狭叶杜香（*Ledum palustre*）为主；草本层植物稀少，层次不明显，多为喜湿的苔草、小叶章等；苔藓地被层较发育，如毡状分布，主要为泥炭藓，有中位泥炭藓（*S. magellanicum*）、锈色泥炭藓、尖叶泥炭藓（*S. capillifolium*）等。兴安落叶松枝干上悬生有树衣等地衣类植物。

兴安落叶松–柴桦–笃斯越橘–藓类沼泽：常分布于富营养型兴安落叶松–柴桦–球穗苔草沼泽和贫营养型兴安落叶松–狭叶杜香–泥炭藓沼泽之间。

二、根河源国家湿地公园兽类资源调查

根据 2014 年 11 月调查结果，根河源国家湿地公园兽类常见物种（指示物种）主要有松鼠、狍、野猪、雪兔和赤狐；珍稀物种（目标物种）主要有水獭、紫貂、棕熊、原麝、马鹿、驼鹿等。调查方法同第五章第二节。

（一）根河源国家湿地公园常见兽类数量估算

根河源国家湿地公园兽类常见物种（指示物种）主要有松鼠、狍、野猪、雪兔和赤狐等，估算数量如下。

松鼠：1.1339 只/km^2×56.41km^2≈64 只

狍：0.4240 只/km^2×56.41km^2≈24 只

野猪：0.1023 只/km^2×56.41km^2≈6 头

雪兔：1.1113 只/km^2×56.41km^2≈63 只

赤狐：0.1365 只/km^2×56.41km^2≈8 只

（二）根河源国家湿地公园兽类珍稀物种（目标物种）数量估算

根河源国家湿地公园兽类珍稀物种主要有水獭、紫貂、棕熊、原麝、马鹿、驼鹿等。

水獭：在保护区偶见

紫貂：0.0886 只/km^2×56.41km^2≈5 只

棕熊：在保护区偶见

原麝：在保护区偶见

马鹿：在保护区偶见

驼鹿：在保护区偶见

在 2016 年和 2017 年的跟踪调查后发现，野猪和狍的种群数量有所增加，其他没有什么新的发现。

三、根河源国家湿地公园鸟类资源调查

根河源国家湿地公园记录鸟类 8 目 9 科 35 属 74 种。

（一）根河源国家湿地公园鸟类珍稀物种（目标物种）调查

根据 2015 年 5～7 月调查数据，根河源国家湿地公园鸟类珍稀物种主要有鸳鸯（*Aix galericulata*）、普通秋沙鸭（*Mergus merganser*）、雀鹰（*Accipiter nisus*）、普通𫛭（*Buteo buteo*）、白尾鹞（*Circus cyaneus*）、鹊鹞（*Circus melanoleucos*）、金雕（*Aquila chrysaetos*）、红隼（*Falco tinnunculus*）、黑嘴松鸡（*Tetrao parvirostris*）、黑琴鸡（*Lyrurus tetrix*）、白枕鹤（*Grus vipio*）等，其调查数据及保护级别等见表 5-17。

表 5-17　根河源国家湿地公园珍稀鸟类调查基线数据

序号	中文名	拉丁学名	居留类型	数量	栖息生境	保护级别
一	**鹳形目**	**CICONIIFORMES**				
（一）	鹭科	Ardeidae				
1	苍鹭	*Ardea cinerea*	S	30～50	M	
二	**雁形目**	**ANSERIFORMES**				
（二）	鸭科	Anatidae				

续表

序号	中文名	拉丁学名	居留类型	数量	栖息生境	保护级别
2	鸳鸯	*Aix galericulata*	S	10～20	W	II
3	普通秋沙鸭	*Mergus merganser*	S	10～20	W	
三	**隼形目**	**FALCONIFORMES**				
（三）	鹰科	Accipitridae	S			
4	雀鹰	*A. nisus*	S	10～20	F	II
5	普通鵟	*Buteo buteo*	S	10～20	F	
6	白尾鹞	*Circus cyaneus*	S	10～30	M	II
7	鹊鹞	*C. melanoleucos*	S	10～30	M	II
8	金雕	*Aquila chrysaetos*	S	1～2	F	I
（四）	隼科	Falconidae				
9	红隼	*F. tinnunculus*	S	50～100	F	II
四	**鸡形目**	**GALLIFORMES**				
（五）	松鸡科	Tetraonidae				
10	黑嘴松鸡	*Tetrao parvirostris*	R	1～5	F	I
11	黑琴鸡	*Lyrurus tetrix*	R	20～30	F	II
五	**鹤形目**	**GRUIFORMES**				
（六）	鹤科					
12	白枕鹤	*Grus vipio*	S	1～5	M	

注：保护级别：I——国家一级重点保护种类；II——国家二级重点保护种类
栖息生境：W——水域；M——沼泽；F——森林、灌丛
居留类型：S——夏候鸟；R——留鸟

（二）根河源国家湿地公园鸟类常见物种（指示物种）调查

根据2015年5～7月调查数据，根河源国家湿地公园鸟类常见物种（指示物种）主要有豆雁（*Anser fabalis*）、灰雁（*Anser anser*）、绿翅鸭（*Anas crecca*）、绿头鸭（*Anas platyrhynchos*）、斑嘴鸭（*Anas poecilorhyncha*）、花尾榛鸡（*Bonasa bonasia*）、骨顶鸡（*Fulica atra*）、凤头麦鸡（*Vanellus vanellus*）、红嘴鸥（*Larus ridibundus*）、白翅浮鸥（*Chlidonias leucopterus*）等，其基线调查数据见表5-18。

表5-18 根河源国家湿地公园常见鸟类调查基线数据

序号	中文名	拉丁学名	居留类型	数量	栖息生境	保护级别
一	**雁形目**	**ANSERIFORMES**				
（一）	鸭科	Anatidae				
1	豆雁	*Anser fabalis*	P	100～300	W	
2	灰雁	*A. anser*	P	300～500	W	
3	绿翅鸭	*A. crecca*	P S	100～150	W	
4	绿头鸭	*A. platyrhynchos*	P S	500～1000	W	
5	斑嘴鸭	*A. poecilorhyncha*	P S	100～200	W	

续表

序号	中文名	拉丁学名	居留类型	数量	栖息生境	保护级别
二	**鸡形目**	**GALLIFORMES**				
（二）	松鸡科	Tetraonidae				
6	花尾榛鸡	*Bonasa bonasia*	R	50～100	F	II
三	**鹤形目**	**GRUIFORMES**				
（三）	鹤科	Gruidae				
7	骨顶鸡	*Fulica atra*	S	100～200	W	
四	**鸻形目**	**CHARADRIIFORMES**				
（四）	鸻科	Charadriidae				
8	凤头麦鸡	*Vanellus vanellus*	S	100～200	M	
（五）	鸥科	Laridae				
9	红嘴鸥	*Larus ridibundus*	S	100～300	W	
10	白翅浮鸥	*Chlidonias leucopterus*	S	100～200		

注：保护级别：II——国家二级重点保护种类
栖息生境：W——水域；M——沼泽；F——森林、灌丛
居留类型：S——夏候鸟；R——留鸟；P——旅鸟

四、鱼类资源调查

鱼类调查在2015年5月、7月、10月进行（图5-6）。结果如表5-19～表5-21所示。

图5-6　根河源国家湿地公园鱼类资源调查

表 5-19　2015 年 5 月鱼类调查结果

序号	鱼类名称	拉丁学名	总重/g
1	雷氏七鳃鳗	*Lampetra reissneri*	3350
2	黑龙江茴鱼	*Thymallus grubei*	
3	真鱥	*Phoxinus phoxinus*	
4	洛氏鱥	*Phoxinus lagowskii*	
5	蛇鮈	*Saurogobio dabryi*	
6	北鳅	*Lefua costata*	
7	北方须鳅	*Barbatula nudus*	
8	黑龙江花鳅	*Cobitis lutheri*	
9	黑龙江泥鳅	*Misgurnus mohoity*	
10	葛氏鲈塘鳢	*Perccottus glehni*	
11	黑龙江中杜父鱼	*Mesocottus haitej*	

表 5-20　2015 年 7 月鱼类调查结果

序号	鱼类名称	拉丁学名	总重/g
1	雷氏七鳃鳗	*Lampetra reissneri*	4300
2	黑龙江茴鱼	*Thymallus grubei*	
3	真鱥	*Phoxinus phoxinus*	
4	洛氏鱥	*Phoxinus lagowskii*	
5	犬首鮈	*Gobio cynocephalus*	
6	蛇鮈	*Saurogobio dabryi*	
7	北鳅	*Lefua costata*	
8	北方须鳅	*Barbatula nudus*	
9	黑龙江花鳅	*Cobitis lutheri*	
10	黑龙江泥鳅	*Misgurnus mohoity*	
11	葛氏鲈塘鳢	*Perccottus glehni*	
12	黑龙江中杜父鱼	*Mesocottus haitej*	

表 5-21　2015 年 10 月鱼类调查结果

序号	鱼类名称	拉丁学名	总重/g
1	雷氏七鳃鳗	*Lampetra reissneri*	2600
2	黑龙江茴鱼	*Thymallus grubei*	
3	真鱥	*Phoxinus phoxinus*	
4	洛氏鱥	*Phoxinus lagowskii*	
5	犬首鮈	*Gobio cynocephalus*	
6	北方须鳅	*Barbatula nudus*	
7	黑龙江花鳅	*Cobitis lutheri*	
8	黑龙江泥鳅	*Misgurnus mohoity*	
9	葛氏鲈塘鳢	*Perccottus glehni*	
10	黑龙江中杜父鱼	*Mesocottus haitej*	

从三个季度的调查结果来看，根河源国家湿地公园的鱼类均为小型鱼类，普遍存在种类少、个体小的特点。

从数量分布来看，根河源国家湿地公园鱼类数量较少，5 月只捕到 3350g 鱼类，7 月捕到 4300g，10 月只捕到 2600g。

从种类分布看，根河源国家湿地公园记录鱼类有 30 种，而 2015 年三次调查仅发现 12 种（表 5-22）。

表 5-22　2015 年根河源国家湿地公园鱼类调查名录

序号	鱼类名称	拉丁学名
一	七鳃鳗目	PETROMYZONIFORMES
（一）	七鳃鳗科	Petrmyzonidae
1	雷氏七鳃鳗	*Lampetra reissneri*
二	鲑形目	SALMONIFORMES
（二）	茴鱼科	Thymallidae
2	黑龙江茴鱼	*Thymallus grubei*
三	鲤形目	CYPRINIFORMES
（三）	鲤科	Cyprinidae
3	真鱥	*Phoxinus phoxinus*
4	洛氏鱥	*Phoxinus lagowskii*
5	犬首鮈	*Gobio cynocephalus*
6	蛇鮈	*Saurogobio dabryi*
（四）	鳅科	Cobitidae
7	北鳅	*Lefua costata*
8	北方须鳅	*Barbatula nudus*
9	黑龙江花鳅	*Cobitis lutheri*
10	黑龙江泥鳅	*Misgurnus mohoity*
四	鲈形目	PERCIFORMES
（五）	塘鳢科	Eleotridae
11	葛氏鲈塘鳢	*Perccottus glehni*
五	鲉形目	SCORPAENIFORMES
（六）	杜父鱼科	Cottidae
12	黑龙江中杜父鱼	*Mesocottus haitej*

第四节　结论与讨论

通过以生物多样性监测为重点目标，对大兴安岭地区典型的湿地生态系统进行跟踪监测与调查，可以得出，大兴安岭地区 12 个保护地生态系统的环境状况均有不同程度的改善，生物多样性有所提高。通过生态系统健康指数（EHI）评价和管理有效性跟踪评估（METT），也可以看出大兴安岭地区 12 个保护地生态系统的健康状况都有所改善，管理有效性大大提高。

根据 2015 年 3 月调查结果，大兴安岭地区兽类珍稀物种（目标物种）主要有猞猁（*Lynx lynx*）、棕熊（*Ursus arctos*）、紫貂（*Martes zibellina*）、水獭（*Lutra lutra*）、原麝（*Moschus moschiferus*）、马鹿（*Cervus elaphus*）和驼鹿（*Alces alces*）；常见物种（指示物种）主要有松鼠（*Sciurus vulgaris*）、狍（*Capreolus capreolus*）、野猪（*Sus scrofa*）、雪兔（*Lepus timidus*）和赤狐（*Vulpes vulpes*）等。2016 年和 2017 年跟踪调查的结果显示，野猪和狍种群的数量明显增加，其他动物种群数量变化不大。

2015 年鸟类调查发现，珍稀鸟类主要有金雕（*Aquila chrysaetos*）、白枕鹤（*Grus vipio*）、黑嘴松鸡（*Tetrao parvirostris*）、红隼（*Falco tinnunculus*）、鸳鸯（*Aix galericulata*）等；常见鸟类主要有绿头鸭（*Anas platyrhynchos*）、普通秋沙鸭（*Mergus merganser*）、花尾榛鸡（*Bonasa bonasia*）、苍鹭（*Ardea cinerea*）、黑琴鸡（*Lyrurus tetrix*）、红尾伯劳（*Lanius cristatus*）等。2016 年和 2017 年跟踪调查发现，大兴安岭地区雁鸭类种群数量明显增加，其他鸟类种群数量变化不大。

爬行动物只见到乌苏里蝮（*Gloydius ussuriensis*），没有发现其他爬行动物。两栖动物只发现极北鲵（*Salamandrella keyserlingii*）、黑龙江林蛙（*Rana amurensis*）和中华蟾蜍（*Bufo gargarizans*）三种，而且都属于偶见。2016 年和 2017 年两栖、爬行动物都没有新的发现。

2015 年鱼类调查发现，大兴安岭地区的常见鱼类主要有真鱥（*Phoxinus phoxinus*）、黑龙江花鳅（*Cobitis lutheri*）、北鳅（*Lefua costata*）、北方须鳅（*Barbatula nudus*）、马口鱼（*Opsariichthys bidens*）、黑龙江中杜父鱼（*Mesocottus haitej*）、黑龙江茴鱼（*Thymallus grubei*）等，珍稀种类主要有细鳞鱼（*Brachymystax lenok*）、哲罗鱼（*Hucho taimen*）等。2016 年和 2017 年的跟踪调查发现，大兴安岭地区鱼类种群数量无明显变化。

由于大兴安岭地区从事湿地生态保护的工作人员大多来自林业部门，常年从事与木材采伐相关的工作，普遍缺乏最基本的对大多数生物物种的识别保护知识和经验，这已成为当地开展湿地生态系统保护、跟踪监测与管理工作的一个主要障碍。因此，开展大兴安岭地区生态监测与资源调查培训，对提高整个大兴安岭地区生态系统的保护管理水平具有重要意义。因此，为加强大兴安岭地区生态系统保护和监测力度，提高各保护地的监测管理水平，本项目分别于 2016 年春季（在加格达奇市）、秋季（在根河市）对大兴安岭地区（重点是 12 个保护地）从事生态系统保护与管理的工作人员和监测人员进行了全面的专业技能培训。

培训内容包括：①大兴安岭地区鸟类识别与监测；②大兴安岭地区兽类识别与监测；③大兴安岭地区鱼类、两栖和爬行动物的识别与监测；④湿地保护与恢复基本知识；⑤湿地保护地生态系统和生物多样性监测系统的建立与运行等。培训形式以课堂讲解与野外实践相结合为主，个别辅导为辅。通过培训，学员基本掌握了野生动物的基本特征与习性，尤其是对于鸟类的野外识别能力和水平有了大幅度的提高。学员纷纷表示以前分辨不清的鸟类现在清晰了，也知道如何来辨别了，对鸟类分类的基本特征也有了初步掌握。通过野外实践调查，学员普遍认为大兴安岭地区哺乳动物比以前多了，尤其是狍和野猪的种群数量明显增加。通过培训，学员将从前不知道叫什么名字的鱼类搞清楚了，也可以将原来的地方俗名与学名对号入座了，收获很大。

学员对这样的培训反响热烈，觉得时间太短，机会太少，建议多举行类似的有关培训，这样会大大加强对大兴安岭地区各保护地生态系统的保护能力，提高各保护地的管理水平。

第六章　大兴安岭的蝴蝶

大兴安岭拥有大约120种蝴蝶，但我们掌握的它们目前的分布、生态及分类学方面的知识尚不全面，相信未来肯定会有更多新的发现。这里的蝴蝶不算异常丰富，但是因为这里夏季短暂而延迟，所以蝴蝶几乎同时蜂拥而至。有些种类特别美丽，有些则特别有趣。蛱蝶科 Nymphalidae 和一些灰蝶科 Lycaenidae 物种的外形非常相似且体型很小，难以辨别，需要仔细观察才能辨识。编者愿此章内容能促进公众对蝴蝶的认知，更希望能吸纳公众对保护蝴蝶做出贡献，进而推动蝴蝶保护计划。

第一节　凤蝶科 Papilionidae

一个由大型美丽蝴蝶构成的较小的科，其成员大多色彩艳丽，后翅具有明显的尾突。多分布于热带，因而本科仅有少数几个耐寒的物种出现于高纬度地区。

一、绿带翠凤蝶

中文名：绿带翠凤蝶

学名：*Papilio maackii*

英文名：Alpine Black Swallowtail

识别特征：美丽的大型蝴蝶（翅宽：12～14cm），较黑，有绿蓝色发光鳞片装饰。后翅具有一棒状尾突，内缘有一显著眼状斑。反面有红白两色斑点。雌雄两性相似，但雌性色泽较靓丽。

观赏时间：仲夏，6～8月。

分布与海拔：广泛分布于亚洲东北部，但在大兴安岭仅见于低地河谷。

栖息地：湿地、灌丛及林间空地。

寄生植物：芸香科如吴茱萸属 *Euodia*、黄檗属 *Phellodendron* 和花椒属 *Zanthoxylum* 植物。

生命周期：在中国东北地区一年两到三代。以蛹越冬。

二、金凤蝶

中文名：金凤蝶

学名：*Papilio machaon*

英文名：Swallowtail

识别特征：体型较大、美丽的乳白色和黑色凤蝶（翅宽：7.4～9.5cm），后翅具有一个细小尾突，后翅臀角有一突出褐红色眼状斑。似柑橘凤蝶 *Papilio xuthus* 但前翅黑色较少，底色黄色较多，尾突不开裂。

观赏时间：6～9 月。

分布与海拔：广布于北美洲、欧洲、亚洲及非洲北部从海平面到海拔 3000m 处。

栖息地：开阔地域，如湿地、草原、灌丛、农场、庭院等。

寄生植物：茴香、胡萝卜等伞形科 Umbelliferae 植物。

生命周期：中国东北地区一年两代。以蛹越冬。

三、柑橘凤蝶

中文名：柑橘凤蝶

学名：*Papilio xuthus*

英文名：Asian Swallowtail

识别特征：黑色和浅黄色的大型凤蝶（翅宽：6.5～9.5cm），后翅具有一个略微开裂的尾突。反面沿深色亚外缘带具有蓝色、白色和红色斑，并有红白色小型眼状斑。比金凤蝶体型大，黄色较少，黑色较多，前翅中室有 5 条黑色的平行线。

观赏时间：5～8 月（两代）。

分布与海拔：广泛分布于亚洲，大兴安岭地区分布在低地到中海拔地区。

栖息地：开阔地域，如湿地、草原、灌丛、农场、庭院等。

寄生植物：芸香科如黄檗属 *Phellodendron* 植物。

生命周期：一年两代。以蛹越冬。

第二节　绢蝶科 Parnassiidae

一个罕见且飞行迅速的科，仅分布于高海拔、高纬度的开阔地带，所有物种均呈白色，有些种半透明，其中多数种具有红色和黑色的眼状斑。触角短，端部膨大呈棒状。腹部肥短。幼虫大部分为黑色，并具有红色或橙色的侧斑，它们并不受鸟类的喜欢，成虫却是蝴蝶收藏者的挚爱，在华北地区受到法律保护。

一、红珠绢蝶

中文名：红珠绢蝶

学名：*Parnassius bremeri*

英文名：Bremer's Apollo

识别特征：偏小的纤秀绢蝶（翅宽：5～6cm），翅形略圆，脉线细窄。后翅有红色点斑，外缘有细窄黑色纹。

观赏时间：5～6 月。

分布与海拔：广泛分布于俄罗斯、朝鲜半岛及中国北方海拔 1500m 以下的地区。

栖息地：森林草原、草坡和高山荒地上的开阔区域。

寄生植物：已知寄生植物有景天属 *Sedum* 和瓦松属 *Orostachys* 植物。

生命周期：一年一代。以卵越冬。

二、小红珠绢蝶

中文名：小红珠绢蝶

学名：*Parnassius nomion*

英文名：Nomion Apollo

识别特征：体型较大的绢蝶（翅宽：5.6～6.2cm），前翅具非常突出的黑色斑点，后翅有带宽黑缘的红斑。

观赏时间：7～8 月中旬。

分布与海拔：分布广泛，但在俄罗斯（乌拉尔、西伯利亚南部、阿穆尔）、蒙古国、中国（阿勒泰、乌苏里、东北地区）及朝鲜半岛等地罕见。

栖息地：森林草原和有草覆盖的山丘。

寄生植物：幼虫以景天属 *Sedum* 和瓦松属 *Orostachys* 植物为食。成虫以高山花卉如百里香属 *Thymus* 植物为食。

生命周期：一年一代。以卵越冬。

三、微点绢蝶

中文名：微点绢蝶

学名：*Parnassius tenedius*

英文名：Tenedius Apollo

识别特征：体型较小的乳白色绢蝶（翅宽：4.8～5.5cm），翅基角略黑，翅上具有黑色点和中间红色的几个黑色眼状斑，反面有几个黑环眼状斑。

观赏时间：5～7 月。

分布与海拔：俄罗斯（东部、西伯利亚）、蒙古国、中国华北地区中海拔。

栖息地：开阔森林、湿地及草原。

寄生植物：成虫以高山花卉为食。产卵于紫堇属 *Corydalis* 植物。

生命周期：两三年一代。

四、白绢蝶

中文名：白绢蝶

学名：*Parnassius stubbendorfii*

英文名：Stubbendorf's Apollo

观赏时间：6～7 月。

识别特征：中等大小的绢蝶（翅宽：5.0～6.0cm），无眼状斑。翅基和翅脉呈黑色，其余正面为白色。易与绢粉蝶 *Aporia crataegi* 混淆但其后翅后缘呈拱形，由后翅中室引出的翅脉数量更少。

分布与海拔：大兴安岭海拔 2000m 以下的苔原森林和草原。在青海可分布于更高海拔地区。

栖息地：湿地和草原的开阔栖息地。

寄生植物：紫堇属 *Corydalis* 植物。

生命周期：一年一代。在卵壳内越冬；在浓密的茧内化蛹。

五、艾雯绢蝶

中文名：艾雯绢蝶

学名：*Parnassius eversmanni*

英文名：Eversmann's Apollo

识别特征：中等大小的绢蝶（翅宽：4.6～5.4cm），雄蝶翅基白黄色。前翅中室有两处灰色斑纹。前翅不具眼状斑，后翅具有两个大型眼状斑。

观赏时间：6～7 月。

分布与海拔：阿拉斯加、蒙古国、西伯利亚东部、中国东北至朝鲜半岛。在大兴安岭高海拔草原罕见。

栖息地：泰加林带和高山上的开阔栖息地。

寄生植物：紫堇属 *Corydalis* 植物。

生命周期：每两年一代。第一代在卵壳内越冬，第二代以蛹越冬。

六、冰清绢蝶

中文名：冰清绢蝶

学名：*Parnassius glacialis*

英文名：Glacial Apollo

观赏时间：6～7 月。

识别特征：与白绢蝶相似，但体型较大（翅宽：6.0～7.1cm），后翅翅基黑色更为明显。前翅中室中心及顶端部分的黑斑通常被一条沿中室前缘展开的灰色暗带所连接。雄蝶颈部及腹部两侧具有橙黄色毛。陈年标本通常呈现半透明。

分布与海拔：中国东北、日本及朝鲜半岛的高海拔地区。

栖息地：高山草地。

寄生植物：紫堇属 *Corydalis* 植物。

生命周期：一年一代，在卵壳内越冬。

第三节　粉蝶科 Pieridae

体型中到大的蝴蝶，以白色和黄色为主。有些种类的粉蝶前翅具暗色斑点，部分物种有黑暗对比的翅脉或顶角。前腿退化和微小。未来大兴安岭蝴蝶名录中还会有更多的粉蝶科物种加入。

一、黎明豆粉蝶

中文名：黎明豆粉蝶

学名：*Colias aurora*（*heos*）

英文名：Golden Clouded Yellow

观赏时间：峰期 7 月。

识别特征：美丽的深橙红色粉蝶（翅宽：5.5～6.0cm），正面外缘黑带上有一些混浊的黄色斑点，有时融合成一条黄色带。前翅前缘脉为黄色，位于前翅中室端的黑斑中部略显苍白。后翅色黯淡，后翅中部具较大的橙红色斑，中室端具黑斑。雄蝶正面橙红色；雌蝶正面橙黄色或白色。

分布与海拔：古北界东部；中国阿勒泰至俄罗斯西伯利亚南部，蒙古国至中国东北。

栖息地：开阔灌丛、湿地、庭院及草原。

寄生植物：幼虫食豆科草本如野豌豆属 *Vicia*、黄耆属 *Astragalus*、车轴草属 *Trifolium* 植物。

生命周期：以蛹越冬。一年一代。

二、北黎豆粉蝶

中文名：北黎豆粉蝶

学名：*Colias viluensis*（*viluiensis*）

英文名：Pale Orange-Yellow

识别特征：小型粉蝶（翅宽：4.0～5.5cm）。前翅中室端具黑点，后翅中部具较大的红棕色点。前翅翅基和后翅正面均具有多角形的黄色云斑与较大范围的深色斑纹。

观赏时间：7～8 月初。

分布与海拔：西伯利亚东部及中国东北。大兴安岭地区罕见。

栖息地：高山草原。

寄生植物：黄耆属 *Astragalus*、野豌豆属 *Vicia* 植物。

生命周期：尚无详细信息。

三、斑缘豆粉蝶

中文名：斑缘豆粉蝶

学名：*Colias erate*

英文名：Eastern Pale Clouded Yellow

识别特征：体型较大的粉蝶（翅宽：4.8～5.5cm）。浊黄色，正面外缘黑色。前翅中室具有显著的黑点，后翅中室有橙色圈状斑纹。雄蝶色淡黄，雌蝶色偏浅。

观赏时间：6～9 月。

分布与海拔：欧洲东南部、非洲东北部、亚洲（中部至俄罗斯西伯利亚、中国东北及日本）。大兴安岭各海拔地区可见。

栖息地：草原和农田。

寄生植物：豆科草本植物，包括苜蓿属 *Medicago*、车轴草属 *Trifolium*、草木犀属 *Melilotus*、黄耆属 *Astragalus*、野豌豆属 *Vicia* 植物。

生命周期：以幼虫在卷曲的叶片内越冬。每年多至两代。

四、北方豆粉蝶

中文名：北方豆粉蝶

学名：*Colias tyche*（*melinos*）

英文名：Pale Arctic Clouded Yellow

识别特征：中等大小的苍白黄色粉蝶（翅宽：3.6～5.0cm），正面几乎绿白色。翅缘有红色须毛。

观赏时间：6 月中旬至 7 月。

分布与海拔：北美洲、欧洲、亚洲（北部至中国东北）。大兴安岭中高海拔地区可见。

栖息地：开阔草原和灌丛。

寄生植物：各种豆类植物如黄耆属 *Astragalus* 植物。

生命周期：一年一代。以幼虫越冬。

五、黑缘豆粉蝶

中文名：黑缘豆粉蝶

学名：*Colias palaeno*

英文名：Moorland Clouded Yellow

识别特征：中等大小、黄黑色的粉蝶（翅宽：4.4～5.4cm）。双翅外缘及顶角具有清晰的黑色带，前翅中室端有一暗色环斑，后翅中室端具一个白斑。雄蝶比雌蝶小，但其黄色较深。虫体具有红色毛。

观赏时间：6 月中旬至 7 月。

分布与海拔：广泛分布于欧洲、亚洲及北美洲。大兴安岭地区各种海拔可见。

栖息地：石楠、森林湿地、开阔针叶林及灌丛。

寄生植物：越橘属 *Vaccinium* 植物。

生命周期：一年一代。以第三龄期幼虫越冬。

六、莫氏小粉蝶

中文名：莫氏小粉蝶

学名：*Leptidea morsei*

英文名：Fenton's Wood White

识别特征：纤秀的黑白色小型粉蝶（翅宽：4.6～5.4cm）。翅为白色，前翅顶端有一大灰黑色斑。比突角小粉蝶 *Leptidea amurensis* 体型较小，翅形较圆。

观赏时间：6～7 月。

分布与海拔：欧洲中部至俄罗斯西伯利亚、中国北部、朝鲜半岛及日本。大兴安岭低至中高海拔可见。

栖息地：栎树林及混交林，多草的林间空地、森林边缘及周边灌丛。

寄生植物：豆科包括山黧豆属 *Lathyrus*、百脉根属 *Lotus*、野豌豆属 *Vicia* 植物。

生命周期：一年一代。以蛹越冬。

七、突角小粉蝶

中文名：突角小粉蝶

学名：*Leptidea amurensis*

英文名：Amur Wood White

识别特征：与莫氏小粉蝶 *Leptidea morsei* 相似但翅略长（翅宽：5.0～5.6cm），前翅较长，翅尖色较淡。

观赏时间：6～7 月。

分布与海拔：俄罗斯（西伯利亚至阿穆尔地区）、蒙古国、中国东北、朝鲜及日本。大兴安岭低至中海拔可见。

栖息地：开花的林地及森林边缘。

寄生植物：豆科草本，如岩黄耆属 *Hedysarum*、野豌豆属 *Vicia* 植物。

生命周期：一年一代。以蛹越冬。

八、绢粉蝶

中文名：绢粉蝶

学名：*Aporia crataegi*

英文名：Black-veined White

识别特征：体型大、翅长的白粉蝶（翅宽：6.3～7.3cm），有清晰而纤细的黑色翅脉。后翅后缘较直，而非曲线，以此区别于绢蝶科 Parnassiidae 的相似物种如冰清绢蝶 *Parnassius glacialis* 和白绢蝶 *Parnassius stubbendorfii* 等。

观赏时间：6～8 月。

分布与海拔：欧洲、亚洲（温带至朝鲜半岛及日本）。常见于大兴安岭各种海拔。有些年份出现的数量庞大。

栖息地：开阔森林、草原、果园、庭院、湿地及灌木丛林。

寄生植物：果树如苹果属 *Malus*、山楂属 *Crataegus*、李属 *Prunus* 植物等，但也寄生在花楸属 *Sorbus*、柳属 *Salix* 和桦木属 *Betula* 植物上。

生命周期：大量产卵。幼虫群聚，吐丝形成帐篷形以保护自己。幼虫在帐篷内越冬。在一些年份里会成为果园害虫。

九、菜粉蝶

中文名：菜粉蝶

学名：*Pieris rapae*

英文名：Small White

识别特征：体型较小的黑白色粉蝶（翅宽：3.5～4.5cm）。基本为纯净的白色，前翅尖黑色，翅下缘有两个或更多个黑色点。后翅反面黄色较多，有似黑胡椒的斑点，但脉线不如暗脉菜粉蝶 *Pieris napi* 显著。

观赏时间：6～9 月。

分布与海拔：非洲北部、欧洲、亚洲。常见于大兴安岭各种海拔。

栖息地：湿地、草原、灌丛、林缘、农场、庭院。

寄生植物：各种草本植物，尤其是十字花科 Cruciferae 植物，如芸苔属 *Brassica* 植物。

生命周期：以蛹越冬。每年两至三代。

十、暗脉菜粉蝶

中文名：暗脉菜粉蝶

学名：*Pieris napi*

英文名：Green-veined White

识别特征：中等大小的黑白色粉蝶（翅宽：4.5～5.5cm）。正面白色，有不同程度的黑色点。后翅反面脉纹为特征性深绿色。

观赏时间：6～9 月。

分布与海拔：广布种，分布于美洲北部、欧洲及亚洲。常见于大兴安岭各种海拔。

栖息地：潮湿阴凉的湿地、草原、灌丛、林缘、农场、庭院。

寄生植物：各种草本植物，包括大蒜芥属 *Sisymbrium*、葱芥属 *Alliaria*、碎米荠属 *Cardamine*、蔊菜属 *Rorippa*、芸苔属 *Brassica*、萝卜属 *Raphanus* 植物。

生命周期：以蛹越冬。一年两三代。雌蝶多次交配，并在每次交配中接受营养性精包。

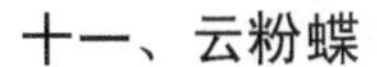

十一、云粉蝶

中文名：云粉蝶

学名：*Pontia*（*daplidice*）*edusa*

英文名：Eastern Bath White

识别特征：中等大小粉蝶（翅宽：3.4～4.6cm）。正面白色，有黑色大理石状纹。中室后端有一个黑色点斑。雌蝶在 1b 缘另有一个点斑。后翅反面呈斑驳的绿色，从正面看像偏黑色的影子。

观赏时间：5～9 月。

分布与海拔：分布广泛，从欧洲东南部至俄罗斯西伯利亚及中国东北。常见于大兴安岭各种海拔。

栖息地：湿地、草原、灌丛、庭院、林缘。

寄生植物：幼虫食十字花科 Cruciferae、木犀草科 Resedaceae 植物。

生命周期：以蛹越冬。一年两三代。

十二、钩粉蝶

中文名：钩粉蝶

学名：*Gonepteryx rhamni*

英文名：Brimstone

识别特征：体型较大的淡黄色粉蝶（翅宽：4.5～6.4cm）。顶角突出呈钩状，明显脉纹使其极像树叶。雌蝶绿白色，雄蝶牛油黄色。雄雌两性近翅中心处有一橙黄色圈状斑，后翅反面呈细碎的灰色粉状。

观赏时间：7～9 月，也可提前至 5～6 月。

分布与海拔：分布广泛，从非洲北部至欧洲及亚洲。常见于大兴安岭开阔的栖息地。

栖息地：湿地、草原、农场、灌丛和庭院。

寄生植物：鼠李属 *Rhamnus* 植物。

生命周期：一年一代。绿色瓶形卵单个产在寄生植物叶片下。幼虫和长形蛹均为绿色。成虫冬眠。成虫食车轴草属 *Trifolium* 植物。

十三、尖钩粉蝶

中文名：尖钩粉蝶

学名：*Gonepteryx*（*mahaguru*）*aspasia*

英文名：Lesser Brimstone

识别特征：与钩粉蝶极相似（翅宽：5.4～6.0cm）。雌性黄白色；雄性黄色，前翅有不同程度的橙黄色。翅上斑点比钩粉蝶的小。前翅前缘更呈拱形。

观赏时间：7～9 月，以及初夏。

分布与海拔：克什米尔地区、印度北阿坎德邦、中国、朝鲜半岛和日本。大兴安岭低至中海拔可见。

栖息地：湿地、草原、农场、灌丛、庭院。在树林里冬眠。

寄生植物：鼠李属 *Rhamnus* 植物。

生命周期：一年一代。成虫冬眠。

第四节　蛱蝶科 Nymphalidae

一个体型更大、色彩更为鲜艳的科。许多物种都带有眼状斑，部分具彩虹斑。其中，网蛱蝶属 *Melitaea* 和珍蛱蝶属 *Clossiana* 下包含很多相似的物种，由于识别困难，关于它们的分类仍然存在争议。

一、小豹蛱蝶

中文名：小豹蛱蝶

学名：*Brenthis daphne*

英文名：Marbled Fritillary

识别特征：体型较小的蛱蝶（翅宽：3.2～4.4cm）。翅形较圆。正面明亮的橙黄色，有黑色斑纹和不完整黑色外缘。后翅反面色较浅，外缘有淡紫色横带纹。

观赏时间：6～8 月。

分布与海拔：欧洲至亚洲北部；中国东北、朝鲜半岛及日本。大兴安岭低至中海拔可见。

栖息地：森林边缘、开阔灌丛。

寄生植物：各种湿地和灌丛草本，如悬钩子属 *Rubus*、地榆属 *Sanguisorba*、蚊子草属 *Filipendula* 植物。

生命周期：一年一代。以小幼虫在卵壳中越冬。

二、新小豹蛱蝶

中文名：新小豹蛱蝶

学名：*Brenthis*（*Hecate*）*jinis*

英文名：Twin-spot Fritillary

识别特征：除体型较小外（翅宽：3.0～4.0cm），在野外几乎难于与伊诺小豹蛱蝶 *Brenthis ino* 分辨开。生殖器十分独特。区别于其他种类的特征是其翅上均有两道平行的点斑。

观赏时间：7 月。

分布与海拔：大兴安岭南部。

栖息地：邻近森林的湿地。

寄生植物：蚊子草属 *Filipendula* 植物。

生命周期：一年一代。

三、伊诺小豹蛱蝶

中文名：伊诺小豹蛱蝶

学名：*Brenthis ino*

英文名：Lesser Marbled Fritillary

识别特征：中等体型的蛱蝶（翅宽：3.5～4.2cm），通常雌性体型比雄性大，色也较深。正面橙黄色，有几块暗褐色斑。反面乳黄色，外缘凹形齿状，前翅有暗褐色斑块。后翅具有棕色边缘的米色斑纹和一些白色中瞳的深棕色眼状斑。后翅反面无银色条纹。

观赏时间：6 月下旬至 8 月。

分布与海拔：欧洲，西伯利亚，亚洲温带地区；中国北部及日本。大兴安岭低至中海拔可见。

栖息地：湿地、草原、灌丛、林间空地。

寄生植物：各种草本和灌木，如蚊子草属 *Filipendula*、悬钩子属 *Rubus*、假升麻属 *Aruncus*、绣线菊属 *Spiraea* 植物。

生命周期：一年一代。以幼虫越冬。幼虫略白带橙色刺。

四、老豹蛱蝶

中文名：老豹蛱蝶

学名：*Argynnis*（*Argyronome*）*laodice*

英文名：Pallas's Fritillary

识别特征：体型稍大的黄褐色蛱蝶（翅宽：5.0～5.5cm），正面有黑色点斑。似绿豹蛱蝶 *Argynnis paphia* 但后翅反面无银色条纹，并具较宽的棕色带。

观赏时间：7～8 月。

分布与海拔：欧洲东部，哈萨克斯坦，俄罗斯及中国东北。大兴安岭低地。

栖息地：潮湿的阔叶林、混交林及森林边缘。

寄生植物：堇菜属 *Viola* 植物。

生命周期：一年一代。以卵越冬。

五、绿豹蛱蝶

中文名：绿豹蛱蝶

学名：*Argynnis paphia*

英文名：Silver Washed Fritillary

识别特征：较大的蛱蝶（翅宽：6.0～7.0cm）。雌蝶为橙棕色并具黑色的带状和点状斑点；雄蝶体型较小，有橙棕色和绿灰色两型，前翅正面具有较粗的 4 条沿翅脉的黑色条纹，反面绿色，具银色条纹，而非其他蛱蝶的银色点斑。

观赏时间：7～8 月。

分布与海拔：分布广泛，从非洲北部、欧洲、亚洲（温带至日本）。见于大兴安岭南部低地。

栖息地：阔叶林、混交林及森林边缘。

寄生植物：堇菜属 *Viola* 植物。

生命周期：一年一代。卵产在寄生植物附近的树上。新生幼虫吃掉卵壳后食堇菜。以第二龄期幼虫冬眠，次年春天苏醒并恢复进食。

六、青豹蛱蝶

中文名：青豹蛱蝶

学名：*Argynnis*（*Damora*）*sagana*

英文名：Japanese Fritillary

识别特征：中等大小的蛱蝶（翅宽：5.0～6.0cm），两性异性明显。雄蝶橙棕色；雌蝶

青黑色并饰以类似线蛱蝶属 *Limenitis* 物种的白色带状纹。似绿豹蛱蝶 *Argynnis paphia* 但后翅反面无银色条纹。

观赏时间：7～8 月。

分布与海拔：中国、蒙古国、俄罗斯西伯利亚东南部、朝鲜半岛、日本。大兴安岭南部低地可见。

栖息地：阔叶林、混交林及森林边缘。

寄生植物：堇菜属 *Viola* 植物。

生命周期：一年一代。以卵越冬。

七、银斑豹蛱蝶

中文名：银斑豹蛱蝶

学名：*Argynnis*（*Speyeria*）*aglaja*

英文名：Dark Green Fritillary

识别特征：大型黄黑色斑纹蛱蝶（翅宽：6.0～6.5cm），雄性比雌性色较深。似灿福豹蛱蝶 *Argynnis adippe* 但后翅反面翅基绿色而非褐色，具银白色斑。

观赏时间：7～8 月。

分布与海拔：分布广泛，从非洲北部、欧洲、亚洲中部；中国、俄罗斯西伯利亚和日本。大兴安岭低至中海拔。

栖息地：开阔草原、峭壁、林缘。

寄生植物：堇菜属 *Viola* 植物。

生命周期：一年一代。以卵越冬。幼虫在初夏时以堇菜为食。

八、福豹蛱蝶

中文名：福豹蛱蝶

学名：*Argynnis*（*Fabriciana*）*niobe*

英文名：Niobe Fritillary

识别特征：中等大小、靓丽的黄色蛱蝶（翅宽：4.6～6.0cm）。似银斑豹蛱蝶 *Argynnis aglaja* 和灿福豹蛱蝶 *Argynnis adippe*，但体型较小。中心银色的褐色斑点较小，后翅反面银色条纹不连贯。

观赏时间：6～8 月。

分布与海拔：欧洲；俄罗斯西伯利亚、中国东北及朝鲜半岛。从低地至海拔 2000m 处都有分布，在大兴安岭地区不常见。

栖息地：开阔的草地、山区、林子和林间空地。

寄生植物：堇菜属 *Viola*、车前属 *Plantago* 植物。

生命周期：一年一代。幼虫色暗，有小白点和白色的刺。小幼虫在卵壳内冬眠。

九、灿福豹蛱蝶

中文名：灿福豹蛱蝶

学名：*Argynnis*（*Fabriciana*）*adippe*

英文名：High Brown Fritillary

识别特征：似福豹蛱蝶 *Argynnis niobe* 但体型较大的蛱蝶（翅宽：6～7cm）。前翅橙色并具黑斑，反面为较淡的橙棕色并具白斑，顶端的两个白斑融为一体。

观赏时间：7～8 月。

分布与海拔：欧洲、亚洲。大兴安岭低至中海拔可见。

栖息地：长有堇菜的开阔林地。

寄生植物：幼虫食堇菜属 *Viola* 植物，成虫食悬钩子属 *Rubus* 植物的花。

生命周期：靠近寄生食物产卵。以卵越冬。幼虫在春季出现，以堇菜幼苗为食。

第五节　珍蛱蝶复合种 *Clossiana* complex

珍蛱蝶复合种包含至少 7 个非常相似的物种，均为小型蝴蝶，正面具有蛱蝶典型的黑褐色或黑色的翅脉及花纹，识别特征主要见于后翅反面。为了更清楚地描述，我们需要识别以下几个部位：翅基、中室、中央带、亚外缘带、外缘带。通过这些部位不同的颜色组合、形状及眼状斑来识别这些辨别有困难的物种。为避免交配时的混淆，雄蝶通过翅上的腺体分泌特殊的气味。这些物种多以堇菜属 *Viola* 为食。大兴安岭地区还可能分布有该属的其他物种。铂蛱蝶属 *Proclossiana* 被认为是珍蛱蝶属 *Clossiana* 的一个亚属，而两者如今均被习惯性归入宝蛱蝶属 *Boloria*。

一、黑珍蛱蝶

中文名：黑珍蛱蝶

学名：*Clossiana*（*angarensis*）*hakutozana*

英文名：Dusky Fritillary

识别特征：小型珍蛱蝶（翅宽：4.0～5.0cm）。后翅反面的翅基棕色，并具一个突出的白点；中室有眼状斑；中央带不规则，呈乳白色；亚外缘带主色为黄色，前端略偏白，泛深黑褐色，遮住黑色的眼状斑，但中瞳清晰；外缘带具有狭窄的白色月牙斑。

观赏时间：6 月下旬至 7 月。

分布与海拔：从俄罗斯外贝加尔、西伯利亚地区到中国东北的中海拔地区。

栖息地：开阔林地、林中空地、森林边缘。

寄生植物：堇菜属 *Viola* 植物。

生命周期：一年一代。以幼虫越冬。

二、女神珍蛱蝶

中文名：女神珍蛱蝶

学名：*Clossiana dia*

英文名：Weaver's Fritillary

识别特征：小型珍蛱蝶（翅宽：3.8～4.2cm），正面如同其他珍蛱蝶，但后翅比大多

数其他种更具角度。后翅反面的翅基棕色，有一些橙色和白色斑点；中室具深色眼状斑，中瞳白色；中央带不连续，具黄白色斑；亚外缘带为灰色，具较大的褐色眼状斑，中瞳灰白色；外缘带散布白色斑点。

观赏时间：7 月。

分布与海拔：欧洲至亚洲东部。大兴安岭较低海拔地区可见。

栖息地：森林边缘及林中空地。

寄生植物：堇菜属 *Viola*、悬钩子属 *Rubus*、夏枯草属 *Prunella* 植物。

生命周期：一年一代。以幼虫越冬。

三、铂蛱蝶

中文名：铂蛱蝶

学名：*Clossiana*（*Proclossiana*）*eunomia*

英文名：Bog Fritillary

识别特征：较其他珍蛱蝶大（翅宽：4.5～5.0cm），正面淡橙色，黑色的翅脉比其他珍蛱蝶更浅。后翅反面比其他物种更为苍白，翅基白色，具橙色带状边界；中室无眼状斑；中央带具连续的白色斑；亚外缘带有黄色和橙色条纹，并有清晰的黑色眼状斑，中瞳白色；外缘带具有白色三角形和“V”形黑斑。

观赏时间：6～7 月。

分布与海拔：全北界分布，北美洲、欧洲、亚洲北部均可见。大兴安岭低至中海拔可见。

栖息地：潮湿地和潮湿苔原。

寄生植物：堇菜属 *Viola* 和柳属 *Salix* 植物。

生命周期：一年一代。以幼虫越冬。

四、卵珍蛱蝶

中文名：卵珍蛱蝶

学名：*Clossiana euphrosyne*

英文名：Pearl-bordered Fritillary

识别特征：小型珍蛱蝶（翅宽：3.6～4.5cm）。后翅反面的翅基橙色，有几个白色斑

点；中室具黑色眼状斑；中央带乳白色；亚外缘带为橙棕色，橙黄色背景，有一排深褐色眼状斑，不具有相似物种北冷珍蛱蝶 *Clossiana selene* 的棕色云斑；外缘带具有较大的白色“珍珠”和“V”形黑斑。

观赏时间：6 月、8 月。

分布与海拔：欧洲至亚洲东部。大兴安岭低至中海拔可见。

栖息地：开阔林地和林中空地。

寄生植物：堇菜属 *Viola* 植物。

生命周期：一年两代。中期幼虫冬眠。幼虫黑色且多刺。

五、北冷珍蛱蝶

中文名：北冷珍蛱蝶

学名：*Clossiana selene*

英文名：Small Pearl-bordered Fritillary

识别特征：小型珍蛱蝶（翅宽：3.6～4.2cm）。后翅反面的翅基褐色，带一些白色斑点；中室具苍白色边的深色眼状斑；中央带不规则，呈乳白色；亚外缘带黄色，具棕色斑点，并有明显的黑色眼状斑，前后部暗棕色，中瞳清晰；外缘带具有较大的白色三角形“珍珠”和“V”形黑斑。

观赏时间：6 月。

分布与海拔：欧洲至亚洲东部。大兴安岭低至中海拔可见。

栖息地：林地、沼泽和荒地。

寄生植物：堇菜属 *Viola* 植物。

生命周期：每年一至两（南方）代。以幼虫越冬。幼虫粉红色天鹅绒上带有黄刺。

六、通珍蛱蝶

中文名：通珍蛱蝶

学名：*Clossiana thore*

英文名：Thor’s Fritillary

识别特征：小型珍蛱蝶（翅宽：3.5～4.0cm），前翅较其他珍蛱蝶颜色更为深暗，后翅翅基常泛黑褐色。后翅反面的翅基棕色，带有乳白色斑点；中央带黄色；亚外缘带橙色，具棕色斑纹，并有一些灰白色点和一列棕色眼状斑；外缘带具有狭窄的白色月牙斑

和灰色的带状斑。大兴安岭地区分布的为华北亚种 *C. t. hyperusia*。

观赏时间：6 月下旬至 7 月下旬。

分布与海拔：分布于阿尔卑斯山脉至西伯利亚、中国东北和朝鲜北部。

栖息地：林地和高山森林中的沼泽地、潮湿荒地。

寄生植物：堇菜属 *Viola* 植物。

生命周期：一年一代。以幼虫越冬。

七、佛珍蛱蝶

中文名：佛珍蛱蝶

学名：*Clossiana freija*

英文名：Freija's Fritillary

识别特征：小型珍蛱蝶（翅宽：3.5～4.0cm），前翅淡黄褐色并具珍蛱蝶属 *Clossiana* 物种典型的黑色斑纹，反面淡绿黄色并具黑色和棕色斑纹。后翅反面具有“之”字形黑线并带白色和棕色斑；亚外缘带上有几个黑色的眼状斑，两端棕色，中瞳清晰；外缘带具有白色“珍珠”和“V”形黑斑。大兴安岭地区分布的为指名亚种 *C. f. freija*。

观赏时间：6～7 月。

分布与海拔：欧洲北部；俄罗斯、中国东北和日本。大兴安岭较高海拔地区可见。

栖息地：荒地和森林边缘。

寄生植物：悬钩子属 *Rubus* 及越橘属 *Vaccinium*、杜鹃属 *Rhododendron* 植物等。

生命周期：一年一代。以幼虫越冬。

第六节 网蛱蝶复合种 *Melitaea* complex

此复合种包含几种小型蛱蝶，与珍蛱蝶属 *Clossiana* 的区别在于正面具有更多的橙色背景和方形图案。后翅黑色花纹少，无眼状斑，后翅反面通常具有 3 个白色垂直带，可以由这些垂直带的细节来区分不同的物种。密蛱蝶属 *Mellicta* 被认为是网蛱蝶属 *Melitaea* 的一个亚属。堇蛱蝶 *Euphydryas* 有时亦被归入该复合种。

一、黑密蛱蝶

中文名：黑密蛱蝶

学名：*Melitaea*（*Mellicta*）*plotina*

英文名：Meadow Fritillary

识别特征：体型非常小的深色密蛱蝶（翅宽：2.5～2.8cm），具有统一的小型橙色图案。后翅反面中列具小型白斑。

观赏时间：7～8 月。

分布与海拔：俄罗斯外贝加尔地区、西伯利亚东南部，中国东北。大兴安岭低至中海拔可见。

栖息地：湿地、河畔。

寄生植物：车前属 *Plantago* 植物。

生命周期：一年一代。以蛹越冬。

二、黄密蛱蝶

中文名：黄密蛱蝶

学名：*Melitaea*（*Mellicta*）*ambigua*（*athalia*）

英文名：Eastern Heath Fritillary

识别特征：小型密蛱蝶（翅宽：3.9～4.7cm），前翅具有非常统一的橙色和棕色图案，后翅翅基的白色斑点（停歇时可见）对于识别起到重要作用。

观赏时间：7～8 月。

分布与海拔：分布广泛，遍布俄罗斯、中国东北；欧洲。

栖息地：湿地、荒地、林间空地。

寄生植物：山罗花属 *Melampyrum*、车前属 *Plantago*、婆婆纳属 *Veronica*、蓍属 *Achillea* 植物。

生命周期：一年一代。幼虫通常把卷曲的枯叶边缘织在一起，冬眠在内，且通常靠近地面。幼虫黑色，有黄橙色粗刺和略白色斑点。蛹棕色，有白色的条纹和斑点。

三、布密蛱蝶

中文名：布密蛱蝶

学名：*Melitaea*（*Mellicta*）*britomartis*

英文名：Assmann's Fritillary

识别特征：体型非常小的深色密蛱蝶（翅宽：3.4～3.7cm），具有统一的小型橙色图案。后翅反面外缘带白，亚外缘带具橙色月牙斑，中央带苍白，具白色和黄色的双排图案。

观赏时间：6～7 月。

分布与海拔：欧洲至俄罗斯（西伯利亚南部、阿穆尔地区），中国东北及朝鲜半岛。大兴安岭低至中海拔可见。

栖息地：湿地、河畔、林缘。

寄生植物：车前属 *Plantago*、婆婆纳属 *Veronica* 植物。

生命周期：一年一代。

四、网蛱蝶

中文名：网蛱蝶

学名：*Melitaea diamina*

英文名：False Heath Fritillary

识别特征：小型深色网蛱蝶（翅宽：3.6～4.2cm），双翅正面从翅基到外缘颜色渐变苍白。后翅翅基较暗，仅有两处亮斑。后翅反面具有许多黑边白（有时为淡黄）斑。中央具有一排淡黄边白斑。

观赏时间：峰期 7 月。

分布与海拔：欧洲；俄罗斯南部、中国东北及日本。大兴安岭各种海拔合适的栖息地可见。

栖息地：湿地和森林边缘。

寄生植物：各种湿地植物，包括缬草属 *Valeriana*、车前属 *Plantago*、山罗花属 *Melampyrum*、蓼属 *Polygonum* 等。

生命周期：一年一代。

五、斑网蛱蝶

中文名：斑网蛱蝶

学名：*Melitaea didymoides*

英文名：Spotted Fritillary

识别特征：中等大小的橙色网蛱蝶（翅宽：3.0～3.2cm），与艾网蛱蝶 *Melitaea arcesia* 非常相似，但后翅反面外缘具白色月牙斑，月牙斑中具黑点。

观赏时间：6～7 月。

分布与海拔：俄罗斯外贝加尔至阿穆尔及乌苏里地区，以及中国东北和蒙古国。大兴安岭中海拔可见。

栖息地：较干燥的湿地及山地草原。

寄生植物：婆婆纳属 *Veronica* 植物。

生命周期：一年一代。

六、艾网蛱蝶

中文名：艾网蛱蝶

学名：*Melitaea arcesia*

英文名：Black-veined Fritillary

识别特征：中等大小的橙色网蛱蝶（翅宽：3.0～3.5cm），前翅翅脉为较淡的黑色，翅缘具月牙斑。翅反面有乳白色图案和月牙斑，后翅反面略微不同形状的乳白色中室附近具有双带。和斑网蛱蝶 *Melitaea didymoides* 的区别在于后翅反面外缘的月牙斑中无黑点。

观赏时间：6～7 月。

分布与海拔：俄罗斯西伯利亚南部、中国东北和蒙古国。大兴安岭低至中海拔可见。

栖息地：开阔的高山灌丛和草原。

寄生植物：车前属 *Plantago* 植物。

生命周期：一年一代。

七、月牙网蛱蝶

中文名：月牙网蛱蝶

学名：*Melitaea ornate*（*sibina*）

英文名：Eastern Knapweed Fritillary

识别特征：小型深色网蛱蝶（翅宽：4～4.5cm），翅正面具有不同形状的橙色和黄色图案。识别特征包括：前翅反面的三角形月牙斑、后翅外缘不连续的三角形月牙斑、较宽并呈椭圆形的触角端部。

观赏时间：6月中旬至7月，8～9月。

分布与海拔：欧洲东部与亚洲温带地区。大兴安岭南部低地可见。

栖息地：森林边缘、灌丛及湿地。

寄生植物：车前属 *Plantago*、矢车菊属 *Centaurea* 植物。

生命周期：一年两代。

八、中堇蛱蝶

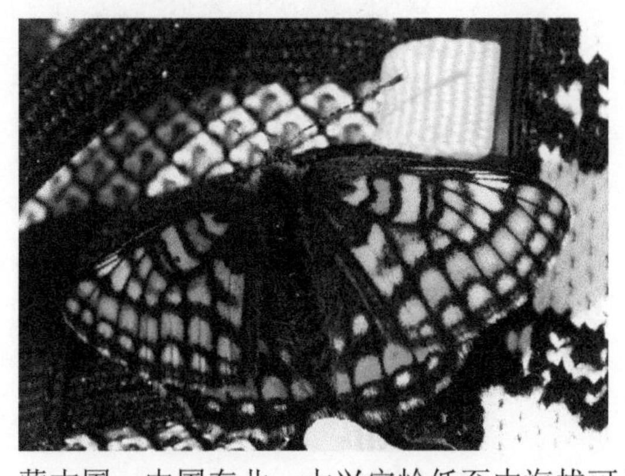

中文名：中堇蛱蝶

学名：*Euphydryas*（*intermedia*）*ichnea*

英文名：Asian Fritillary

识别特征：令人眼花缭乱的中等大小堇蛱蝶（翅宽：3.9～4.2cm）。正面深褐色，前翅端半部橙色带和白色带各两条，后翅翅基半部橙黄色斑相互连接。

观赏时间：6～7月。

分布与海拔：俄罗斯西伯利亚南部、蒙古国、中国东北。大兴安岭低至中海拔可见。

栖息地：开阔森林、森林边缘、潮湿草原。

寄生植物：忍冬属 *Lonicera* 植物。

生命周期：一年一代。

第七节　麻蛱蝶和线蛱蝶组 Tortoiseshells and Admirals group

组成蛱蝶科 Nymphalidae 核心的是一群我们熟悉的物种，包括蛱蝶属 *Nymphalis*、红蛱蝶属 *Vanessa*、孔雀蛱蝶属 *Inachis*、钩蛱蝶属 *Polygonia*、麻蛱蝶属 *Aglais*、闪蛱蝶属 *Apatura*、迷蛱蝶属 *Mimathyma*、线蛱蝶属 *Limenitis*、蜘蛱蝶属 *Araschnia*。这些物种的成虫强壮、飞行迅速、色彩艳丽，幼虫带有复杂的分枝刺，蛹上常具有金色斑点，因此其英文名称为 chrysalis，这是由希腊语 χρυσός（chrysós，意为“黄金”）变化而来。

一、孔雀蛱蝶

中文名：孔雀蛱蝶

学名：*Inachis io*

英文名：Peacock

识别特征：不会被认错的孔雀蛱蝶（翅宽：5.0～5.5cm），前后翅正面均有美妙的“孔雀眼”斑，主色调为天鹅绒般的红棕色。反面几乎为黑色，具浓密的图案。

观赏时间：5～9 月。

分布与海拔：欧洲及亚洲温带，远及日本。常见于大兴安岭低至中海拔。

栖息地：森林、林地、灌丛及湿地。

寄生植物：荨麻属 *Urtica* 植物。

生命周期：以成虫越冬。成虫食花卉并啜饮矿物质。成批产青色卵，幼虫群聚。幼虫呈天鹅绒黑色，带白斑及闪亮黑刺。

二、荨麻蛱蝶

中文名：荨麻蛱蝶

学名：*Aglais urticae*（*urtica*）

英文名：Small Tortoiseshell

识别特征：中等大小的麻蛱蝶（翅宽：4.5～6.2cm），色彩鲜艳，主色调为红橙色，前翅正面具黑色和黄色斑，双翅亚外缘有一圈蓝色斑点。

分布与海拔：分布广泛，遍布欧洲和亚洲北部。大兴安岭低至中海拔可见。

栖息地：开阔灌丛、农场、庭院。

寄生植物：荨麻属 *Urtica* 植物。

生命周期：成虫冬眠。在北方一年通常一代。成批产卵，幼虫群聚直到化蛹前。幼虫有黑刺，背部有两条淡绿色条纹。蛹具金色斑点。

三、小红蛱蝶

中文名：小红蛱蝶

学名：*Vanessa cardui*

英文名：Painted Lady

识别特征：正面褐黄色带黑色斑。顶角黑色并具白点。后翅反面具有复杂的云斑和白线，亚外缘有眼状斑。

观赏时间：5 月末至 9 月。

分布与海拔：分布广泛并具迁徙性，见于美洲北部、非洲北部、欧洲及亚洲。常见于大兴安岭低地。

栖息地：开阔灌丛、农场和庭院。

寄生植物：飞廉属 *Carduus*、蒿属 *Artemisia*、紫菀属 *Aster*、蓟属 *Cirsium* 植物。

生命周期：成虫食花卉和蚜虫粪便。一年两代及以上。

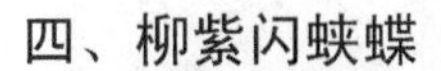

四、柳紫闪蛱蝶

中文名：柳紫闪蛱蝶

学名：*Apatura ilia*

英文名：Lesser Purple Emperor

识别特征：大型闪蛱蝶（翅宽：6.6～7.5cm），与更为罕见的紫闪蛱蝶 *Apatura iris* 相似，但其白色带泛微红。如果以正确的角度观察，雄蝶具有蓝色光泽。

观赏时间：7～8 月。

分布与海拔：欧洲及亚洲温带。大兴安岭低至中海拔可见。

栖息地：阔叶混交林。

寄生植物：柳属 *Salix* 植物。

生命周期：通常一年一代。以小幼虫越冬。

五、紫闪蛱蝶

中文名：紫闪蛱蝶

学名：*Apatura iris*

英文名：Purple Emperor

识别特征：干净的大型闪蛱蝶（翅宽：6.0～7.5cm），前翅具有显著的眼状斑。雄蝶正面具有蓝紫色光泽。

观赏时间：7～8 月。

分布与海拔：广泛分布于欧洲及亚洲北部的温带森林。在大兴安岭低地不常见。

栖息地：阔叶混交林。

寄生植物：柳属 *Salix* 植物。

生命周期：一年一代。以小幼虫冬眠。幼虫头部具有两个突起，类似于蛞蝓的触角。悬蛹挂于丝垫上。

六、细带闪蛱蝶

中文名：细带闪蛱蝶

学名：*Apatura metis*

英文名：Freyer’s Purple Emperor

识别特征：与更为罕见的紫闪蛱蝶 *Apatura iris* 相似但体型更小，前翅的眼状斑更不显著。如果以正确的角度观察，雄蝶具有紫色光泽。

观赏时间：7～8 月。

分布与海拔：欧洲东部；俄罗斯亚洲部分及中国东北。大兴安岭低至中海拔可见。

栖息地：阔叶混交林。

寄生植物：柳属 *Salix* 植物。

生命周期：通常一年一代。以小幼虫冬眠。

七、蜘蛱蝶

中文名：蜘蛱蝶

学名：*Araschnia levana*

英文名：Map Butterfly

识别特征：具有两个季节型的小型蛱蛱蝶（翅宽：3.0～3.5cm）。夏季为斑马纹，春季为棕红色和黑色。两型的反面均具有由精细白色不规则线构成的网纹。

观赏时间：5～6 月，7～8 月。

分布与海拔：广泛分布于中欧到东亚。在大兴安岭低至中海拔不常见。

栖息地：森林边缘、开放灌丛。

寄生植物：荨麻属 *Urtica* 植物。

生命周期：一年两代。成虫于荨麻叶反面产下的卵呈链状。幼虫群居，以蛹越冬。

八、红线蛱蝶

中文名：红线蛱蝶

学名：*Limenitis populi*

英文名：Poplar Admiral

识别特征：大型线蛱蝶（翅宽：7.5～9.0cm），具有精美的斑马纹，亚外缘带有红色月牙斑，外缘带深蓝色。雌蝶比雄蝶大。

观赏时间：7～8 月。

分布与海拔：广泛分布于欧洲和亚洲北部。常见于大兴安岭中海拔。

栖息地：阔叶混交林。

寄生植物：杨属 *Populus*、柳属 *Salix* 植物。

生命周期：一年一代。小幼虫在卷曲的叶子茧中冬眠。于初夏卷叶化蛹。成虫不会采食鲜花，而是食用矿物质渗出物和腐烂的动物尸体等。

九、扬眉线蛱蝶

中文名：扬眉线蛱蝶

学名：*Limenitis helmanni*

英文名：Eastern White Admiral

识别特征：与更为常见的红线蛱蝶 *Limenitis populi* 相似但体型小得多（翅宽：5.5～6.5cm），缺少甚至完全没有红色月牙斑。

观赏时间：7～8 月。

分布与海拔：西伯利亚东南部、朝鲜半岛、中国东北。大兴安岭南部和低地罕见。

栖息地：阔叶混交林。

寄生植物：忍冬属 *Lonicera* 植物。

生命周期：一年一代。

十、夜迷蛱蝶

中文名：夜迷蛱蝶

学名：*Mimathyma nycteis*

英文名：Sergeant Emperor

识别特征：小型迷蛱蝶（翅宽：5.5～6.5cm），正反面的图案像环蛱蝶属 *Neptis*，而形状、姿态和飞行则更似线蛱蝶属 *Limenitis*。前翅反面的白色翅基具有两个黑点，翅脉黑色，此为重要的识别特征。

观赏时间：7 月。

分布与海拔：西伯利亚东南部、朝鲜半岛、中国东北。大兴安岭南部低地可见。

栖息地：阔叶混交林。

寄生植物：榆属 *Ulmus* 植物。

生命周期：一年一代。

十一、白钩蛱蝶

中文名：白钩蛱蝶

学名：*Polygon c-album*

英文名：Comma

识别特征：有两个季节型的小型钩蛱蝶（翅宽：4.0～5.0cm），具不规则的橡树叶状斑，后翅反面春季黄褐色，秋季黑褐色，具有明显的白色“逗号”状钩点。正面为明亮的橙黄色，具较多黑点。

观赏时间：初夏至夏末。

分布与海拔：欧洲、非洲北部及亚洲北部。

栖息地：森林边缘、开阔林地、灌丛和庭院。

寄生植物：葎草属 *Humulus*、茶藨子属 *Ribes*、荨麻属 *Urtica*、桦木属 *Betula*、柳属

Salix、榆属 *Ulmus* 植物。

生命周期：一年一代。成虫食多种花蜜，冬眠。小批产卵。幼虫黑色，背面苍白，并具分枝刺。

十二、朱蛱蝶

中文名：朱蛱蝶

学名：*Nymphalis xanthomelas*

英文名：Yellow-legged Tortoiseshell

识别特征：稍大的蛱蝶（翅宽：5.9～7.1cm），且色泽较暗淡。

观赏时间：初夏，七八月。

分布与海拔：欧洲北部、亚洲东部的喜马拉雅山脉低至中海拔。

栖息地：落叶和针叶林。

寄生植物：各种阔叶植物，如榆属 *Ulmus*、朴属 *Celtis*、杨属 *Populus*、柳属 *Salix*、花楸属 *Sorbus*、李属 *Prunus*。

生命周期：一年一代。成虫冬眠。大批产卵。幼虫为暗色，背部具黑色条纹和黄色斑，并有丛生的刺。幼虫群聚，但分散单独化蛹，通常在一张丝垫上。蛹偏褐色并有金色斑点。

十三、白矩朱蛱蝶

中文名：白矩朱蛱蝶

学名：*Nymphalis vau-album*（*l-album*）

英文名：Compton Tortoiseshell（False Comma）

识别特征：大型的暗橙色蛱蝶（翅宽：5.8～7.0cm），雄雌两性的反面均为深褐色，似树皮。外缘锯齿状。正面为橙褐色，顶角色暗，似朱蛱蝶 *Nymphalis xanthomelas*。前翅顶角和后翅正面前缘中部黑斑外侧具白斑。无蓝色月牙斑。后翅反面有白色圆点或钩点，似白钩蛱蝶 *Polygon c-album*。

观赏时间：7～9 月。

分布与海拔：美洲北部和欧亚大陆北部。广泛分布于大兴安岭低至中海拔。季节性常见。

栖息地：落叶和针叶林。

寄生植物：阔叶植物，包括杨属 *Populus*、桦木属 *Betula*、柳属 *Salix*。

生命周期：一年一代。成批产卵。幼虫群聚。

十四、黄缘蛱蝶

中文名：黄缘蛱蝶

学名：*Nymphalis antiopa*

英文名：Camberwell Beauty

识别特征：漂亮的大型蛱蝶，正面为较深的巧克力色，深色亚外缘带上具蓝色斑，外缘有乳白色宽边。前翅前缘具有两个白斑。反面几乎为黑色，具有细致的网状纹和白色外缘。

观赏时间：6～9 月。

分布与海拔：美洲北部及欧亚大陆北部低至高海拔。大兴安岭中海拔可见。有些年份罕见，但有些年份数量较多。

栖息地：阔叶林及混交林。

寄生植物：柳属 *Salix*、榆属 *Ulmus*、桦木属 *Betula* 植物。

生命周期：一年两代。以成虫越冬，从晚春至秋季活跃。大批产黄色卵，卵变红变黑至成熟。幼虫黑色，具有显著的红色点，通体具白色的疣，疣上有黑色的分枝刺。

第八节　环蛱蝶复合种 *Neptis* complex

一个分布于热带和温带的斑马纹蛱蝶类群，主要集中于环蛱蝶属 *Neptis* 及其近似属，但也包含一些更为远缘的拟态环蛱蝶属的类群。环蛱蝶属 *Neptis* 物种具有独特的滑翔式飞行。

一、提环蛱蝶

中文名：提环蛱蝶

学名：*Neptis thisbe*（c.f. *tschetverikovi*，*yunnana*）

英文名：Thisbe Neptis

识别特征：较大的环蛱蝶（翅宽：6.5～7.0cm），反面具有一条宽斑和一条窄斑，通常为橙色或黑白色。反面色彩丰富，具有黑、白、灰、黄、橙、棕色的条纹和斑点。

观赏时间：6～8 月。

分布与海拔：亚洲南部；中国及朝鲜半岛。大兴安岭低至中海拔可见。

栖息地：阔叶林及开阔林地。

寄生植物：山黧豆属 *Lathyrus*、豇豆属 *Vigna* 植物。

生命周期：每年两至三代。

二、小环蛱蝶

中文名：小环蛱蝶

学名：*Neptis sappho*

识别特征：中等大小的环蛱蝶（翅宽：4.5～5.1cm），正面发黑，具有三条粗大的白色平行条纹，一条横跨前翅，另两条横跨后翅，前翅顶角有白色斑点。反面棕色，具白色条纹和斑点。

观赏时间：6～7 月。

分布与海拔：欧洲，向东至中国、朝鲜半岛及日本的亚洲大陆。大兴安岭低地可见。

栖息地：阔叶林和开阔林地。

寄生植物：各种豆科植物如山黧豆属 *Lathyrus*。

生命周期：一年两代。

三、中环蛱蝶

中文名：中环蛱蝶

学名：*Neptis hylas*

英文名：Common Sailor

识别特征：中等大小的环蛱蝶（翅宽：5.0～5.5cm），与小环蛱蝶 *Neptis sappho* 非常相似但体型稍大，反面橙色。正面发黑，具有三条粗大的白色平行条纹，一条横跨前翅，另两条横跨后翅，前翅顶角有白色斑点。反面橙色，具有白色的条纹和斑点。

观赏时间：7～8 月。

分布与海拔：印度、亚洲东南部的国家至中国东北。大兴安岭南部和低地地区可见。

栖息地：阔叶林及开阔林地。

寄生植物：各种豆科植物如山黧豆属 *Lathyrus*、豇豆属 *Vigna*。

生命周期：每年两至三代。

四、单环蛱蝶

中文名：单环蛱蝶

学名：*Neptis rivularis*

英文名：Hungarian Glider

识别特征：小型的环蛱蝶（翅宽：4.5～5.2cm），前翅正面中室条窄，后翅上仅有一条宽带。

观赏时间：6～7 月。

分布与海拔：欧洲至俄罗斯西伯利亚，中国北部及日本。分布广泛，在大兴安岭中海拔常见。

栖息地：潮湿阔叶林及开阔林地，常沿溪流、道路和林间空地掠过。

寄生植物：绣线菊属 *Spiraea*、假升麻属 *Aruncus*、蚊子草属 *Filipendula*、蔷薇属 *Rosa* 植物。

生命周期：一年一代，产单个卵，幼虫在卷叶里冬眠。

第九节　眼蝶科 Satyridae

一个体型大小各异的科（有时候被认为是蛱蝶科 Nymphalidae 的一个亚科），多为暗淡的棕色，且反面具有醒目的眼状斑。多分布于林荫处，另一些则生活在草原、荒地等开阔地带。幼虫均以草为食。

一、爱珍眼蝶

中文名：爱珍眼蝶

学名：*Coenonympha oedippus*

英文名：False Ringlet

识别特征：与英雄珍眼蝶 *Coenonympha hero* 相似但体型更大（翅宽：3.6～4.2cm），且前翅色更深。反面具有明显的眼状斑，最大的眼状斑位于后翅前缘，而英雄珍眼蝶 *Coenonympha hero* 最大的眼状斑位于后翅外缘。

观赏时间：6～8 月。

分布与海拔：欧洲往东一直到亚洲东部的中国东北和日本。大兴安岭中海拔可见。

栖息地：湿地、草甸。

寄生植物：麦氏草属 *Molinia*、苔草属 *Carex* 植物。

生命周期：一年一代。以幼虫越冬。

二、英雄珍眼蝶

中文名：英雄珍眼蝶

学名：*Coenonympha hero*

英文名：Scarce Heath

识别特征：色彩分明的小型眼蝶（翅宽：3.4～3.8cm），前翅浅红棕色。后翅反面白色带外侧为锯齿状，白瞳黑色眼状斑明显。后翅反面白斑少或无。大兴安岭地区分布的为东北亚种 *C. h. perseis*。

观赏时间：6～7 月。

分布与海拔：欧洲至日本等亚洲东部地区。大兴安岭低至中海拔可见。

栖息地：森林边缘、开阔草原。

寄生植物：羊茅属 *Festuca*、发草属 *Deschampsia*、苔草属 *Carex* 植物。

生命周期：一年一代。以老熟幼虫越冬。

三、油庆珍眼蝶

中文名：油庆珍眼蝶

学名：*Coenonympha glycerion*（c.f. *arcania*）

英文名：Chestnut Heath

识别特征：色彩分明的小型眼蝶（翅宽：3.5～3.8cm），与英雄珍眼蝶 *Coenonympha hero* 相似但后翅反面具有小型白色斑。

观赏时间：6～7 月。

分布与海拔：欧洲东部至中国东北等亚洲东部地区。大兴安岭低至中海拔可见。

栖息地：森林边缘、开阔草原。

寄生植物：羊茅属 *Festuca*、苔草属 *Carex* 植物。

生命周期：一年一代。以老熟幼虫越冬。

四、多眼蝶

中文名：多眼蝶

学名：*Kirinia epaminondas*

英文名：Amur Argus

识别特征：中等大小的褐色眼蝶（翅宽：5.0～5.3cm），翅基肉桂色，具棕色网纹。前翅顶角具小型眼状斑，后翅正面具有醒目的眼状斑，反面更为显著。

观赏时间：7～8 月。

分布与海拔：阿穆尔地区、中国东北、朝鲜半岛及日本。大兴安岭低至中海拔可见。

栖息地：干燥森林及灌丛类栖息地。

寄生植物：早熟禾属 *Poa* 植物。

生命周期：一年一代。以第一龄期幼虫越冬。

五、斗毛眼蝶

中文名：斗毛眼蝶

学名：*Lopinga*（*Lasiommata*）*deidamia*

英文名：Silver-streaked Heath

识别特征：色彩分明的中等大小眼蝶（翅宽：4.5～5.5cm），雌蝶比雄蝶体型更大且更为明亮。正面棕色，具白斑和眼状斑。前翅顶角有一个大的眼状斑，后翅外缘具有一圈较小的眼状斑。前翅褐色，后翅反面灰白色，并具白色带状斑。

观赏时间：6～8 月。

分布与海拔：从乌拉尔至西伯利亚南部、蒙古国、中国东北、朝鲜半岛及日本。大兴安岭低至中海拔可见。

栖息地：多草林地。

寄生植物：剪股颖属 *Agrostis*、偃麦草属 *Elytrigia* 植物。

生命周期：一年一代。

六、黄环链眼蝶

中文名：黄环链眼蝶

学名：*Lopinga achine*

英文名：Woodland Brown

识别特征：不会被认错的大型眼蝶（翅宽：3.9～5.0cm），双翅有多个醒目的眼状斑，反面具波状白带。大兴安岭地区分布的为东北亚种 *L. a. achinoides*。

观赏时间：6～7 月。

分布与海拔：欧洲至中国东北等亚洲东部地区。大兴安岭低至中海拔可见。

栖息地：潮湿的成熟林边缘和温暖的空地。

寄生植物：莎草科 Cyperaceae 和禾本科 Poaceae 植物，尤其是苔草属 *Carex* 和短柄草属 *Brachypodium* 植物。

生命周期：一年一代。幼虫在三龄期冬眠。

七、阿芬眼蝶

中文名：阿芬眼蝶

学名：*Aphantopus hyperantus*

英文名：Ringlet

识别特征：中等大小、较暗的烟灰色眼蝶（雄蝶翅宽：3.6～4.2cm；雌蝶翅宽：4.0～

4.8cm），泛流苏白，前翅具小黑点。后翅为更淡的棕色，具明显的眼状斑，斑内具乳白色环、黑色虹膜和蓝白色中瞳。后翅反面具有 4 或 5 个这样的眼状斑，前翅反面顶角有 1～3 个。

观赏时间：6～8 月。

分布与海拔：欧洲至亚洲东部；俄罗斯西伯利亚南部、中国东北及朝鲜半岛。大兴安岭低地可见。

栖息地：开花的林地、森林边缘及邻近草原。

寄生植物：雀麦属 *Bromus*、羊茅属 *Festuca*、苔草属 *Carex* 植物，成虫食悬钩子属 *Rubus* 植物。

生命周期：一年一代。卵散落于草原上。幼虫为夜行性，冬眠，在春天苏醒并恢复进食。蛹直立于草丛底部脆弱的丝茧中。

八、蛇眼蝶

中文名：蛇眼蝶

学名：*Minois dryas*

英文名：Dryad

识别特征：大型棕色眼蝶（翅宽：5.4～7.0cm），前翅上具有两个突出的眼状斑，近后翅顶角处具一个较小的眼状斑。眼状斑均为黑色，带有蓝白色中瞳。后翅反面具有一系列不规则的灰色和棕色条纹。

观赏时间：7～8 月。

分布与海拔：欧洲东南部至中国东北及日本等亚洲地区。大兴安岭低至中海拔可见。

栖息地：森林边缘、近花卉丰富的湿地和草原。

寄生植物：麦氏草属 *Molinia*、鸭茅属 *Dactylis*、早熟禾属 *Poa*、羊茅属 *Festuca*、苔草属 *Carex*、雀麦属 *Bromus* 植物。

生命周期：一年一代。以幼虫越冬。成虫喜食高大的花卉如蓝盆花属 *Scabiosa* 和泽兰属 *Eupatorium* 植物。

九、暗红眼蝶

中文名：暗红眼蝶

学名：*Erebia neriene*

英文名：Dark Ringlet

识别特征：中等大小的棕色眼蝶（翅宽：4～5cm），前翅具有三个蓝色中瞳的黑色眼状斑，后翅具有一对较小的眼状斑。

观赏时间：7～8 月。

分布与海拔：中国阿勒泰、乌苏里地区、华北北部，俄罗斯西伯利亚及朝鲜半岛。常见于大兴安岭低至中海拔林地。

栖息地：开阔林地和落叶松林中的空地。

寄生植物：拂子茅属 *Calamagrostis*、鸭茅属 *Dactylis*、早熟禾属 *Poa*、羊茅属 *Festuca*、苔草属 *Carex* 植物。

生命周期：一年一代。以中龄期幼虫越冬。

十、蒙古红眼蝶

中文名：蒙古红眼蝶

学名：*Erebia embla*

英文名：Lapland Ringlet

识别特征：中等大小的棕色眼蝶（翅宽：4.1～5.5cm），前翅具有 4 个蓝色中瞳的黑色眼状斑，后翅正面具有非常小的眼状斑，后翅反面则为一个较小的苍白色单点。

观赏时间：7～8 月。

分布与海拔：欧洲北部至俄罗斯西伯利亚及中国东北。大兴安岭较高海拔处可见。

栖息地：苔原、泥炭沼泽地。

寄生植物：苔草属 *Carex* 植物。

生命周期：发育缓慢，幼虫冬眠两次才成熟。

十一、云带红眼蝶

中文名：云带红眼蝶

学名：*Erebia cyclopia*

英文名：Cyclops Ringlet

识别特征：中等大小的深棕色眼蝶（翅宽：4.6～6.2cm），前翅顶角具有显著的单个眼状斑，斑内含有两个蓝白色点。后翅反面具一系列棕色和灰色的波状带。

观赏时间：6～7 月。

分布与海拔：俄罗斯乌拉尔至西伯利亚、蒙古国北部、中国北部及朝鲜。大兴安岭低至中海拔可见。

栖息地：开阔的落叶松林地及荒地。

寄生植物：苔草属 *Carex* 植物。

生命周期：一年一代。以幼虫越冬。

十二、一点山眼蝶

中文名：一点山眼蝶

学名：*Erebia wanga*

英文名：Bremer's Argus

识别特征：中等大小的深棕色眼蝶（翅宽：4.5～6.1cm），前翅顶角具有显著的单个眼状斑，斑内含有两个蓝白色点。后翅反面具黑褐色斑，中央有一个白点。与点红眼蝶 *Erebia edda* 非常相似，但前翅橙色更少，后翅反面缺乏或没有次级白斑。

观赏时间：7 月。

分布与海拔：俄罗斯西伯利亚东南部、中国东北及朝鲜。大兴安岭较高海拔可见。

栖息地：高山石楠草原。

寄生植物：草。

生命周期：两年一代。以幼虫越冬。

十三、波翅红眼蝶

中文名：波翅红眼蝶

学名：*Erebia ligea*

英文名：Arran Brown

识别特征：中等大小的深棕色眼蝶（翅宽：5.2～6.1cm），亚外缘上具有显著的橙色带，饰以醒目的黑色眼状斑，淡蓝色中瞳。后翅反面半部具橙色带和眼状斑，带内具波状白斑。

观赏时间：6～7 月。

分布与海拔：俄罗斯西伯利亚东南部及中国东北地区。

栖息地：高山石楠草原。

寄生植物：草。

生命周期：两年一代。以幼虫越冬。

十四、点红眼蝶

中文名：点红眼蝶

学名：*Erebia edda*

英文名：White-spot Alpine

识别特征：中等大小的深棕色眼蝶（翅宽：5.5～6.0cm），前翅顶角具有显著的单个眼状斑，斑内含有两个蓝白色点。后翅反面为斑驳的黑褐色，具一个突出的白点和 3 或 4 个小型外缘白点。

观赏时间：6～7 月。

分布与海拔：俄罗斯西伯利亚东南部及中国东北地区。大兴安岭较高海拔可见。

栖息地：高山石楠草原。

寄生植物：草。

生命周期：两年一代。以幼虫越冬。

十五、盘红眼蝶

中文名：盘红眼蝶

学名：*Erebia discoidalis*

英文名：Red-disked Alpine

识别特征：中等大小的深棕色眼蝶（翅宽：3.8～4.9cm），前翅正面大部具有突出的红褐色斑块。后翅反面为斑驳的深褐色，无眼状斑。

观赏时间：6～7 月。

分布与海拔：美洲北部；俄罗斯西伯利亚、中国东北地区。大兴安岭较高海拔可见。

栖息地：高山石楠草原。

寄生植物：草。

生命周期：两年一代。以幼虫越冬。

十六、白眼蝶

中文名：白眼蝶

学名：*Melanargia halimede*

英文名：Eastern Marbled White

识别特征：中等大小的黑白色眼蝶（翅宽：5.3～5.9cm），前翅后缘的黑色条纹是其辨别特征。和粉蝶科 Pieridae 物种的区别在于反面具有环形眼状斑。

观赏时间：7～8 月。

分布与海拔：蒙古国东部、俄罗斯西伯利亚东南部、中国东北、朝鲜半岛。常见于大兴安岭低至中海拔。

栖息地：森林边缘、湿地及草原。

寄生植物：羊茅属 *Festuca*、梯牧草属 *Phleum*、鸭茅属 *Dactylis* 植物。

生命周期：一年一代。成虫随意产卵。以小幼虫越冬。

十七、淡酒眼蝶

中文名：淡酒眼蝶

学名：*Oeneis melissa*

英文名：Melissa Arctic

识别特征：中等大小的淡灰棕色眼蝶（翅宽：4.2～5.1cm），具有小型淡色眼状斑，翅半透明。后翅反面呈黑色和灰色。

观赏时间：6 月中旬至 8 月中旬。

分布与海拔：美洲北部、欧洲北部；俄罗斯亚洲部分、中国东北。大兴安岭较高海拔可见。

栖息地：苔原、永久冻土及高山草原。

寄生植物：苔草属 *Carex* 植物。

生命周期：每两三年一代。第一年以小幼虫越冬，一年内无法完成生命周期。

十八、大酒眼蝶

中文名：大酒眼蝶

学名：*Oeneis magna*

英文名：Large Arctic

识别特征：大型淡灰棕色眼蝶（翅宽：4.6～5.2cm），正面翅缘具有 4 个明显的黑色眼状斑，后翅外缘有 3 个斑点，眼状斑内具淡黄色斑块。后翅反面斑纹比其他的酒眼蝶属 *Oeneis* 物种更少。

观赏时间：7～8 月。

分布与海拔：欧洲北部；俄罗斯亚洲部分、中国东北。大兴安岭较高海拔可见。

栖息地：苔原、永久冻土及高山草原。

寄生植物：苔草属 *Carex* 植物。

生命周期：每两年一代。第一年以小幼虫越冬，一年内无法完成生命周期。

十九、浓酒眼蝶

中文名：浓酒眼蝶

学名：*Oeneis norna*

英文名：Norse Grayling

识别特征：中等大小的红棕色眼蝶（翅宽：3.6～5.5cm），停歇时可见前翅顶角的眼状斑。后翅反面具有地衣状的斑驳波状带。

观赏时间：6～7 月。

分布与海拔：中国东北、日本、俄罗斯及斯堪的纳维亚半岛。大兴安岭中等至高海拔可见。

栖息地：沼泽、潮湿多草地区及多苔藓的森林空地。

寄生植物：早熟禾属 *Poa*、苔草属 *Carex*、梯牧草属 *Phleum*、干沼草属 *Nardus* 植物。

生命周期：每两年一代。幼虫两次越冬。

二十、酒眼蝶

中文名：酒眼蝶

学名：*Oeneis urda*

英文名：Eversmann's Arctic

识别特征：大型锈褐色眼蝶（翅宽：4.8～5.2cm），前翅具有 3 个白瞳眼状斑，停歇时可见顶角斑。后翅反面具有地衣状的斑驳波状带。

观赏时间：6～7 月。

分布与海拔：俄罗斯东部、中国东北、蒙古国及朝鲜半岛。大兴安岭中至高海拔可见。

栖息地：沼泽、潮湿多草地区及多苔藓的森林空地。

寄生植物：苔草属 *Carex*、羊茅属 *Festuca* 植物。

生命周期：每两年一代。幼虫两次越冬。

二十一、纤酒眼蝶

中文名：纤酒眼蝶

学名：*Oeneis jutta*

英文名：Jutta Arctic

识别特征：大型棕色眼蝶（翅宽：4.5～6.0cm），正面翅缘具有一排淡黄色或橙色外环的眼状斑，无白瞳。反面橙棕色，前翅顶角灰色，具 1～3 个白瞳眼状斑，后翅反面灰色，具苍白波状中央带和白瞳黑色眼状斑，橙色环斑为重要识别特征。

观赏时间：6～7 月。

分布与海拔：中国东北、俄罗斯及斯堪的纳维亚半岛。大兴安岭中至高海拔可见。

栖息地：沼泽和多苔藓的森林空地。

寄生植物：羊胡子草属 *Eriophorum*、苔草属 *Carex* 植物。

生命周期：每两年一代。幼虫两次越冬。

第十节　弄蝶科 Hesperidae

飞蛾般姿态的小型蝴蝶，通常无法以直立状闭合双翅，停歇时呈“飞机状”。一般色彩暗淡，具有显著的气味腺或前翅正面具有较长的深色毛。触角端部常为钩状。

一、链弄蝶

中文名：链弄蝶

学名：*Heteropterus morpheus*

英文名：Large Chequered Skipper

识别特征：中等大小的弄蝶（翅宽：3.5～4.0cm），正面深褐色，前翅前缘具有一些苍白的斑点。后翅反面呈黄色，有大约 12 个黑边白点。具有独特的“醉酒式”上下飞行。

观赏时间：6～8 月。

分布与海拔：分布在欧洲，东至中国东北及朝鲜半岛。大兴安岭地区各种海拔可见。

栖息地：湿地、草原。

寄生植物：羊胡子草属 *Eriophorum*、早熟禾属 *Poa*、短柄草属 *Brachypodium*、麦氏草属 *Molinia* 植物。

生命周期：一年一代。以成虫越冬。

二、黄翅银弄蝶

中文名：黄翅银弄蝶

学名：*Carterocephalus silvicola*

英文名：Northern Chequered Skipper

识别特征：小型弄蝶（翅宽：2.2～3.0cm），前翅黄色具黑斑。后翅深褐色具黄斑。雌蝶比雄蝶色更黑。

观赏时间：6～7 月。

分布与海拔：欧洲北部、亚洲东部和北部。

栖息地：潮湿草原及开阔森林。

寄生植物：披碱草属 *Elymus*、拂子茅属 *Calamagrostis* 植物。

生命周期：一年一代。以中龄期幼虫越冬。

三、银弄蝶

中文名：银弄蝶

学名：*Carterocephalus palaemon*

英文名：Chequered Skipper

识别特征：小型弄蝶（翅宽：2.4～3.1cm），与黄翅银弄蝶 *Carterocephalus silvicola* 的区别在于双翅正面呈深褐色并具橙色斑点。后翅反面为橙棕色，具有大约 11 个狭窄黑边的乳白色斑点。

观赏时间：6～7 月。

分布与海拔：美洲北部、欧洲至亚洲东北部。大兴安岭低至中海拔可见。

栖息地：开阔林地及潮湿草原。

寄生植物：麦氏草属 *Molinia* 植物。

生命周期：一年一代。以老熟幼虫越冬，春季化蛹。幼虫吐丝把叶片卷起以藏身。

四、小赭弄蝶

中文名：小赭弄蝶

学名：*Ochlodes venata*（*venatus*）

英文名：Eastern Large Skipper

识别特征：大型锈褐色弄蝶（翅宽：2.8～3.2cm），正面橙褐色，并具淡黄色斑点。雄蝶在前翅中室下具黑色性标。后翅反面绿橙色，并具淡黄色斑点。与细赭弄蝶 *Ochlodes sylvanus* 以前被认为是姊妹种。

观赏时间：6～7 月。

分布与海拔：中国、俄罗斯西伯利亚东南部、朝鲜半岛及日本。大兴安岭低至中海拔可见。

栖息地：湿地、草原及其他开阔栖息地。

寄生植物：各种芦苇和草。

生命周期：一年一代。幼虫吐丝把叶片卷起以越冬。

五、白斑赭弄蝶

中文名：白斑赭弄蝶

学名：*Ochlodes subhyalina*

英文名：Pale-spotted Skipper

识别特征：较小的锈褐色弄蝶（翅宽：2.5～3.0cm），后翅棕色，数个淡黄色斑形成环状。与小赭弄蝶 *Ochlodes venata* 相似，但体型小得多。

观赏时间：6～7 月。

分布与海拔：蒙古国、中国北部和台湾、朝鲜半岛、日本、印度、缅甸。大兴安岭各种海拔可见。

栖息地：开阔有草的栖息地。

寄生植物：草。

生命周期：一年一代。幼虫在卷曲的叶子帐篷内冬眠。

六、深山珠弄蝶

中文名：深山珠弄蝶

学名：*Erynnis montanus*

英文名：Mountain Skipper

识别特征：较为短胖的弄蝶（翅宽：3～4cm)，棕色前翅具云斑，棕色后翅具有干净的浅橙色斑。

观赏时间：5～6 月。

分布与海拔：中国东北和台湾、俄罗斯西伯利亚东南部、日本。大兴安岭各种海拔可见。

栖息地：高山草原。

寄生植物：百脉根属 *Lotus*、草莓属 *Fragaria* 植物。

生命周期：一年一代。以蛹越冬。

七、北方花弄蝶

中文名：北方花弄蝶

学名：*Pyrgus alveus*

英文名：Large Grizzled Skipper

识别特征：小型灰白色弄蝶（翅宽：2.4～3.2cm），正面灰黑色，具小型白斑，翅缘处黑白色交替出现。反面灰色，有清白色方形图案。

观赏时间：5 月中旬至 8 月。

分布与海拔：欧洲至中国东北等亚洲东部地区。大兴安岭各种海拔可见。

栖息地：高山草原及多岩灌丛。

寄生植物：委陵菜属 *Potentilla*、草莓属 *Fragaria*、半日花属 *Helianthemum* 植物。

生命周期：每年一至两（南方）代。以幼虫越冬。

八、锦葵花弄蝶

中文名：锦葵花弄蝶

学名：*Pyrgus malvae*

英文名：Grizzled Skipper

识别特征：小型灰白色弄蝶（翅宽：2.1～2.8cm），正面灰黑色，具小型白斑，翅缘处黑白色交替出现。反面灰色，有清白色方形图案。与北方花弄蝶 *Pyrgus alveus* 十分相似，但在斑点构造上略微不同，且斑点更大、体型更小。

观赏时间：6～8 月。

分布与海拔：欧洲至中国东北及朝鲜半岛等亚洲东部地区。大兴安岭中海拔可见。

栖息地：高山草原。

寄生植物：龙芽草属 *Agrimonia*、委陵菜属 *Potentilla*、草莓属 *Fragaria* 植物。

生命周期：每年一至两（南方）代。以蛹越冬。

第十一节　灰蝶科 Lycaenidae

小而精致的蝴蝶。一些物种正面色彩暗淡，但许多则为宝石蓝色。反面苍白，有较多斑点和眼状斑构成的小环。一些物种拥有丝状尾突、假头并在后翅后缘具眼状斑。

一、胡麻霾灰蝶

中文名：胡麻霾灰蝶

学名：*Maculinea teleius*（*teleia*）

英文名：Scarce Large Blue

识别特征：中等大小的蓝色灰蝶（翅宽：6.2～7.2cm），与霾灰蝶 *Maculinea arion* 相似但体型较小。

观赏时间：7～8 月。

分布与海拔：欧洲、中亚；俄罗斯、中国北部、蒙古国和日本。大兴安岭中海拔可见。

栖息地：潮湿草原和开阔林地。

寄生植物：地榆属 *Sanguisorba* 植物。

生命周期：一年一代。幼虫初期以植物为食，通过模拟蚁后的声音寄生于红蚁属 *Myrmica* 物种。以幼虫的形态在蚁巢内越冬，次年春天化蛹。

二、霾灰蝶

中文名：霾灰蝶

学名：*Maculinea*（*Phengaris*）*arion*

英文名：Large Blue

识别特征：蓝色的大中型灰蝶（翅宽：6.6～7.5cm）。前翅呈有光泽的蓝色，并具黑斑和黑色条纹。反面浅灰褐色，并具白边黑斑。后翅翅基亮绿色。

生命周期：一年一代。幼虫初期以植物为食，通过模拟蚁后的声音寄生于红蚁属 *Myrmica* 物种。以幼虫的形态在蚁巢内越冬，次年春天化蛹。

观赏时间：7 月。

分布与海拔：欧洲；俄罗斯西伯利亚、中国东北。大兴安岭中海拔可见。

栖息地：有红蚁属 *Myrmica* 和百里香属 *Thymus* 共生的干燥草原。

寄生植物：百里香属 *Thymus* 植物。

三、珞灰蝶

中文名：珞灰蝶

学名：*Scolitantides orion*

英文名：Chequered Blue

识别特征：体型非常小的灰蝶（翅宽：1.3～1.6cm），正面深蓝色具黑斑，反面淡蓝色并有浓密黑点。

观赏时间：5～6 月。

分布与海拔：俄罗斯等欧洲地区、中国东北及日本。大兴安岭地区罕见。

栖息地：多岩灌丛。

寄生植物：景天属 *Sedum* 植物。

生命周期：一年一代。

四、斑貉灰蝶

中文名：斑貉灰蝶

学名：*Lycaena virgaureae*

英文名：Scarce Copper

识别特征：漂亮的金色灰蝶（翅宽：3.4～3.8cm），两性异形明显。雄蝶正面为明亮的金红色，雌蝶则具有更宽的橙色翅膀并在前翅亚缘具较多黑点。雄蝶与橙灰蝶 *Lycaena dispar* 的区别在于体型更小、具有起伏的后翅后缘，且在橙色的后翅反面具白色小点。雌蝶与红灰蝶 *Lycaena phlaeas* 的区别在于体型较大且图案更为复杂。

观赏时间：7～9 月。

分布与海拔：欧洲至俄罗斯西伯利亚及中国东北。

栖息地：花卉丰富的湿地和草原。

寄生植物：酸模属 *Rumex* 植物。

生命周期：一年一代。白色卵产在酸模属植物老叶上，以卵越冬，幼虫在春季一出现就食酸模属植物的新嫩叶。

五、橙灰蝶

中文名：橙灰蝶

学名：*Lycaena dispar*

英文名：Large Copper

识别特征：大型金色灰蝶，两性异形明显（翅宽：雄蝶 4.4～4.8cm，雌蝶 4.6～5.2cm）。雄性绚丽金黄色，翅中心均有一黑色点斑。雌性相似，但比斑貉灰蝶 *Lycaena virgaureae* 体型更大。后翅反面淡蓝灰色，有黑色点斑和橘黄色翅缘色带，无白色点斑。大兴安岭地区分布的为东北亚种 *L. d. borodowskyi*。

观赏时间：5～6 月，7～9 月。

分布与海拔：欧洲至亚洲北部。

栖息地：草甸内的潮湿地带。

寄生植物：酸模属 *Rumex* 植物。

生命周期：一年两代。以中期幼虫越冬。

六、红灰蝶

中文名：红灰蝶

学名：*Lycaena phlaeas*

英文名：Small Copper

识别特征：体型小并有金色斑纹的灰蝶（翅宽：2.6～3.4cm）。雄雌两性的色泽斑纹与两个较大的物种斑貉灰蝶 *Lycaena virgaureae* 和橙灰蝶 *Lycaena dispar* 的雌蝶相似，均为黑褐色，有发光的金色斑纹和黑色点斑。识别特征是体型较小，后翅反面为肉桂色。

观赏时间：5～9 月。

分布与海拔：全北界分布，见于美洲北部、欧亚大陆向东至日本。大兴安岭南部低地可见。

栖息地：花卉丰富的湿地、农场、庭院。

寄生植物：酸模属 *Rumex* 植物。

生命周期：一年两代。以幼虫越冬。在凌乱树叶中化蛹，蛹由蚂蚁照料。

七、蓝红珠灰蝶

中文名：蓝红珠灰蝶

学名：*Polyommatus*（*Lycaeides*）*amandus*

英文名：Amanda's Blue

识别特征：颜色鲜艳、较大的灰蝶（翅宽：2.8～3.6cm），两性异形明显。雄蝶前翅银蓝色，翅缘较黑具白边。雌蝶后翅后缘略带蓝色并有橙红色月牙斑（有时亦略微显现于前翅翅基）。雄蝶反面灰白色，具白色环状黑点，翅基绿色。雌蝶反面后缘具较宽橙色斑。

观赏时间：6～8 月。

分布与海拔：欧洲北部至亚洲中部，俄罗斯西伯利亚南部、中国东北。

栖息地：湿地、荒地、草原、路边及其他开阔区域。

寄生植物：山黧豆属 *Lathyrus* 和野豌豆属 *Vicia* 植物。

生命周期：一年一代。

八、褐红珠灰蝶

中文名：褐红珠灰蝶

学名：*Plebeius*（*Lycaeides*）*subsolanus*

英文名：Rusty Argus

识别特征：锈棕色的小型灰蝶（翅宽：3～4cm）。正面棕色，略带蓝色调，后翅外缘具有一排橙色月牙斑。反面灰蓝色，有明显黑色点斑和橘黄色亚外缘带。

观赏时间：7 月。

分布与海拔：俄罗斯西伯利亚、中国东北、日本。大兴安岭中至高海拔可见。

栖息地：灌丛和草原。

寄生植物：野豌豆属 *Vicia*、黄耆属 *Astragalus*、岩黄耆属 *Hedysarum* 植物。

生命周期：一年一代。以幼虫越冬。

九、红珠灰蝶

中文名：红珠灰蝶

学名：*Plebeius*（*Lycaeides*）*argyrognomon*

英文名：Reverdin's Blue

识别特征：小型灰蝶（翅宽：2.8～3.4cm），两性异形明显。雄蝶正面紫蓝色，具狭窄外缘黑带。雌蝶正面黑褐色，外缘具橙色月牙斑。反面淡蓝色或米色，有几个外缘白色的黑点斑、一条橙色纹，翅缘具黑点，臀区黑点闪蓝光。

观赏时间：5～8 月。

分布与海拔：欧洲中部和南部；高加索、俄罗斯西伯利亚南部、蒙古国及中国东北。大兴安岭地区不同海拔均可见。

栖息地：多草的山丘和湿地。

寄生植物：各种豆科草本植物，如车轴草属 *Trifolium*、草木犀属 *Melilotus*、野豌豆属 *Vicia*、百脉根属 *Lotus*、黄耆属 *Astragalus*。

生命周期：一年两代。幼虫寄生于红蚁属 *Myrmica* 和毛蚁属 *Lasius* 物种。

十、中银灰蝶

中文名：中银灰蝶

学名：*Plebeius*（*Polyommatus*）（*Glaucopsyche*）*semiargus*

英文名：Mazarine Blue

识别特征：小型净蓝色灰蝶（翅宽：2.4～3.4cm）。雄蝶正面具有闪亮的蓝色翅，翅缘具窄黑带并泛流苏白，雌蝶则为亮棕色。反面为淡灰色或淡棕色并具白边黑斑。翅基绿色。

观赏时间：6～9 月。

分布与海拔：欧洲至亚洲东北部；中国东北。

栖息地：多花卉的湿地和草原。

寄生植物：豆类如车轴草属 *Trifolium* 植物。

生命周期：一年一代。以幼虫越冬。

十一、银灰蝶

中文名：银灰蝶

学名：*Plebeius*（*Glaucopsyche*）*lycormas*

英文名：Butler's Silvery Blue

识别特征：小型灰蝶（翅宽：3～4cm）。雄蝶正面呈亮蓝色，翅缘较深并泛流苏白。雌蝶相似但色泽较暗淡。反面均为淡灰色，具有黑点构成的圆弧。前翅轮廓白。

观赏时间：5～9 月。

分布与海拔：俄罗斯西伯利亚、蒙古国、中国东北、朝鲜半岛及日本。大兴安岭低至中海拔可见。

栖息地：开阔草原。

寄生植物：车轴草属 *Trifolium* 植物。

生命周期：每年一（北方）至两（南方）代。以幼虫越冬，寄生于蚁属 *Formica* 物种。

十二、豆灰蝶

中文名：豆灰蝶

学名：*Plebeius argus*

英文名：Silver-studded Blue

识别特征：漂亮的小型灰蝶（翅宽：2.6～3.1cm）。雄蝶紫蓝色，有黑色缘带和白色缘毛。雌蝶为不显眼的棕色。雄雌两性在蓝色部分的多少和黑色翅缘的宽度上有异。雌蝶前翅亚外缘黑斑镶有橙色月牙斑。雄雌双性的反面均具有橙色月牙斑、白色横带，后翅具有金属蓝色“大头钉”状斑点。

观赏时间：6～8 月。

分布与海拔：欧洲及亚洲；中国东北。大兴安岭低至中海拔可见。

栖息地：石楠、苔藓、石灰石草原。

寄生植物：越橘属 *Vaccinium*、百脉根属 *Lotus*、百里香属 *Thymus* 植物。

生命周期：一年一代。以卵越冬。绿色的幼虫白天受到毛蚁属 *Lasius* 物种的照料和保护，夜间晚食。

十三、牯（豆）灰蝶

中文名：牯（豆）灰蝶

学名：*Plebeius*（*Albulina*）（*Vacciniina*）*optilete*

英文名：Cranberry Blue

识别特征：小型灰蝶（翅宽：2.3～2.9cm）。雄蝶正面蓝紫色有闪光，翅缘黑色。雌蝶正面通常为棕色，仅翅基具蓝紫色阴影。反面灰白色，具白边黑斑。后翅后缘有 2 或 3 对亮蓝色斑点，斑点中心为红色。

观赏时间：7 月。

分布与海拔：全北界高纬度高海拔地区。大兴安岭北部山岭地区可见。

栖息地：永久冻土、杜鹃花灌丛、沼泽地。

寄生植物：杜鹃花科如越橘属 *Vaccinium*、岩高兰属 *Empetrum*、青姬木属 *Andromeda* 植物。

生命周期：一年一代。以幼虫越冬。

十四、寒灰蝶

中文名：寒灰蝶

学名：*Plebeius*（*Albulina*）*orbitulus*

英文名：Alpine Argus

识别特征：小型闪光灰蝶（翅宽：2.5～3.0cm）。雄蝶正面紫蓝彩虹色，有黑色缘和纯净白色缘毛。雌蝶正面蓝色较深，近后翅有一个明显带橙黄色眼帘的眼状斑。后翅反面灰色，识别特征为大块的白色斑点。

观赏时间：7～8 月。

分布与海拔：欧洲至亚洲东北部。大兴安岭山丘地区可见。

栖息地：高山草原。

寄生植物：黄耆属 *Astragalus* 植物。

生命周期：一年一代。

十五、三爱灰蝶

中文名：三爱灰蝶

学名：*Aricia eumedon*

英文名：Geranium Argus

识别特征：小型棕色灰蝶（翅宽：2.4～3.2cm）。两性正面均为棕色。雄蝶浅棕色，无蓝色鳞状或月牙状斑纹。雌蝶后翅正面外缘处有几道橙黄色月牙形斑。后翅反面的白色条纹为重要的识别特征，从中室点起沿第 5 脉至外缘点（有时至外缘点外）。雌蝶反面斑纹更加明显。

观赏时间：5 月末至 7 月。

分布与海拔：欧洲至亚洲；中国东北。通常仅见于较高海拔的草原。

栖息地：高山草原。

寄生植物：老鹳草属 *Geranium* 植物。

生命周期：一年一代。以幼虫越冬。

十六、四爱灰蝶

中文名：四爱灰蝶

学名：*Aricia agestis*

英文名：Brown Argus

识别特征：小型棕色灰蝶（翅宽：2.5～3.1cm），后翅有橙黄色月牙形斑，有时前翅

也有。翅有白色缘毛。反面灰色，有点斑和月牙形斑，后翅近外缘处有明显白色点斑。

观赏时间：6～8 月。

分布与海拔：欧洲至亚洲；俄罗斯西伯利亚、中国东北。

栖息地：开阔林地和石楠草原。

寄生植物：牻牛儿苗属 *Erodium*、老鹳草属 *Geranium*、半日花属 *Helianthemum* 植物。

生命周期：一年两代。第二代幼虫冬眠，次年春季苏醒并恢复进食。

十七、蓝灰蝶

中文名：蓝灰蝶

学名：*Everes*（*Cupido*）*argiades*

英文名：Short-tailed Blue

识别特征：体型非常小（翅宽：2.1～3.0cm），后翅有细小的尾突。雄蝶正面暗淡紫蓝色，有黑色亚缘和白色缘毛。雌性浅棕色。反面浅蓝色，带小黑点。后翅后端有两个橙色和黑色的眼状斑。

观赏时间：6～8 月。

分布与海拔：几乎全球均有分布。大兴安岭低地可见。

栖息地：林间空地、灌丛和草原。

寄生植物：百脉根属 *Lotus* 植物，食整株植物。

生命周期：至少两代。淡绿色卵迅速孵化成虱形幼虫。蛹通过丝垫悬挂在植物上。以蛹越冬。

十八、琉璃灰蝶

中文名：琉璃灰蝶

学名：*Celastrina argiola*

英文名：Holly Blue

识别特征：小型淡蓝色灰蝶（翅宽：2.5～3.2cm）。正面闪亮淡蓝色。雌性前翅顶角色较深。反面呈均匀淡蓝色，有小黑点。

观赏时间：6 月、8 月，两代。

分布与海拔：全北界。大兴安岭低地

林区可见。

栖息地：阔叶、混交林地和林缘。

寄生植物：冬青属 *Ilex*、鼠李属 *Rhamnus*、越橘属 *Vaccinium* 植物。

生命周期：多至一年两（南方）代。以蛹越冬。

十九、东北灰蝶

中文名：东北灰蝶

学名：*Callophrys*（*Ahlbergia*）*frivaldszkyi*

英文名：Frivaldskyi's Hairstreak

识别特征：小型蓝色灰蝶（翅宽：2.2～2.5cm），外缘呈波状，后翅尾部呈独特的灯泡形。正面深天蓝色，翅缘略黑，反面浊棕色，有黑白色波状线。

观赏时间：6～7 月。

分布与海拔：俄罗斯西伯利亚、蒙古国、中国东北。

栖息地：森林和林间空地。

寄生植物：绣线菊属 *Spiraea* 植物。

生命周期：一年一代。以卵越冬。

二十、卡灰蝶

中文名：卡灰蝶

学名：*Callophrys rubi*

英文名：Green Hairstreak

识别特征：小型褐色灰蝶（翅宽：2.0～2.6cm），有特征性绿色，反面有一小排白色斑点。无尾刺。

观赏时间：6～7 月。

分布与海拔：遍布欧洲及亚洲的阔叶灌丛和林区。不常见于大兴安岭低地。

栖息地：阔叶林边缘的森林和灌丛。

寄生植物：悬钩子属 *Rubus*、茶藨子属 *Ribes*、越橘属 *Vaccinium*、山茱萸属 *Cornus*、野豌豆属 *Vicia*、车轴草属 *Trifolium*、鼠李属 *Rhamnus* 植物。

生命周期：春季产单个绿色卵。幼虫在整个夏季进食，蛹在地面越冬。蛹可能被蚂蚁收集带入地下蚁穴。

二十一、诚洒灰蝶

中文名：诚洒灰蝶

学名：*Satyrium w-album*

英文名：White Letter Hairstreak

识别特征：纤秀的暗褐色小型灰蝶（翅宽：2.3～3.5cm），反面有对比明显的白色“W”形纹，后翅后缘呈假头状，橙黄色横斑有黑色的边缘，假头具有黑色和蓝色的眼状斑及黑色的丝状尾突。

观赏时间：7～8 月。

分布与海拔：欧洲至亚洲；中国东北、日本。大兴安岭低至中海拔可见。

栖息地：阔叶混交林。

寄生植物：榆属 *Ulmus* 植物。

生命周期：一年一代。以卵越冬，次年春季孵化。

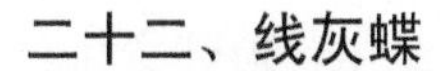

二十二、线灰蝶

中文名：线灰蝶

学名：*Thecla betulae*

英文名：Brown Hairstreak

识别特征：小型暗色灰蝶（翅宽：2.5～3.9cm）。雄性褐色，前翅有橘黄色斑纹；雌性体型较小，橙红色斑纹较少。反面橙褐色，有锯齿状的白线勾勒出的细巧的深色条纹。后翅尖端有两个（有时三个）橙黄色眼状斑，并具两个触角状尾突，一个显著，一个较小。

观赏时间：7 月末和 8 月。

分布与海拔：广泛分布于欧洲及亚洲温带林地。大兴安岭低地可见。

栖息地：阔叶林及林中空地。

寄生植物：李属 *Prunus*、梣属 *Fraxinus*、榆属 *Ulmus*、蔷薇属 *Rosa* 和一些豆科植物。

生命周期：卵产在树枝上，春季孵出。幼虫绿色。蛹红棕色。

二十三、艳灰蝶

中文名：艳灰蝶

学名：*Favonius orientalis*

英文名：Oriental Hairstreak

识别特征：漂亮的小型灰蝶（翅宽：3.0～3.8cm）。雄性闪光绿蓝色，雌性褐色。前翅有淡色斑块。反面灰色（雄性）或近褐色（雌性）并有白色“W”形斑纹，后翅臀角处有假眼状斑，臀角有触角。

分布与海拔：中国、俄罗斯远东、日本及朝鲜半岛的低地栎树林区域。

栖息地：森林及森林空地。

寄生植物：栎属 *Quercus* 及某些豆科植物。

生命周期：一年一代。以卵越冬。

第十二节　结论和建议

本章旨在使感兴趣的学生、保护地人员和游客能够识别从而在夏天更好地欣赏大兴安岭的蝴蝶。

本目录尚不完整，还有一些物种需要补充，且有一些物种的分类可能尚需修订，科学就是一个不断完善、增加知识以获得更好、更清晰的自然图景的过程。

对蝴蝶种群的监测使我们能够注意到更广泛的环境变化——气候变化、植被变化、火灾后的恢复，以及可能有助于使我们注意到该地区影响人类安全和福祉的其他变化因素。

第七章　大兴安岭地区湿地生态系统恢复

本章主要围绕着大兴安岭地区根河源国家湿地公园及多布库尔国家级自然保护区湿地生态系统恢复工作进行展开。首先，对国内外湿地生态系统恢复理论与实践进行综述，分析了国内外湿地恢复的发展动态，明确了国内湿地恢复存在的问题。其次，在全球环境基金（GEF）项目的大力资助下，在项目分包单位中国科学院东北地理与农业生态研究所的技术指导下，在根河源国家湿地公园和多布库尔国家级自然保护区相关领导及技术人员的大力配合下，分别对根河源国家湿地公园和多布库尔国家级自然保护区湿地生态系统湿地恢复技术与管理问题进行了总结。针对各个湿地生态系统所面临的问题与威胁，制定恢复目标和原则，确定具体的恢复方案，并对恢复工作进行后期的监测、评估和管理。对于根河源国家湿地公园，恢复工作重点主要放在园区内道路两侧不同湿地景观的连通上，采用填石暗沟（French drain）方法，通过挖沟、铺设透明景观织物、填充水洗石等措施，将根河源国家湿地公园内道路两侧湿地进行连通；对于多布库尔国家级自然保护区，通过开展回填、平整土地和铺设三维网，结合湿地土壤种子库恢复植被及设置涵洞等工作恢复，侧重点集中于矿坑及水利连通工作。最后，对恢复工作中所发现的问题进行了总结并提出了相关建议。

第一节　国内外湿地生态系统恢复理论与实践

一、国内外湿地恢复现状

湿地生态系统位于水陆交错地带，与环境间的空间异质性及与交错带的半渗透界面性质，使其具有独特的物理、化学、生物学结构和功能，控制着能量、物质和信息的流动过程。同时，湿地仅占地球表面积的6%，却拥有地球上已知20%的物种，是自然界最富生物多样性的生态景观和人类最重要的生态资本之一，无偿为人类提供各种资源（Erwin，2009）。

然而，湿地生态系统退化及破坏却比任何其他生态系统更为严重。以中国最大的以沼泽为主的湿地分布区——三江平原为例，大规模的农业开发和耕地开垦、农业水利设施的建设，改变了区域内水文格局，阻断了湿地补给水源，湿地萎缩和退化，湿地面积减少了近80%（图7-1）。

值得庆幸的是，退化湿地生态系统生态恢复研究目前得到国内外研究学者的普遍重视，加强湿地保护已成为国际湿地学界的共识，世界各国都在积极采取措施进行湿地的生态恢复。此外，对退化湿地的研究内容增多，研究领域也扩大了。发达国家如美国、澳大利亚、加拿大及欧洲各国退化湿地研究继续居国际湿地研究的领先地位，并且向复合型专家协作模式发展（崔丽娟等，2006）。

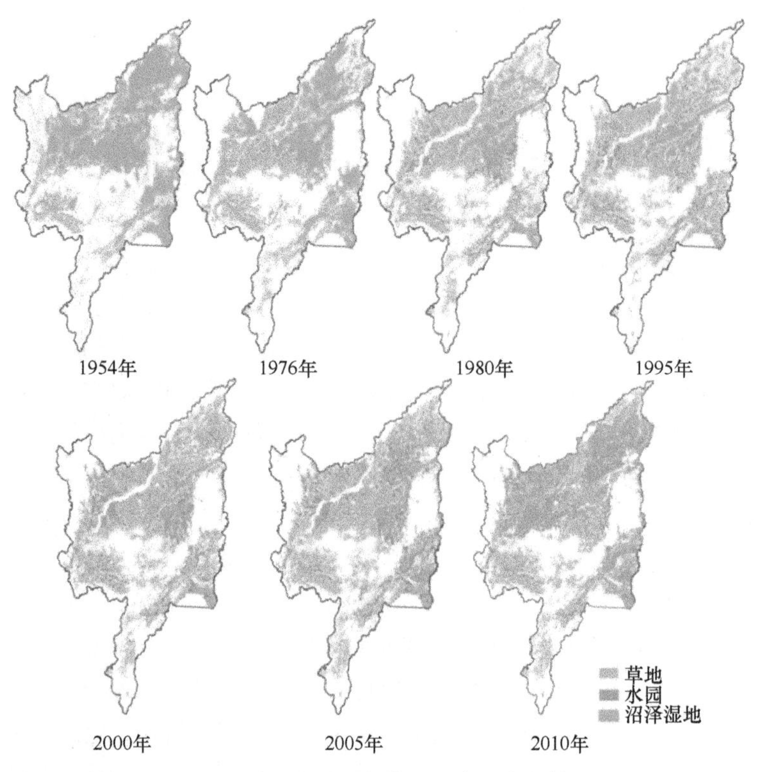

图 7-1 三江平原湿地面积变化（改自刘吉平等，2014）

恢复生态学的概念最早是 20 世纪 80 年代提出的，是指使受损生态系统的结构和功能恢复到受干扰前状态的过程（Aber and Jordan，1985）。但针对湿地的立法，美国早在 1977 年就颁布了第一部专门的湿地保护法规——《清洁水法案》。20 世纪 90 年代，湿地恢复在全世界范围内得以广泛发展，湿地生态价值被广泛接受和认可，全球湿地退化与丧失等问题也得到普遍关注。我国自商周时期开始对湿地有了认识，如《水经注》、《徐霞客游记》等对湿地进行记载和标注，已经被证实是最早开始介入湿地领域的国家，但是我们并没有最早认识到保护湿地的重要性，导致我国现在面临湿地破坏的严峻形势。根据国家林业局第二次湿地调查，中国湿地总面积 5360.26 万 hm^2，湿地面积占我国陆地面积的比例为 5.58%。与第一次调查同口径比较，湿地面积减少了 339.63 万 hm^2。近年来，国家林业局实行了抢救性保护湿地的政策，其中一个重要措施就是制定实施《全国湿地保护工程实施规划（2005—2010 年）》，投入 300 多亿元，开展了以恢复生态学理论为基础的国家湿地保护与恢复工程建设。最近 10 年，党和政府更加重视湿地保护工作，国务院批准了 2002～2030 年的全国湿地保护工程规划，专门下发了加强湿地保护管理的通知。十八届三中全会通过的《中共中央关于全面深化改革若干重大问题的决定》中也要求划定生态保护红线。随着“十二五”期间该项目的延续，为使有限的投入达到最佳的保护效果，其关键在于确定湿地保护意义显著且受人为干扰严重的湿地恢复优先区域，作为未来湿地保护和恢复工程建设的重点区域 （Wang et al.，2015）。因此，从流域及国家尺度上，依据上述原则确定湿地保护恢复优化格局及优先区域，是我国湿地保护宏观战略所面临的迫切需求。

目前相关研究主要集中于退化湿地生态恢复与重建、湿地退化机制和人工湿地构建理论研究，以及加强对退化湿地生态恢复与重建方法、技术和方案的示范推广等方面的探讨研究（Redfield，2000）。美国湿地修复最为成功的是 20 世纪 90 年代初实施的佛罗里达州大沼泽湿地修复及密西西比河上游的生态恢复。同时，Mitsch 和 Gosselink（2000）指出要进行湿地净化功能与环境容量的研究，以及湿地营养负荷、循环过程、转化规律、迁移途径及其与水体富营养化的关系的研究。澳大利亚 Capel 附近用于沉积稀有金属矿砂的湖泊群，通过种植水生植物，目前已被恢复为一个湿地生态系统（Chambers and McComb，1994）。利用恢复生态学理论，在充分考虑湿地生态系统的特点及功能的基础上，侧重于湿地生境恢复技术，提高湿地基质和基底恢复水平、湿地水文和土壤恢复水平。湿地修复研究的重点与难点是退化湿地的生态恢复关键技术。研究退化湿地恢复与重建的生物学与生态学基础、湿地演替规律，同时需注重湿地退化过程动态监测模拟与预报研究。在湿地生态系统管理方面，澳大利亚的湿地工作者通过研究湿地生态系统种群适应结构和数量动力学，采用生态技术控制系统中有害因素的发生和蔓延，规划与制定系统中合理开发利用生物资源的规模，从而保证湿地生态系统高效持续地发展。通过调整湿地生态系统组分的时空位置，对湿地生物生产力进行管理，这增强了光合作用强度，改变了收获方式，既最大限度地利用了初级生产，提高了不同营养级生物产品利用的经济效益，又维持了主要湿地生态过程，保护了遗传基因的多样性。

我国目前开展的湿地恢复工程基本上强调的是人为干预条件下的主动恢复模式，特别在退耕还湿、退田还湖政策等的背景下，陆续开展了一些大型湿地生态恢复项目，如三江平原、松嫩平原、鄱阳湖、洞庭湖、黄河三角洲、衡水湖、三江源、塔里木河与黑河流域等湿地恢复等。同时我国科学工作者在研究人工湿地生物群落的稳定性的基础上，应用生态学演替理论，通过科学实验与建立生态系统数学模型，研究人工湿地生物群落稳定性的最佳组合和技术措施，采用多级利用生态工程等有效途径，促进了湿地生态农业的发展，如基塘系统、稻-苇-蟹（鱼）系统等人工复合湿地生态经济系统走到了世界前列（李秀军等，2007）。

湿地主动恢复模式应在科学分析水体水系、水质、湿地动植物及其栖息地等不同湿地组成要素所面临的具体问题的基础上，针对河流、湖泊、沼泽和滨海等不同湿地类型恢复采取不同的主动恢复措施。但一个值得注意的问题是，国内一些有条件采取被动恢复模式的湿地恢复项目，为了争取国家更多的湿地保护恢复项目资金的支持，刻意采取更多的主动恢复措施，这不但导致人力、物力等资源投入的巨大浪费，而且甚至某些不合理、不科学的主动恢复措施很可能导致对湿地的“建设性”破坏。在恢复过程中，如果没有很好地采取生态监测及后效评估，就可能导致恢复湿地的不可持续性，乃至发生逆转，造成湿地的二次破坏。在湿地恢复实践和效果评估过程中，我国没有采取参照湿地的方法，对“参照湿地”的关注还停留在学术层面，因此，为科学评估及保障湿地恢复的有效性，应在全国范围内确定代表不同区域生态地理特征（不同气候、水文、地貌类型组合等）的湿地恢复参照系统（如包括但不限于具有代表性的湿地保护区）。湿地退化研究也仍停留在表象描述阶段，对退化的内在过程与驱动机制的认识不清，在湿地学科基础理论体系的构建和方法论等问题上还存在较多争议，尚未形成完善的湿地学科理论体系和方法论来指导湿地的科学研究、保护和恢复等工作。

二、原则

（一）主导性与综合性原则

对湿地的恢复应考虑到湿地的各个要素，包括水文、生物、土壤等要素。其中水文要素要优先考虑，因为水是湿地存在的关键，没有水就没有湿地。在补给沼泽湿地水源时，还要考虑到水质、水量、水温、水中悬浮物等的状况，及时实现对水质的监测分析，以免对沼泽湿地产生二次污染。在考虑水的同时，兼顾生物、土壤等要素，只有将湿地要素综合起来考虑，才可避免恢复湿地再次出现退化现象。例如，要恢复的湿地中存在一些濒临灭绝的动植物物种，它们的栖息地的恢复就显得非常重要；而作为人类水源地的湿地，其水质恢复应该优先考虑。

（二）可利用性原则

国内外的实践证明，湿地系统的恢复与重建是一项技术复杂、时间漫长、耗资巨大的工作。由于湿地系统的复杂性和某些环境要素的突变性，加之人们对湿地恢复的后果及最终湿地生态演替方向难以进行准确的估计和把握，因此这就要求对被恢复对象进行系统综合的分析、论证，查明湿地系统的空间组合，在恢复过程中尽力做到恢复与利用相结合，合理利用湿地，因地制宜，在最小风险、最小投资的情况下获得最大效益，在考虑生态效益的同时，还应考虑经济和社会效益，以实现生态、经济、社会效益相统一。总之，对湿地的恢复不能单纯从技术和理论上恢复，还要与当地的经济条件和现状相结合，恢复与利用保护相结合，才能使湿地的恢复具有实践意义。

（三）生态学原则

生态学原则主要包括生态演替规律、生物多样性原则、生态位原则等。生态学原则要求根据生态系统自身的演替规律分步骤进行恢复，并根据生态位和生物多样性原则构建生态系统结构与生物群落，使物质循环和能量转化处于最大利用和最优循环状态，要求达到水文、土壤、植被、生物同步和谐演进。

（四）恢复湿地的生境异质性原则

湿地恢复应尽可能多地在不同的水深和坡度下恢复多种本地植物，为野生动物提供栖息的小岛，因为空间异质性高的生态系统通常具有丰富的生物多样性，食物链更加丰富，从而生态系统也更加稳定。

（五）美学原则

湿地的恢复还要考虑到湿地的美学价值，包括最大绿色原则和健康原则，体现在其愉悦性、清洁性、可观赏性等方面。

（六）目标性原则

地域条件及社会、经济和文化背景不同，湿地恢复的目标也不同。有的目标是恢复到原来湿地的初始状态，有的目标是重新获得一个既包括湿地原有状态又包括对人类有益的新状态，还有的目标是完全改变湿地原有的特性，从而“再造”一个新型的沼泽湿地类型。因此，在退化沼泽湿地恢复重建时，应充分考虑区域的背景条件、自然生态特征、社会经济状况等因素，在查清东北湿地退化过程及退化的各种驱动力的前提下，根据相应的湿地恢复原则，建立适合本区域自然生态条件和气候条件的沼泽湿地的恢复目标。

三、基本理论与流程

（一）湿地恢复的基本理论

湿地退化和受损的主要原因是人类活动的干扰，其内在实质是系统结构的紊乱和功能的减弱与破坏，而在外在表现上则是生物多样性的下降或丧失及自然景观的衰退。湿地恢复和重建最重要的理论基础是生态演替。由于生态演替的作用，只要克服或消除自然或人为的干扰压力，并且在适宜的管理方式下，湿地是可以被恢复的。恢复的最终目的就是再现一个自然、自我持续的生态系统，使其与环境背景保持完整的统一性。不同的湿地类型，恢复的指标体系及相应策略亦不同。对沼泽湿地而言，泥炭提取、农业开发和城镇扩建使湿地受损和丧失。如要发挥沼泽在流域系统中原有的调蓄洪水、滞纳沉积物、净化水质、美学景观等功能，必须重新调整和配置沼泽湿地的形态、规模和位置，因为并非所有的沼泽湿地都有同样的价值（吕宪国，2004）。在人类开发规模空前巨大的今天，合理恢复和重建具有多重功能的沼泽湿地，而又不浪费资金和物力，需要科学的策略和合理的生态设计。

1. 自我设计与人工设计理论

自我设计与人工设计理论据称是唯一起源于恢复生态学的理论。湿地自我设计理论认为，只要有足够的时间，随着时间的进程，退化生态系统将根据环境条件合理地组织自我并最终改变其组分。Mitsch 和 Wilson（1996）比较了一块种了植物与一块不种植物的湿地的恢复过程，发现在前 3 年两块湿地的功能相似，随后出现差异，但最终两块湿地的功能恢复得一样。湿地具有自我恢复的功能，种植植物只是加快了恢复过程，湿地的恢复一般要 15～20 年。自我设计理论把湿地恢复放在生态系统层次考虑，未考虑缺乏种子库的情况，其恢复的只能是环境决定的群落。

而人工设计理论认为，通过工程方法和植物重建可以直接恢复退化生态系统，但恢复的类型可能是多样的。这一理论把物种的生活史（种的传播、生长和定居）作为湿地植被恢复的重要因子，并认为通过干扰物种生活史的方法就可以加快湿地植被的恢复。人工设计理论把湿地恢复放在个体或种群层次上考虑，恢复可能是多种结果。

2. 演替理论

随着时间的推移，生物群落中一些物种侵入，另一些物种消失，群落组成和环境向一定方向产生有顺序的发展变化，称为演替，主要标志为群落在物种组成上发生了变化；或者是在一定区域内一个群落被另一个群落逐步替代的过程。生物演替的过程取决于干扰强度、物种种类、营养物质、气候条件等。科学家给出的演替观点与湿地恢复最相关的有两种，即演替的有机体论（整体论）和个体论（简化论）。有机体论（Clements and

Rohr，2009）认为，植物演替由一个区域的气候决定，最终会形成共同的稳定顶极。个体论的代表人 Gleason 认为，植被现象完全依赖于植物个体现象，群落演替只不过是种群动态的总和。

3. 洪水脉冲理论

洪水脉冲理论是基于亚马孙河和密西西比河的长期观测与数据积累于 1989 年提出的河流生态理论。洪水脉冲是河流-河漫滩区系统生物生存、生产力和交互作用的主要驱动力。湿地中植物种子的传播和萌发、幼苗定居、营养物质的循环、分解过程及沉积过程均受洪水冲击的影响。洪水期间，河流水位上涨，水体侧向漫溢，河流水体中的有机物、无机物等营养物质随水体涌入滩区，受淹土壤中的营养物质得到释放；当水位回落，水体回归主槽，滩区水体携带陆生生物腐殖质进入河流，洪泛滩区被陆生生物重新占领。生物生产力在洪水循环中因过程的多变性得以提高，因此洪水脉冲对于维持遗传和物种多样性、保护特有的自然现象有重要意义。在恢复河漫滩湿地时，不仅要考虑洪水的不利影响，做好筑坝、排洪等准备，还要充分利用洪水的积极作用，如洪水中的营养物质、种子等。

4. 边缘效应理论和中度干扰假说

边缘效应是指在两个或两个以上不同性质的生态系统（或其他系统）交互作用处，由某些生态因子（可能是物质、能量、信息、时机或地域）或系统属性的差异和协同作用而引起系统某些组分及行为（如种群密度、生产力和多样性等）的较大变化。中度干扰假说是由 Connell 于 1978 年提出的，他认为一个生态系统处在中等程度干扰时，其物种多样性最高。湿地是水体与陆地的交错地带，水位波动频繁，物种多样性高，因而具有明显的边缘效应和中度干扰。边缘效应理论认为，两种生境交汇的地方异质性高而导致物种多样性高（Forman，1995）。而中度干扰假说认为，过度的频繁干扰不利于处于演替后期的要求较稳定生境的种类生存；干扰程度低时不利于处于演替前期的种类生存；而适度干扰情况下，可以维持湿地较高的物种多样性。湿地在生物地球化学循环过程中具有源、库和转运者三重角色，如何合理应用边缘效应和控制干扰程度，是在湿地恢复过程中需要考虑的。

（二）湿地恢复的基本流程

湿地的再造及恢复必须要考虑其可行性，然后确定恢复的目标、选择站点，查明湿地恢复的限制因子和有利条件，进行选择区的评价，建立具体恢复措施，拟定工作计划，最后对再造及恢复湿地进行监测，通过综合评价后对恢复的目标进行调整（图 7-2）。

1. 确定湿地恢复与重建的目标和地点

（1）确定湿地恢复与重建计划的目标

确定所恢复的湿地应具有什么样的功能和价值。恢复湿地形状和大小将受湿地恢复目的的制约。如果是要为水禽提供栖息地，那么一段不规则的岸滨加上一定面积的明水面和挺水植物区就够了。

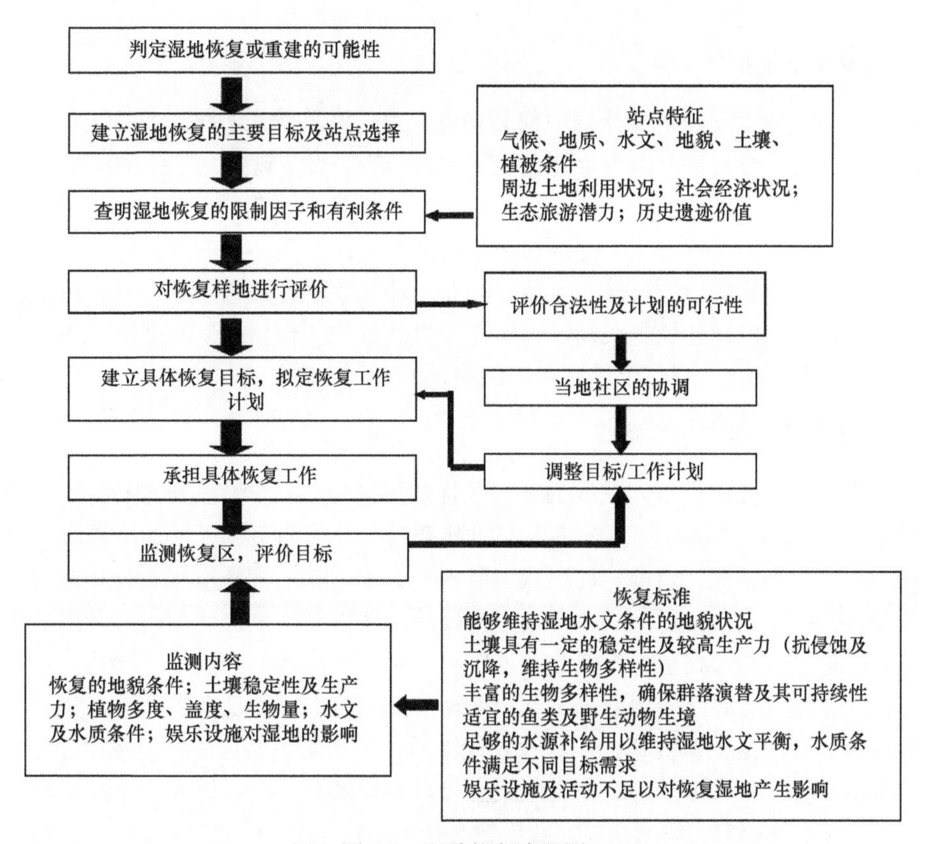

图 7-2　湿地恢复流程图

（2）地点评价

对湿地恢复地点的评价可以帮助确定恢复计划的可行性，并可确定该地点为计划提供足够的有利的环境条件。最主要的信息包括土壤类型、流域特征（面积、坡度、水量和水质等）、现有植被覆盖类型、邻近的土地利用方式、区域边界及鱼和水禽的栖息地评估（包括受威胁的种和濒危的种）。原来就是湿地的区域为湿地的恢复和重建能提供较好的条件。

（3）获得有关部门的许可和与其他部门、机构的相互协调

湿地恢复与重建工程往往涉及多个部门和利益主体，恢复湿地跨越多个行政管辖区域，特别是湿地生态系统水文情势的改变必然会对周围其他区域水资源的利用产生影响。因此，在确立湿地恢复与重建计划前，必然要获得有关部门的许可并与其他相关部门和机构相互协调。

2. 计划的设计和实施

计划有多种设计和实施的策略，一些最基本的能达到管理目的的选择如下：堵塞现有的排水系统；筑坝、修筑堤防和防洪堤；水文控制结构（控制流入流出的水量，包括溢洪道、管道、泵和地表排水道等）；挖掘；下层密封（在土壤透水性太强的情况下可能会出现过多的渗流，这时就必须对湿地底层进行密封）；种植植被（丰富多样的植物群丛是湿地功能的一个重要组成部分，湿地植被可以通过两种方式建立起来：自然入侵和人工种植）。

3. 监测和常规维护

在所有的湿地恢复和重建计划中都必须有湿地的监测，通过将监测所获取的数据与参照湿地数据对比分析，可以确定计划实施成功与否。许多恢复和重建的湿地并没有通过足够的监测工作来评估其成功与否。湿地恢复与重建的监测和评估要持续5年以上，其内容包括：年内的水位变化；湿地植被的恢复情况；野生物种的恢复状况；土壤剖面的发育情况；植物演替的形式等。如果监测显示计划的目标没有达到，就必须采取适合的纠正措施。为了保证计划的成功，也需要适当的维护工作。典型的维护工作包括缓冲带的维持、土壤侵蚀和沉淀的防止、对植被检查和护理等。

4. 湿地恢复计划的细节解释

湿地恢复计划可以在不同状况的湿润条件和生物地球化学特征下进行。除那些非常小的湿地恢复以外，大部分湿地的恢复与重建在进行具体的工程以前都必须有一个详细的恢复与重建计划和设计阶段。堤坝或水面控制必须依据工程标准来设计和建设，工程设计和建设必须安全、可靠，代价合理。在设计湿地恢复与重建计划时，必须收集以下相关资料：首先是地形资料，详细的地形图应展示出等高线的间隔、区域边界、突出的物理特征，必须绘出湿地的边界。湿地的恢复与重建地点必须是在水源供应充足且坡度平缓的地区。其次是土壤资料，在具有较低渗透性的土壤上湿地恢复与重建要容易些，因为只有很少的水分会渗透掉。如果区域土壤具有渗透性，在盆地内的挖掘不易达到地下水位，必须采取一定的堵塞措施。虽然黏土是最不透水的，但是由于黏土营养成分少，它不是最好的湿地表土，在这样的区域恢复湿地，必须移植合适的土壤到黏土的表面来覆盖黏土表土。最后是水文资料，湿地要发挥其功能，在一年的一定时期中必须要有一定的水，必须详细地计算湿地中水分的收支的年变化情况及水在湿地中的储存特征，水源包括降雨量、表面流、沟流、泉和渗流、地下水流和深层地下水的泵出等。水的流出包括蒸散量、土壤渗流、湿地流出水流等。

5. 项目技术路线

第一，通过文献检索、问卷调查和实地踏查的方式，分析大兴安岭区域典型湿地退化的驱动因素，明确湿地退化的类型（火烧迹地、矿山、改造后的水湿地等）、过程、阶段和原因，确定湿地退化的关键因子，评价外界扰动对重要生物栖息地和关键物种组成及分布造成的影响。

第二，根据根河源国家湿地公园和多布库尔国家级自然保护区两个示范点湿地的特点、功能定位、退化状况及人文要素，确定适宜的恢复区及生态系统类型和边界。

第三，结合生态恢复的目的及社会经济的需求，确定湿地生态恢复的目标和工作领域，选定优先恢复的生境类型和需保护的物种，制定适当的湿地生态恢复策略和指标体系，确定湿地恢复的类型、位置、原则、方法及目标。

第四，以先锋物种和顶极群落理论、群落自然演替理论、种间相互作用和适度干扰理论等为基础，以自然原则、社会经济技术原则和美学原则为前提，根据栖息地的功能及物种的濒危程度确定优先保护对象，分析恢复区的基本水文地貌条件，针对不同的对象采取差异化的恢复和保护措施，分析恢复策略的可行性，并对恢复方案的经济生态风险做出评价，确定适宜的恢复方案。

第五，利用微地貌改造技术，修复湿地的基底结构；利用水文连通恢复技术对湿地连通性进行修复；利用人工巢技术，为野生动物设置建巢树木、站杆、枯立木；利用种子库、克隆繁殖及水文管理技术，加速湿地植被恢复；通过实施上述恢复工程，恢复退化湿地栖息地，进而恢复湿地功能。

第六，通过生态恢复的后续监测、预测与评价，优化方案设计，提出最佳恢复方案。

具体的技术路线图如图 7-3 所示。

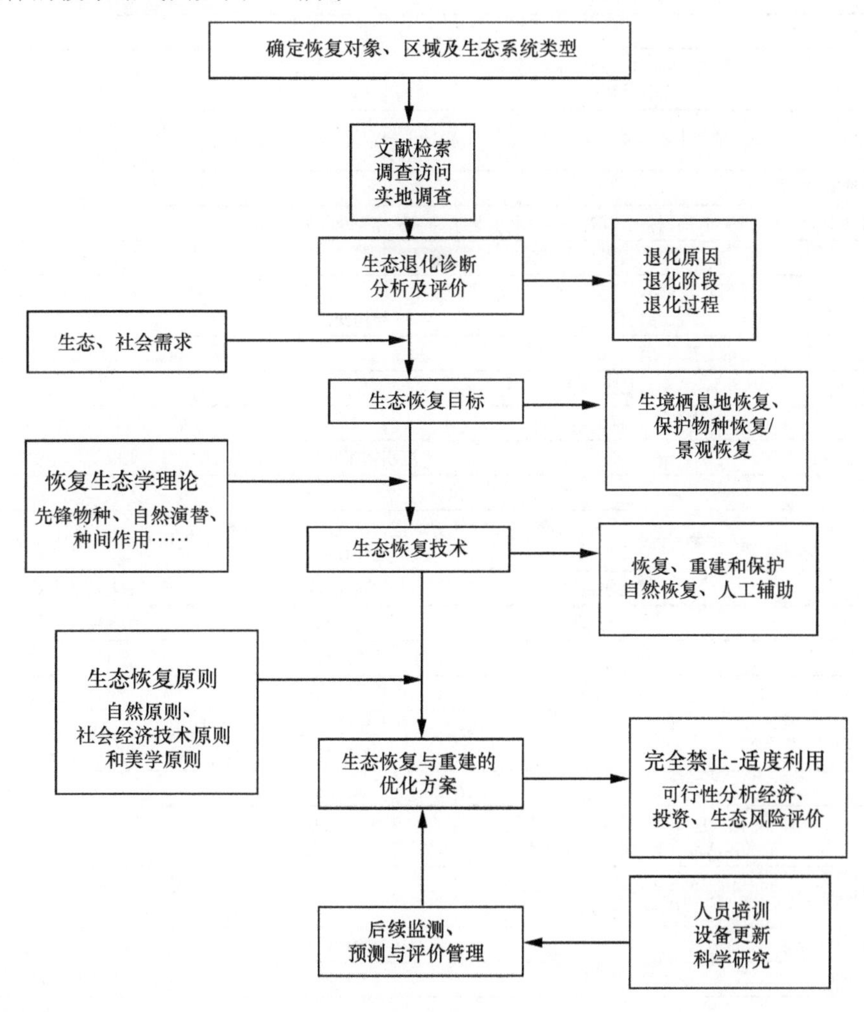

图 7-3　湿地恢复技术路线图

（三）恢复湿地监测参数及监测方法

恢复湿地监测参数及监测方法如表 7-1 所示。

（四）湿地恢复的关键方法与技术

不同的湿地类型，恢复的指标体系及相应策略亦不同。就沼泽湿地而言，泥炭提取、

表 7-1 恢复湿地监测参数及监测方法

监测特征	通用方法	定性方法	定量方法
		一般特征	
位置	地形图		
湿地类型	拉姆萨尔公约	具体分类	
周围土地利用	评估土地利用率（%）	评估各种土地利用率（%）	评估土地利用率（%）
湿地面积	确定湿地边界及面积		利用地形图确定湿地边界及面积
坡度	按一定的梯度测量坡度		测量高程
微地貌	沿着湿地剖面按照每米或每英尺测量高程		沿着湿地剖面按照每米或每英尺测量高程
		水文	
水深	地表水：水位计；地下水：潜水井或槽形 PVC 管	地表水：水位计；地下水：潜水井或槽形 PVC 管，读数	地表水：水位计；地下水：潜水井或槽形 PVC 管，自动记录
水文情势	在地图上确定流动路径或渠道	在地图上确定流动路径或渠道	定期观测或利用遥感影像确定流动路径或渠道
流动速率	流入流出		
间接观测	记录高水位标记及漂流物堆积线	记录高水位标记及漂流物堆积线	
		土壤	
土壤深度	挖到紧实土壤，监测土壤颜色及结构变化	挖到紧实土壤，监测土壤颜色及结构变化	挖取土壤柱到紧实土壤，分析土壤层次，测定土壤理化性质
土壤颜色	确定基质颜色、锈斑、斑纹		确定基质颜色、锈斑、斑纹
土壤质地	三角形质地分类		
有机质	实验室分析，包括土壤水分含量		实验室分析，包括土壤水分含量
沉积物	高度	沉积物深度变化	每年采取沉积物柱供分析
		植被	
物种多样性	物种调查/记录位置	查明普通物种，注意无法确定的物种数量	查明所有物种，本地种及非本地种
盖度	记录植物的盖度	记录植物的盖度	沿着样带收集样方数据，计算盖度
幸存种	幸存物种的数量	幸存物种的数量	幸存物种的数量
高度		测量植物平均高度	随机测量高度
结构		优势种的结构	进行统计分析
繁殖		确定每年优势种的开花结果时间及数量	随机确定每年优势种的开花结果时间及数量
		动物	
观测	记录直接或间接观测野生生物（包括鱼、无脊椎动物）的数量	记录直接或间接观测野生生物（包括鱼、无脊椎动物）的数量	
生境评价	利用生境评价流程或用于被选择物种的可比较方法		利用生境评价流程或用于被选择物种的可比较方法
物种多样性和丰富度	样带法	记录鸟类物种及其数量	利用诱捕法，计算 spp.
幸存种	幸存物种的数量	幸存物种的数量	幸存物种的数量
繁育成功率		记录幼鸟繁育数量	利用定点或调查法确定幼鸟或繁育数量动物的百分比
稀有种			通过保护区或其他相关部门进行调查
		水质	
水样（pH、盐度、营养物、污染物、重金属等）	湿地恢复工程结束，测定水样主要成分	平均状态	季节变化
沉积物水平		透明度	实验室分析

农业开发和城镇扩建使湿地受损、丧失。如要发挥沼泽在流域系统中原有的调蓄洪水、滞纳沉积物、净化水质、美学景观等功能，必须重新调整和配置沼泽湿地的形态、规模和位置，因为并非所有的沼泽湿地都有同样的价值。在人类开发规模空前巨大的今天，合理恢复和重建具有多重功能的沼泽湿地，而又不浪费资金和物力，需要科学的策略和合理的生态设计。

就河流及河缘湿地而言，面对不断的陆地化过程及其污染，恢复的目标应主要集中在洪水危害的减小及其水质的净化上，通过疏浚河道，河漫滩湿地再自然化，增加水流的持续性，防止侵蚀或沉积物进入等，从而控制陆地化，通过切断污染源及加强非点源污染净化，河流水质得以恢复。而对于湖泊的恢复并非如此简单，因为湖泊是静水水体，尽管其面积不难恢复到先前水平，但其水质恢复要困难得多，其自净作用要比河流弱得多，仅仅切断污染源是远远不够的，因为水体尤其是底泥中的毒物很难自行消除，不但要进行点源、非点源污染控制，而且需要进行污水深度处理及生物调控。

对于海岸湿地来说，主要发育在河口湾和滨海区边缘，人为筑堤防潮、大规模农业开发及油田开采，致使海岸湿地受到破坏，目前的恢复目标主要是加强对近海海域水质环境质量及水产资源的保护，对水产资源开发利用进行合理规划；尽可能退耕还苇还草，以增加自然湿地的面积；加强沿海防护林体系建设，以抵御台风、风暴潮、潮汐和海流对海岸或海岸堤坝的侵袭等。

1. 水质及水量恢复

（1）对于水质而言

第一，来自于岸线侵蚀、相邻地区过多的沉积物及营养物。

恢复方法：采取生物措施，防止周边地区及岸线侵蚀；利用缓冲带；利用人工湿地固定沉积物；改变周边地区农业利用方式。

第二，如果恢复区的湿地水质有污染物，检测上游的水补给或者相邻地区的废水排放情况，以及其他的管道、沟渠、工农业排放区、非法堆放垃圾场等。

第三，如果发现潜在的污染源，与政府协调进行清除。对于污染严重的地方可以求助于专业人员进行清除。

第四，如果污染源无法清除，可以采用以下办法减小影响：尽量减少暴雨径流的污染，如安装暴雨收集装置、暴雨集中管理等；利用植被缓冲区减少来自于其他相邻或上游地区的污染物、沉积物；选择可以容忍目前污染条件的植物物种，修建水池或其他结构调整水流路线，利用自然作用减缓污染；唤起公众意识，减少污染物、化肥的排放。

（2）对于水量而言

第一，修建沟渠、道路、堤坝。

恢复方法：填充沟渠；修建桥梁等代替道路；重新规划水资源管理。

第二，湿地水文恢复或改变。

恢复方法：尽量减少导致湿地水文情势改变或水量减少的活动，主要措施包括去除堤坝或其他控水设施；填充沟渠；去除路堤。

第三，水资源不足。

恢复方法：挖沟引水；从其他地方泵水；安装管道引水。

第四，安装设施控制水位。

恢复方法：主要包括具有自动或手动闸门的排水渠；拦河坝。

2. 土壤基质恢复

第一，土壤沉积物增多。

恢复方法：去除沉积物。

第二，土壤退化：由于地下水下降，有机物质分解，土壤侵蚀产生的土壤退化。

恢复方法：利用洪水泛滥产生的自然沉积；采取生物措施，减小土壤侵蚀。

第三，由工业、生活垃圾等造成的土壤污染。

采取的措施：去除污染物；覆盖表土；生物措施；化学措施等。

第四，基质高度调整。

恢复方法：允许自然沉积物沉积（被动方法）；如果基质地势太低，移入合适的沉积物/土壤（主动方法），土壤可以来自于高坡、淤泥堆积场等；如果基质地势太高，挖掘到要求高度。

第五，用于恢复或改变土壤基质的典型活动。土壤退化或者缺乏营养物、有机质或其他土壤成分（湿地重建时经常面临这样的问题）。

恢复方法：保持原样，观察什么样的植物在该区生长；土壤修复，增加土壤肥力；利用已被破坏的湿地土壤进行覆盖。

3. 生物恢复

第一，由于生境改变，生物多样性丧失。

恢复方法：利用自然过程恢复，增加动植物栖息生境，正确引入物种。

第二，由于水文条件、土地利用方式改变，外来种入侵导致本地种的丧失。

恢复方法：防止水文条件改变，去除外来种。

第三，健康的湿地生物群落建立。

湿地边缘地区的植物物种可以提高生物多样性，同时可以作为缓冲区，也可以作为野生生物的栖息地、觅食地，防止侵蚀控制等。

重要物种的巢位及生境的建立，特别是稀有物种，可以利用巢箱或垒巢平台、高的栖息地、小岛、食物、灌木丛及高杆等。

4. 景观恢复

建立与其他生境相连接的通道（连接更大水体的通道，连接野生生物避难所的森林廊道）。

方法主要有：麦秆；覆盖或打包；纤维毯；植被覆盖；带有干草包的塑料沉积栅栏（确保它们不再停留原地或被冲入下游）；一旦重建完成，在土壤没有完全恢复之前，尽量减少洪水的影响；保护恢复区长期的侵蚀（许多方法）产生一个坡度，要与参考湿地相同。

第二节　根河源国家湿地公园湿地恢复

一、湿地生态系统面临的问题和威胁

如何设计和进行湿地恢复是一个科学决策过程，包括目标设立、过程设计、工程实施和生态监测等各个环节。对于湿地恢复而言，首要的工作是明确各主要问题的特征并确立一个或若干议题，将其作为主要的针对性问题，以确立必须采用的措施和技术。

只有透彻了解景观特征以后，才能理解湿地的类型、功能，以及湿地是如何与邻近的生态系统发生关系的。一旦明确了湿地地形、湿地形态和自然作用的模式及基本特征后，就能根据生态承载力做出规划设计。

通常，湿地现状评估的主要内容包括以下几方面（表 7-2）。

表 7-2　湿地现状评估要素

属性	评估内容
气候	温度、湿度、降水量、风速、风向、风期、首末次霜冻、雪、霜、雾、逆温、飓风、龙卷风、海啸、台风等
地质	岩石、年代、形成、规划、剖面、特性、地震活动、岩崩、泥崩、基岩
水文	淡水来源、潮汐、波浪、水井、水量、水质、地下水位
地形	区域地形、地形特征、等高线、剖面、坡度、坡向、数字高程模型
植被	组成、群落、物种、分布、物种数量、珍稀濒危物种、火灾历史、演替
野生动物	栖息地、动物种类、数量、普查资料、珍稀濒危动物、科研和教育价值
人类	聚落类型、土地利用现状、基础设施现状、经济活动、人口特征

通过多次对根河源国家湿地公园进行调查，结合湿地生态和环境的退化程度、当地管理者的意愿、各问题之间的关联性等，研究者发现根河源国家湿地公园面临的问题主要如下。

内蒙古根河源湿地基本处于原生状态，是自然形成的多类型、多层次的复杂生态系统。但湿地生态系统也是十分脆弱的，由于自然因素及人类活动的影响，全球气候变暖，天然补水不足，湿地干涸，植物残体和淤泥的沉积会使湿地萎缩和陆地化。一旦破坏，将导致湿地的迅速萎缩及退化，加剧区域的生态环境恶化。更为严重的是，湿地生态系统的破坏在许多情况下是不可逆转的，即使经过治理使其恢复也要经过相当长的时间，需要付出巨大代价。

（一）自然因素

1. 冻土退化

多年冻土的存在是维护该区寒温带针叶林森林生态系统和湿地环境的关键，同时寒温带地区又是受气候变化影响最显著、响应最灵敏的地区。随着全球变暖和人类活动的增加，该区域冻土南缘北退、上限下降、冻土厚度变薄，其隔水板作用减弱，冻土退化。

2. 湿地退化

受气候变暖等全球性气候变化的影响，根河上游来水量减少，自然湿地面积日益紧缩，服务功能有所降低。此外，该区域受 20 世纪水湿地改造活动的影响，原有的大面积湿地已经退化，现分布着大面积的灌草，另外还有大面积的火烧迹地，现在也多为灌草地，部分区域湿地景观有所改变。

（二）人为干扰

1. 湿地栖息地人工造林

大面积开阔的湿地栖息地特别是根河源国家湿地公园曾经为了增加森林覆盖率而种植了大量的人工针叶林（占整个湿地公园面积的 1/10），这不但导致了湿地生境退化，而且树木矮小，不具商业价值。

2. 保护地内路旁采石场及其他工程施工遗迹干扰

为修建道路，保护地内道路两侧的石料被人们大量地开采，根河源国家湿地公园内现有约 300km 长的采石痕迹。在道路修建完成之后，这些浅层采石场并未得到恢复，使得游客在区内经常可见这些大大小小的采石留下的矿坑。

3. 灌草地广布及存在大面积火烧迹地

根河湿地生态系统大部分被森林所覆盖，存在引发自然火灾的条件。林中有较多的粗木质残体和沉积的干枯枝叶，长期的天气干燥导致地面温度升高，引起自燃，在受到雷击时也可能引发林火，造成大面积火烧迹地（图 7-4）。

图 7-4　火烧迹地景观

4. 野果采摘现象

根河源国家湿地公园拥有丰富的林下资源，有珍稀植物、中草药、野生浆果、天然菌类等，具有巨大的经济价值和较高的利用价值。但在开发利用过程中，存在盲目开发、资源浪费及采摘过程中对周围植物、湿地生境的影响与破坏现象。

5. 道路水系隔断问题

林区旧采伐时期存在木材采伐、道路建设、修路取料等人类活动，阻断了根河源国家湿地公园部分水湿地的水系连通，造成道路两侧部分土壤板结。同时道路的分割将自然湿地生境切割成不同的湿地斑块，如图 7-5 所示。然而，分布系统的连续性是湿地生态系统存在和长久维持的重要条件。道路建设等人类活动分割了湿地生物的活动领地，阻断了部分水湿地物质和遗传信息的交流，影响了生物的生存环境，造成种群数量减少、物种退化，最终导致湿地生态系统的不稳定性和脆弱性。

图 7-5 道路两侧不同景观

6. 部分区域生境破碎化

根河源国家湿地公园内道路修建，不可避免地将把部分森林切断，呈现显著的片段化或岛屿化状态，不利于野生动植物的迁徙、扩散、种群交流等。拟通过改善廊道及核心区生物多样性保护的管理，促进根河源国家湿地公园区域可持续发展，恢复并维持根河源国家湿地公园的生态完整性。

通过与根河源国家湿地公园当地工作人员、林业部门人员及当地老百姓的交流、访谈，该区域的野生动物主要有驼鹿、野猪、狍、雪兔、驯鹿等，廊道建设要有利于这些野生动物的迁徙与生活。

（三）非遗文化的保护与传承

位于根河源国家湿地公园延伸区的敖鲁古雅鄂温克族，是中国最后一个狩猎部落，是中国唯一饲养驯鹿的少数民族。鄂温克民俗文化（图 7-6）和桦树皮制作技艺 2 个项目已经被列入国家级非物质文化遗产。如此独特的民俗文化珍品留存于根河，令人叹服，也更应当引起更多的关注与保护，由此实现对文化的保护与传承。

图 7-6 鄂温克民俗文化

二、确定恢复目标

在退化沼泽湿地恢复重建之前，项目组成员充分考虑区域的背景条件、自然生态特征、社会经济状况等因素，在查清内蒙古根河源湿地退化过程及退化的各种驱动力的前提下，根据相应的湿地恢复原则，建立适合本区域自然生态条件和气候条件的沼泽湿地恢复目标。恢复的最终目的就是再现一个自然、自我持续的生态系统，使其与环境背景保持完整的统一性。

对于根河源国家湿地公园而言，通过湿地恢复计划的实施，实现以下主要目标。

第一，使根河源国家湿地公园内恢复的栖息地面积增加。

第二，改善栖息地及其功能与质量。

第三，增加生态系统多样性和乡土动植物种类。

第四，提供休闲娱乐功能，改善河道。

第五，保护文化资源和遗产资源及其价值。

三、恢复原则

自然湿地的结构和功能是紧密相连的。当重建自然结构（如生物群落或者水文结构）时，其功能往往也得到相应的恢复。在最早期的湿地恢复项目中，通常只以湿地植被覆盖面积作为湿地恢复成功的标准，而忽略了湿地的自然群落特征及其实际功能。

湿地功能在生态恢复目标中的重要性，导致湿地恢复具有因地制宜、因目标而异的复杂性。在实际工作中，湿地丰富的功能不可能被面面俱到地兼顾。为了提高湿地恢复的社会和经济效益，同时利用湿地的自我组织、自我调节能力以增加复原速度，必须确立需要优先恢复的功能，并将这些功能的复原程度作为检验湿地恢复是否成功的标准之一。

在确立湿地恢复的功能性目标时，通常需要遵循如下原则。

第一，因地制宜原则。针对导致湿地退化的原因设立生态恢复目标。对根河源国家湿地公园现状进行整体分析，以专业眼光挖掘湿地公园的特点和优势，以此确定设计准则。应尊重湿地公园的发展过程，在一定程度上保存地段的历史信息。尊重根河源国家湿地公园的风景资源，挖掘地域特点，运用地方材料，各类要素应通过设计因地制宜地加以改造利用。在降低恢复费用的同时，营造出不可复制的湿地公园。

第二，恢复目标具有明确性、可操作性和可衡量性原则。湿地生态恢复的目标必须具有明确性、可操作性和可衡量性。没有明确目标的湿地恢复是难以成功的。湿地恢复的监测必须有明确的可衡量或测量的评估因素，以便能够及时发现问题并采取调整措施。

第三，增强湿地的自我维持功能。要确保所恢复湿地的长期稳定性，最好的方法就是增强其自我维持功能，以降低人为辅助工作在湿地发育和演替中的作用，这是湿地生态完整性的体现，也能够降低湿地管理成本。

第四，慎重选择物种。尽可能选用乡土物种和同一气候带的物种，由于湿地植物具有耐淹、耐盐或耐贫瘠的特性，因此湿地植被具有隐域性植被的特性。在湿地恢复时，必须分析所种植物种的生态位和共用同一生态位的其他物种的数量，并预测该物种的扩散速度。如果该物种在湿地中缺乏竞争对手和天敌，就必须考虑用其他物种或采取控制性措施。

第五，行政与管理模式优化原则。湿地生态系统的恢复与治理是一项涉及多学科多部门的复杂工程，为了保障工程的顺利进行，不仅要从技术层面上提供一系列的策略和具体措施，还要从行政管理和开发运营管理方面提出相应的保障措施，杜绝很多规划在没有政策引导的前提下而提前夭折的悲剧。

四、恢复方案

（一）湿地恢复的选择

根据恢复样地湿地退化的程度及湿地类型，共有三种恢复选择（图 7-7）：狭义上的恢复（restoration）、复原（rehabilitation）和重建（recreation）。

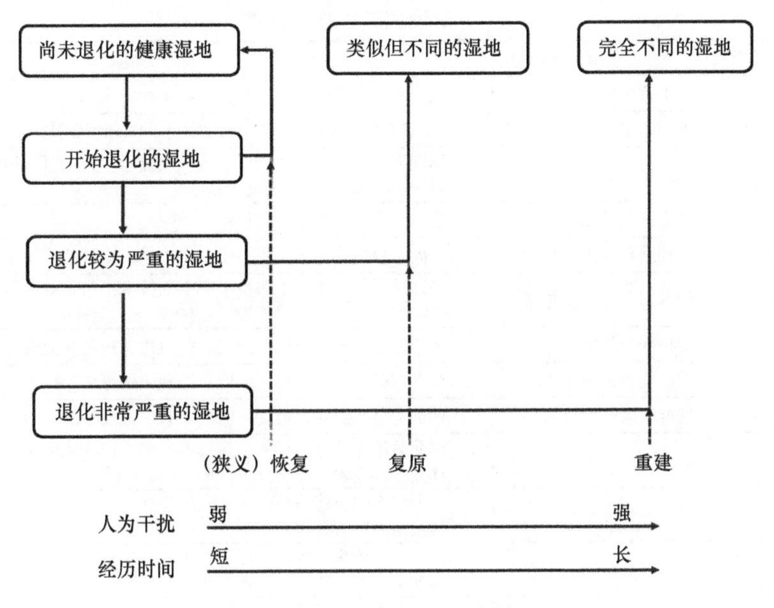

图 7-7　湿地恢复的三种选择

第一，狭义的恢复，即调整并恢复湿地的水文过程和生物过程，可能需要采取原有群落恢复的措施，包括物种引入等，最终恢复生态系统的活力和自我维持能力。

第二，复原，通常针对若干目标物种或生态系统的某一项服务功能，在较短的时期内通过调整生态系统管理策略来完成。

第三，重建，即构建一个新的湿地类型，这种情况通常发生在水文条件已经无法恢复的情况之下。

在着手进行湿地恢复之前，必须在这三种恢复选择中选择一种，选择的最主要依据就是湿地退化程度，即湿地退化的程度越轻，就越容易恢复为与原先一致的湿地，随着湿地退化程度的加重，通常就只能恢复部分结构和功能，但是需要付出更多的投入，包括人为引入目标物种，改造地形以恢复类似湿地的水文特征等。重建湿地是投入最多的恢复选择，所针对的湿地往往是已经极度退化或者无法满足原有湿地类型的外部条件。水文状况的根本性改变是促使管理者采用重建湿地的重要原因。

对于根河源国家湿地公园，采取狭义上的恢复为主，即借助湿地生态系统本身的自我维持和自我恢复能力，尽可能清除系统内的人为干扰并恢复湿地的水文状况，然后通过植被的更替来逐步恢复湿地。

（二）湿地恢复技术

首先要在邻近地区寻找一个未受干扰、各方面情况相似的现存参考湿地（reference wetland）作为参考系统，并从中取得水文体系、植被、野生动物等信息，为湿地恢复做好资料和信息准备。

从生态系统的组成成分角度看，恢复主要包括非生物和生物系统的恢复（表 7-3）。湿地恢复方案具体从水体、基质（土壤）、植被、栖息地和景观等恢复技术进行阐述。

表 7-3 湿地生态系统恢复体系

恢复类型	恢复对象	技术体系	技术类型
非生物环境因素	土壤	水土流失控制与保持技术	坡面水土保持林、草技术；土石工程技术
		土壤污染控制与恢复技术	土壤生物自净技术；移土客土技术；深翻埋藏技术；施加抑制剂技术
	水体	水污染控制技术	物理处理技术（引水冲污、底泥疏浚技术）；化学处理技术（投加絮凝剂、沉磷剂）；生物处理技术
		水文恢复技术	筑坝；修建引水渠；直接引水
生物因素	物种	物种选育与繁殖技术	基因工程技术；种子库技术；野生生物物种的驯化技术
		物种引入与恢复技术	先锋种引入技术；土壤种子库引入技术；乡土种种苗库重建技术；天敌引入技术；林草植被再生技术
		物种保护技术	就地保护技术；迁地保护技术；自然保护区分类管理技术
	种群	种群动态调控技术	种群规模、年龄结构、密度、性别比例等调控技术
		种群行为控制技术	种群竞争、他感、捕食、寄生、共生、迁移等行为控制技术
	群落	群落结构优配置与组建技术	林灌草搭配技术；群落组建技术；生态位优化配置技术；林分改造技术；择伐技术；透光抚育技术
		群落演替控制与恢复技术	原生与次生快速演替技术；封山育林技术；水生与旱生演替技术；内生与外生演替技术
生态系统	结构功能	生态评价与规划技术	土地资源评价与规划；环境评价与规划技术；景观生态评价与规划技术；3S 辅助技术
		生态系统组装与集成技术	生态工程设计技术；景观设计技术；生态系统构建与集成技术
景观	结构功能	生态系统间链接技术	生态保护区网格；城市农村规划技术；流域治理技术

1. 水体

水文条件是决定湿地形态和功能的主要控制机制，水文状况是影响湿地恢复成败的首要因素。水文条件主要包括地表水和地下水的输入与输出（图 7-8）、水位、土壤饱和及洪泛的持续时间与频度。

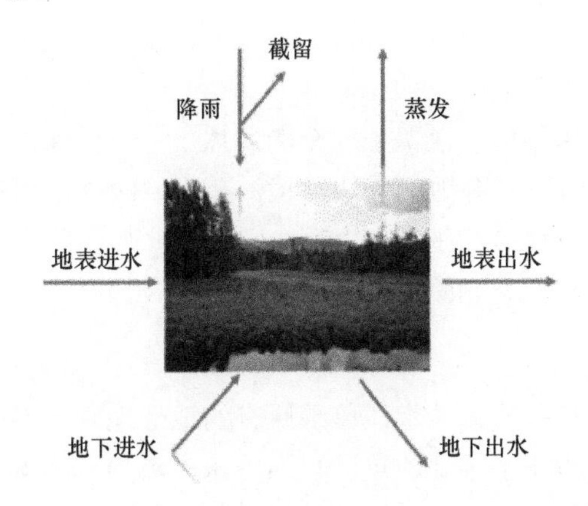

图 7-8　湿地进出水常见情况

（1）水源保护

确定湿地恢复的主要水源至关重要。根河源国家湿地公园位于根河的上游区域，是重要的水源地，要加强对水源地的保护。尤其对于湿地保育区，限制一切游人进入，在湿地保育区四旁注明界限，树立标牌、宣传牌等；落实管护人员，分片划段；明确责任区，制定严格的保育管护制度。控制好污染源，不准堆放有污染的物质，防止和减少各种污染。

此外，水源涵养林是调节、改善水源流量和水质的一种防护林，能够保持水土和涵养水源。根据《水源涵养林工程设计规范》，东北地区主要适宜树种为红松、落叶松、樟子松、云杉、胡桃楸、水曲柳、黄菠萝、蒙古栎、辽东栎、椴树等。在公园内营造针阔混交水源涵养林，其中除主要树种外，还要考虑合适的伴生树种和灌木，形成混交复层林结构，同时选择一定比例的深根性树种，加强土壤固持能力。在根河众多支流处建设水源涵养林，湿地公园上游水源涵养林面积约为 $20hm^2$。

（2）加强水质污染监测

尽管湿地具有吸收或者处理污染物质的功能，但是来自周围环境的化学污染物质会毁掉湿地净化水质的能力并改变湿地的特性。自然降水及冰雪融水为湿地公园最主要的水资源补充。根河源国家湿地公园自然环境好、水质优，达到国家 I 类水体标准。但在前期调查过程中，部分区域也存在水质污染的状况。

因此，在湿地公园建立 5 处水环境监测点，并设立相应的标志，利用环境监测设备，做好水质监测工作，采取必要的控制排放措施对该区域及相关邻接区域进行水生态与环境保护。

（3）水量

根河还是国际河流额尔古纳河最大的支流之一，担负着额尔古纳河水量供给和水生态安全的重任，水量控制意义重大。根河流域某些河道由于靠近村庄或者建筑物等，河流分叉，河水分流两股，中间形成河洲，有主次河道之分，而往往次河道有淤塞断流的趋势。这就需要在适当的地方对淤塞的次河道进行疏通，使河水保持通畅，恢复河流的自然形态，总疏通河道长度约为 10km。这样，次河道不会消失，水流流速和缓，河岸植被也得到了充分滋养。而汛期来临，河道变深也有利于河道的行洪，起到“深淘滩、低作堰”的作用，省去人力、物力和财力。河道疏通要趁枯水季节进行，可以减少工程量，增加技术可行性。

当雨季（7～8 月）来临时，在保证安全的前提下，尽量保留蓄水，扩大滞洪区湿地面积，进而改善和美化滞洪区湿地的周边环境。在春秋两季，利用滞洪区与湿地生境的连通适当增减水量以促进动植物生长、繁衍。同时还要加强防洪设施的管理工作，建立水灾预警及防灾指挥系统，编制防洪预案。

2. 基质

在整个园区的地形及基质设计上，尊重原有的地形地貌，不作大的改动，仅将以前形成的排水沟填平，以防止水湿地改造区自然降水的流出，为湿地恢复提供条件。

对于根河源国家湿地公园，部分道路的分割将自然湿地生境切割成不同的湿地斑块。根据前期实地考察及咨询相关专家，由于道路本身的存在，结合当地实际情况，采用填石暗沟（French drain）（图 7-9）——一种亚表面排水系统来进行湿地的连通修复。具体操作步骤如下。

不同于表面排水系统，填石暗沟方法是从亚表面进行水系连通。这是一种简单且很实用的构造，用来将水引排到需要的地方，过程简单。

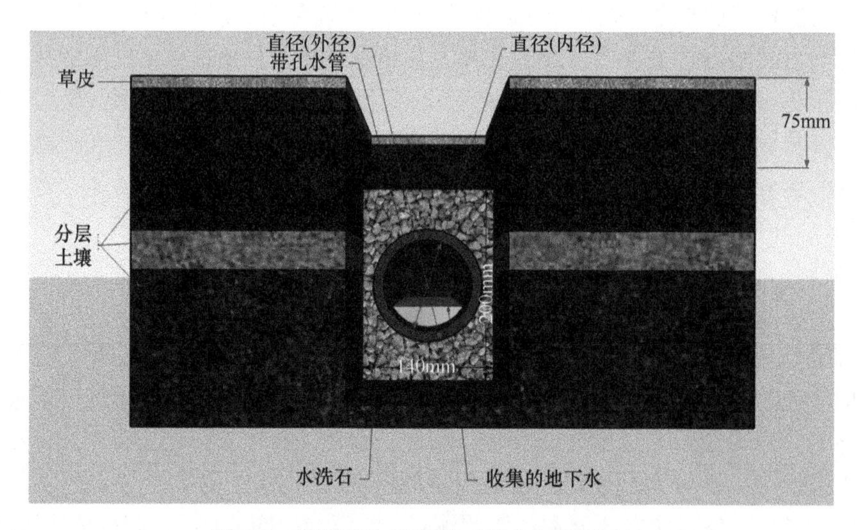

图 7-9　填石暗沟示意图（引自维基百科）

（1）规划与准备

第一，确保安全的地下挖掘环境。

根据前期调研情况，选择根河源国家湿地公园计划挖掘的路径与点，尽量避开灌木、树木的根系区域；同时考虑道路两侧计划引用水源的大小、可能的最大流量、水源是否受到污染等潜在因素的影响。

第二，构建斜坡。

为了达到良好的效果，所要构建的填石暗沟需要有一定的倾斜度。研究表明，1°倾斜效果最好。

第三，准备工具和材料。

若干透水的景观织物：保证水能够通过，但土壤和根系不能通过。这样可以保持排水沟及管道清洁，避免进入的土壤、淤泥和根系等堵住排水沟及管道等，或者可以直接选用带有织物的 ADS 多孔管。

多孔塑料排水管道：管道直径大小取决于具体排水区域及排水沟的大小。可以选择可活动的排水管，也可以选择硬聚氯乙烯排水管（价格贵一些，但是结实且易于疏通）。排水管道直径不宜太粗，建议不超过 20cm。

水洗排水石：具体水洗石的数量取决于排水沟的大小及数量，可以利用网络水洗石计算器（http://www.onlinegravel.co.uk/calculators/）根据排水沟的深度和宽度来估算所用水洗石的数量。

工具：如果采用人工挖掘，需要准备铁锹或锄头等，也可以租赁挖掘机进行挖掘。

（2）挖掘并覆盖

第一，挖沟。在构建填石暗沟过程中，挖沟是最不复杂的过程，但也是最为耗费劳动力的过程。排水沟的宽度和深度取决于道路有水一侧积水的多少；施工过程中注意安全，避免触碰到潜在的通信等管道路线。

第二，铺设透水景观织物。在铺设景观织物时，排水沟两侧至少保留 25cm 的多余织物，一定要多预留出一些。因为后期铺设及填充水洗石及管道时，景观织物会被往下拖拽。排水沟边缘要保证有充足的景观织物可以折叠包裹起来，以防管道被污泥弄脏及堵塞。

用木桩或者钉子先临时固定住景观织物。

第三，填充水洗石（图 7-10）。在排水沟的底端铺设 5～8cm 的水洗石。

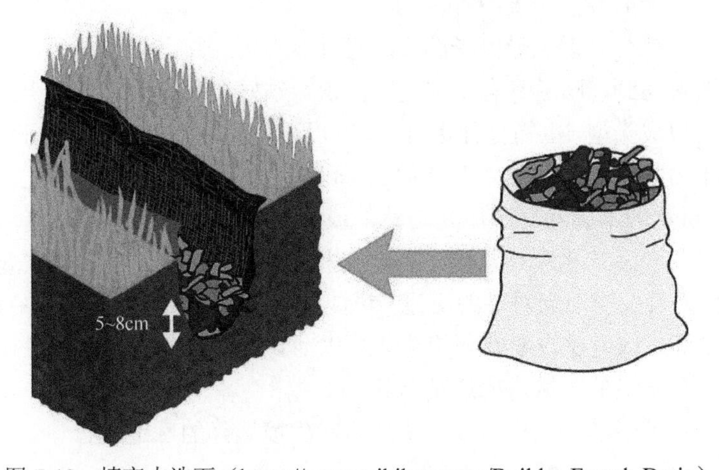

图 7-10　填充水洗石（https://www.wikihow.com/Build-a-French-Drain）

第四，在有需要的地方铺设多孔排水管（图 7-11）。在水洗石的上面铺设排水管，要保证带孔的一侧朝下，这样能保证最好的排水效果。

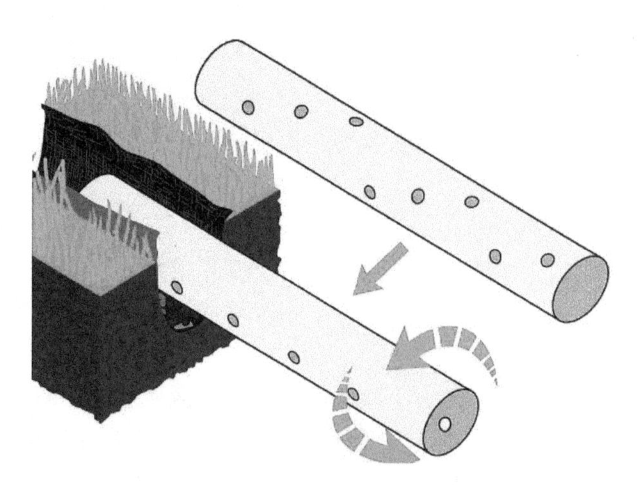

图 7-11　铺设多孔排水管，有孔一侧朝下（https://www.wikihow.com/Build-a-French-Drain）

第五，覆盖排水管。在排水管的上面铺设 7～12cm 的水洗石；拔掉木桩，将景观织物折叠覆盖。

第六，填充排水沟。在排水沟上方填充之前放置的土，铺平道路。

3. 景观

景观生态学的一些基本理论如岛屿生物地理学理论、复合种群理论、景观连接度与渗透理论等对景观修复具有指导意义（邬建国，2000）。高分辨率卫星影像的出现，为大尺度的生态规划或景观规划提供了更为详细的信息，促进了生态规划的发展。

本项目计划采取以下两种方案相结合的方法：①综合考虑主导因子的廊道设计。在生物廊道设计的基本原则的指导下，综合考虑当地的土地利用类型、地形条件及专家咨询意见进行生物廊道的设计。②基于主要保护对象对生境选择的廊道设计。在确定主要保护对象后，以保护对象在区域内对不同生境的选择为设计依据，通过对不同生境的筛选获得生物廊道设计的方案（姜明等，2009）。

（1）方案一：综合考虑主导因子的廊道设计

设计时需要考虑到，廊道具有一定宽度，越宽越好；人为活动干扰少；具有与原核心区相互协调的植被类型，生物物种相对丰富；尽可能利用天然植被；多于一条廊道（多一条廊道相当于为物种的空间运动多增加一个可选择的途径，增加物种在斑块之间成功迁移的机会）；自然的本底（廊道应是自然的或是对原有自然廊道的恢复，任何人为设计的廊道都必须与自然的景观格局如水系格局相适应）。通过与当地国家湿地公园工作人员、林业部门人员及当地老百姓的交流、访谈，该区域的野生动物主要有驼鹿、野猪、狍、雪兔、驯鹿等，廊道建设要有利于这些野生动物的迁徙与生活。通过调查，我们知道了驯鹿在准备建廊道的区域内的迁徙路线。

（2）方案二：基于主要保护对象（驯鹿）对生境选择的廊道设计

第一，驯鹿对生境的选择。

我国的驯鹿仅分布于大兴安岭北麓的根河区域，属于西伯利亚森林驯鹿亚种，目前种群仅 800 头左右，已极度濒危，被列为我国二级重点保护野生动物。驯鹿栖息在寒温带针叶林中，主要觅食苔藓、地衣和其他苔原植物，这些植物多生长在阴湿的土地、岩石、潮湿的树干及森林、沼泽，鄂温克猎民过着“逐苔藓而居”的游牧生活，不定期迁居。我国的驯鹿呈半野生状态，是我国鄂温克族的传统驯养和伴生动物，其分布区变动、种群消长与鄂温克族的迁徙和发展息息相关，是泰加林区特有“驯鹿-鄂温克”生态系统的关键构成。

第二，设计依据。

在该区域进行廊道设计时，应该考虑的因素有保温需求、植被类型和坡度。在寒冷的大兴安岭地区，首先应该重点考虑的是动物的保温需求。保温需求是决定其偏好生境选择的重要因素。本区域位于亚北极地区的大兴安岭西北麓，属于典型寒温带湿润森林气候，冬季和春季气温低，多北风。因此，廊道设计应选择缓坡（30°～60°）及平坡（≤30°）中下坡位的针叶林植被生境，并回避北坡和东坡生境。同时，本区域内主要的寒温带针叶林林下生长有苔藓、地衣及其他苔原植被，这正是驯鹿所喜食的植被。因此，选择乔木郁闭度、胸径和密度较高的地段，此种生境下地衣、苔藓及其他地表植物多度较大。另外，由于林冠层的阻挡作用，这种生境下春季初期积雪相对较少，雪深和雪盖度相对较小，一方面有利于驯鹿的运动、卧息及保温，另一方面也有利于驯鹿用蹄刨开积雪，摄食雪被下的地表植被，有利于觅食。此外，生物多样性保护廊道的设计还要遵循其特定的原则：廊道应具备一定的宽度；应具有相对规则的形状等。

以驯鹿为主要保护对象，充分以方案二中驯鹿对生境的偏好和影响因素为依据，同时结合方案一中驯鹿的实际迁移路线，即结合坡度、坡位、坡向、植被类型及鄂温克族的活动区域，确定生态廊道的大体位置。根据根河源国家湿地公园总体规划图（图 7-12），我们选择驯鹿家园（编号 20）和鄂温克小屋（编号 21）为廊道建设区域（图 7-12）。

五、恢复后的评估、监测与管理

（一）成效评估

湿地恢复的效果如何，生态系统是否已经转换为自我持续性状态或者已达到什么程度，恢复的趋势过程是否有效，湿地生态系统是否稳定，是否在逐步退化，这就需要进行监测并进行评价。早期关于湿地恢复的评估标准是，只要湿地条件适于湿地植被繁殖，那么其他生态功能就已存在或慢慢培养出来；如今人们普遍认为，一个重建场所或者“一片绿荫”并不意味着工程成功，评判恢复工程的标准应该以湿地功能为重。从长远来看，经恢复后的湿地应与参考样地的功能相近。

（二）生物管理与维护

如果在湿地恢复后的监测中发现入侵行为，必须尽快采取机械或人工的方法去除已经显示入侵特征的外来物种，防止它们过度生长。入侵物种不仅侵占空间，还消耗大量养分或分泌次生物质，抑制其他物种的生长。针对该物种的限制性生态因子进行控制的方法比较有效。例如，对于不耐淹的物种就应该调节水位，延长水淹时间。引入食性专一的天敌也是一种有效方式，但应对天敌的生态风险进行预测。

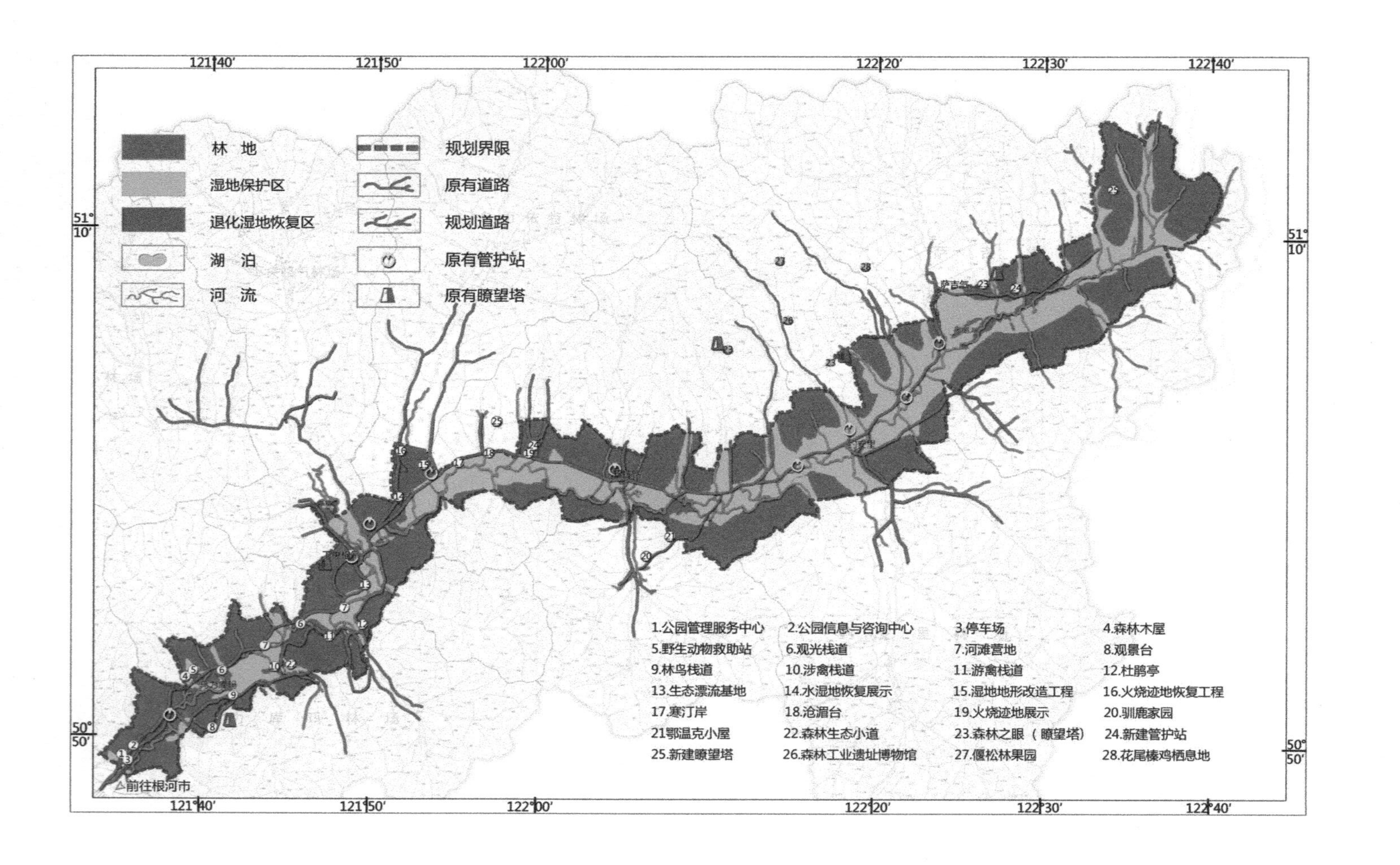

图 7-12　根河源国家湿地公园总体规划示意图

（三）监测

进行湿地规划、创建和改善仅仅是第一步。如果恢复或建成后放任自流，让恢复湿地完全自然发展，会引发许多不良后果。要对湿地水文状况、水质、生物、土壤状况等进行监测与记录，如果监测发现恢复后的生态系统状态与希望中的状态不相吻合或不能发挥有效的功能，就需要及时予以诊断并采取相应措施。另外，必须保证监测的持续性，如植被的恢复往往需要数年，在数年里要持续监测。具体监测指标和手段如表 7-4 所示。

表 7-4　初期、定期监测指标和手段

监测指标	监测手段
水质	
水质（pH、盐度、营养度、污染物等）	水质分析仪、实验室分析
沉积物	观察清澈度、实验室分析
毒性（仅用于受到此种危害的场所）	流出毒性总量（WET）监测
水量	
水深	人工测量、自动水位测量仪
水流模式	通过航空卫星图片观察并绘成地图
流量	流量仪、根据湿地面积和降雨估算
地表水	水位测量仪
基质	
土壤深度	采集土壤，观察土壤颜色和结构
有机质含量	实验室分析
土壤沉积	调查地形、实验室分析
泥炭层厚度	采样测量观察
植被	
物种多样性	辨认本土和非本土物种
覆盖率	计算植被覆盖率，为主要种群绘制地图
植被高度	测量植被高度
植物结构	计算植物的主干和枝条数量
动物	
观察	记录观察结果
栖息地评估	实用栖息地评估方式
物种多样性和数量	定点计算、观察或其他定量方法进行推断
繁殖成功率	记录当地繁殖的物种及幼崽数量
稀有物种	在法律许可范围内进行研究

在退化沼泽湿地的监测手段方面，应注意学习和引进国际先进仪器，如湿地多功能水质自动观测仪、湿地水文实验室和湿地水样采样器等及湿地自动气候观测站、各种湿地环境介质的分析仪器，实现沼泽湿地动态变化的自动连续监测；也应注重应用 3S 空间技术在退化沼泽湿地的调查、编目、功能评价等方面的应用，以实现大尺度空间范围内的沼泽湿地退化监测。这些国际先进仪器的引进和使用，不仅能减少传统沼泽湿地研究和监测对沼泽湿地的破坏性采样，还将有利于实现我国在退化沼泽湿地监测和分析标

准中同国际同类研究的接轨，便于数据的比较和提高我国在国际生态安全中的地位。

（四）管理

各级政府在湿地恢复开发治理过程中应起到积极作用，应成立专门机构指导退化湿地的开发治理，保证开发治理的顺利进行，同时应建立健全相关法规体系。

湿地公园领导应大力宣传，充分调动社会各界对废弃采石场地整治投资的积极性，出台多种优惠政策，积极吸纳社会资金，实施多元资金筹措机制。

注重弹性规划的介入。通过各个利益团体达成共识的过程来制订规划的方向和实施手段，从而使整个规划达到“自上而下”与“自下而上”的完美结合。

六、恢复成效

项目分包单位中国科学院东北地理与农业生态研究所于2016年和2017年对根河源国家湿地公园进行了多次实地考察（图 7-13），明确了项目选点、恢复面积、环境状况和干扰要素等因素，为恢复项目的开展提供了一定的技术指导。

图 7-13　野外实地调研

对于根河源国家湿地公园，经过多次国内外专家咨询讨论，考虑到项目资金问题，恢复工作的重点集中于道路两侧水湿地连通修复上。

在 GEF 项目的资助和支持下，同时根河源国家湿地公园管理局自筹一部分资金，聘请中国科学院东北地理与农业生态研究所为水湿地连通项目提供方案。在根河源国家湿地公园根萨公路 50.8km 两旁水系阻断地段，地理坐标北纬 122°0′33.09″、东经 51°1′0.52″处进行水湿地连通修复工程。水湿地连通项目本着可行性原则、合理性原则、优先性原则和美学原则进行，以对生态环境影响最小的方式，通过挖沟、铺设透明景观织物、填充水洗石，共在公路下方修建 12 条廊道（图 7-14），通过水湿地连通修复，效果显著，道路两旁被阻隔的水系自然连通，恢复了湿地生态系统的完整性。

根河源国家湿地公园通过水湿地连通修复手段后，取得了显著成效，目前被连通区域水系已经自然流通，生物生境得到了恢复，通过水湿地连通后跟踪监测观察，生物活动迹象明显增加，湿地储水量明显提升，逐步恢复了湿地的功能性和完整性。

图 7-14　水湿地连通项目廊道结构

第三节　多布库尔国家级自然保护区湿地恢复

一、湿地生态系统面临的问题和威胁

通过多次对多布库尔国家级自然保护区实地调查，结合湿地生态和环境的退化程度、当地管理者的意愿、各问题之间的关联性等，发现多布库尔国家级自然保护区面临的问题主要如下。

（一）保护区内路旁采石场及其他工程施工遗迹干扰

多布库尔国家级自然保护区在成立前，因历史原因，如矿产开发、修路取料场、建筑取土、取沙、回填等，保护地内道路两侧的石料被人们大量地开采，遗留下许多取料场、岩石裸露地等废旧矿坑体，严重破坏地表自然景观。据调查，保护区内废弃矿坑需要恢复面积 7.944hm^2。

在道路修建完成之后，这些浅层采石取料场并未得到恢复，使得游客在区内经常可见到这些大大小小的采石留下的矿坑（图 7-15），形成一个与周围环境完全不同甚至极不协调的外观。由于大多数采石场的排土场几乎没有拦沙坝、挡土墙等防止水土流失的措施，也未进行复垦绿化，给当地带来了水土流失、泥石流、滑坡等生态问题。

（二）道路水系连通问题

前期调查发现，由于道路建设、修路取料等人类活动，阻断了多布库尔国家级自然保护区湿地的水系连通，道路两侧部分土壤板结。同时道路的分割使得湿地景观破碎，将自然湿地生境切割成不同的湿地斑块，即生境岛屿化。然而，分布系统的连续性是湿地生态系统存在和长久维持的重要条件。由于道路建设等人类活动分割了湿地生物的活动领地，阻断了部分湿地物质和遗传信息的交流，影响了生物的生存环境，种群数量减少、物种退化，最终导致湿地生态系统的不稳定性和脆弱性。

矿坑，影响湿地景观废石堆积

砍伐森林，压覆和毁坏土地存在生态问题

图 7-15　采矿坑痕迹

（三）存在大面积火烧迹地

多布库尔国家级自然保护区湿地生态系统大部分被森林覆盖，存在引发自然火灾的条件。林中有较多的粗木质残体和沉积的干枯枝叶，长期的天气干燥导致地面温度升高，可能引起自燃，在受到雷击时也可能引发林火（图 7-16）。

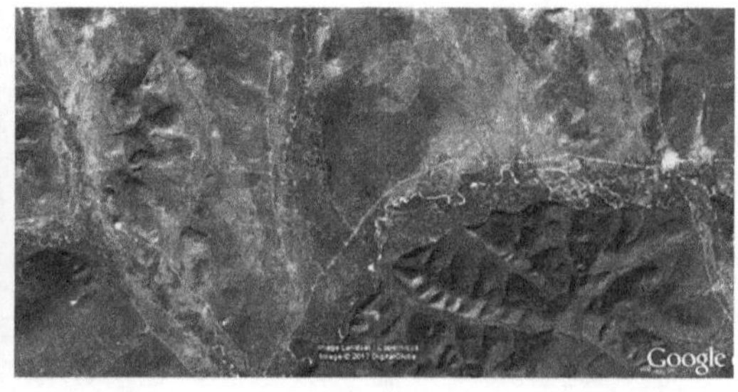

图 7-16　火烧痕迹

（四）环境污染

多布库尔湿地还存在农药瓶随手扔在田间地头或路旁、河边的现象，不仅污染水源，还埋下人畜中毒等安全隐患。

（五）拉沟地

为增加植被覆盖率，多布库尔国家级自然保护区湿地区域排水、打垄种树，不仅破坏了湿地，还改变了土壤的化学结构和景观，树苗也大多死亡，形成了拉沟地（图 7-17）。拉沟地导致的湿地破坏改变了地表原有结构，影响大气下垫面接受太阳辐射保存热量的自然模式，大气和下垫面之间曾经稳定的能量交换关系被打乱。同时失去湿地水面蒸发，以及水生、湿生植物的蒸腾作用，影响了水汽平衡，综合因素干扰了局地气候。对于拉沟地这一现象，采用生态系统自然演替理论，利用自然的力量进行恢复，避免人为参与造成“二次伤害”。

图 7-17　拉沟地

二、确定恢复目标

在退化沼泽湿地恢复重建时，充分考虑区域的背景条件、自然生态特征、社会经济状况等因素，在查清黑龙江省多布库尔国家级自然保护区湿地退化过程及退化的各种驱动力的前提下，根据相应的湿地恢复原则，建立适合本区域自然生态条件和气候条件的沼泽湿地恢复目标。恢复的最终目的就是再现一个自然、自我持续的生态系统，使其与环境背景保持完整的统一性。

对于多布库尔国家级自然保护区而言，通过湿地恢复工程的实施，实现以下主要目标。

第一，增加保护区内恢复的栖息地面积。

第二，改善栖息地及其功能与质量。

第三，修复矿坑痕迹。

第四，提供休闲娱乐功能，改善河道。

第五，拉沟地修复。

三、恢复原则

自然湿地的结构和功能是紧密相连的。当重建自然结构（如生物群落或者水文结构）时，其功能往往也得到相应的恢复。在最早期的湿地恢复项目中，通常只以湿地植被覆盖面积作为湿地恢复成功的标准，而忽略了湿地的自然群落特征及其实际功能。

湿地功能在生态恢复目标中的重要性，导致湿地恢复具有因地制宜、因目标而异的复杂性。在实际工作中，湿地丰富的功能不可能被面面俱到地兼顾。为了提高湿地恢复的社会和经济效益，同时利用湿地的自我组织、自我调节能力以增加复原速度，必须确立需要优先恢复的功能，并将这些功能的复原程度作为检验湿地恢复是否成功的标准之一。

在确立湿地恢复的功能性目标时，通常需要遵循如下原则。

第一，因地制宜原则。针对导致湿地退化的原因设立生态恢复目标。对多布库尔国家级自然保护区湿地现状进行整体分析，以专业眼光挖掘地域特点和优势，以此确定设计准则。应尊重保护区的发展过程，在一定程度上保存地段的历史信息。运用地方材料，各类要素应通过设计因地制宜地加以改造利用。在降低恢复费用的同时，营造出不可复制的自然保护区。

第二，恢复目标具有明确性、可操作性和可衡量性原则。湿地生态恢复的目标必须具有明确性、可操作性和可衡量性。没有明确目标的湿地恢复是难以成功的。湿地恢复的监测必须有明确的可衡量或测量的评估因素，以便能够及时发现问题并采取调整措施。

第三，增强湿地的自我维持功能。要确保所恢复湿地的长期稳定性，最好的方法就是增强其自我维持功能，以降低人为辅助工作在湿地发育和演替中的作用，这是湿地生态完整性的体现，也能够降低湿地管理成本。

第四，慎重选择物种。尽可能选用乡土物种和同一气候带的物种，由于湿地植物具有耐淹、耐盐或耐贫瘠的特性，因此湿地植被具有隐域性植被的特性。在湿地恢复时，必须分析所种植物种的生态位和共用同一生态位的其他物种的数量，并预测该物种的扩散速度。如果该物种在湿地中缺乏竞争对手和天敌，就必须考虑用其他物种或采取控制性措施。

第五，行政与管理模式优化原则。湿地生态系统的恢复与治理是一项涉及多学科多部门的复杂工程，为了保障工程的顺利进行，不仅要从技术层面上提供一系列的策略和具体措施，还要从行政管理和开发运营管理方面提出相应的保障措施，杜绝很多规划在没有政策引导的前提下而提前夭折的悲剧。

四、恢复方案

（一）矿坑修复

基质是湿地生态系统发育和存在的载体，以土壤为主的基质在湿地恢复过程中具有尤为重要的作用。对于多布库尔国家级自然保护区而言，土壤基质存在的主要问题是采石场痕迹。通过人工辅助自然恢复、还湿面积为 884hm^2，废弃矿坑项目治理恢复 7.944hm^2（图 7-18）。

1. 浅层采石坑——土壤种子库修复技术

在实地踏查和解读过程中，我们发现受当地气候、地貌（冻土冰川、低山丘陵）等条件的影响，多布库尔国家级自然保护区内采石场大多属于小型浅层采石场，矿坑坡度较小。由于多布库尔国家级自然保护区废弃采场内遍布小型采坑，对这些范围较小的浅坑需要进行局部平整处理，用废弃的石渣将其填平并利用土壤种子库修复技术进行覆土修复。

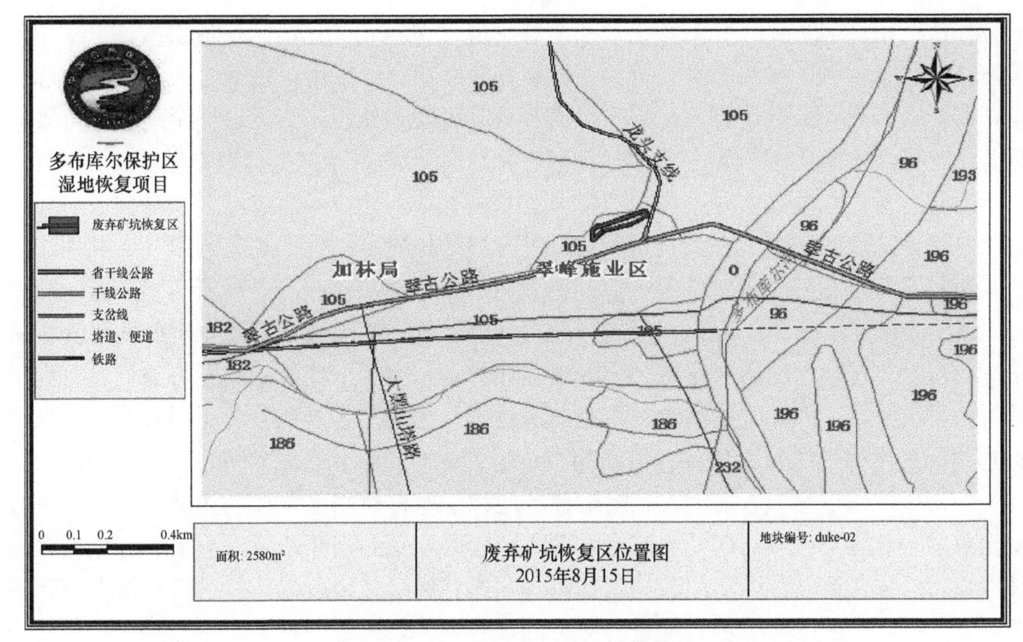

图 7-18　废弃矿坑恢复区位置图

生态演替理论是采石场和其他受损生态系统生态恢复理论的基础。植被恢复是退化生态系统中恢复生态学的首要工作，因为所有自然生态系统的恢复和重建总是以植被的恢复为前提。生态演替理论认为，只要不是在极端的条件下，经过一定的时间，没有人为的破坏，植被总会按照自然的演替规律而恢复，但通常这个过程太漫长，有时会比人们所预期的时间长。自然演替一般需要 50～100 年时间在采矿废弃地上恢复到满意的植被覆盖。因此根据采石场恢复的目标，以生态演替理论为指导，利用人工手段促进植被在短期内恢复，是十分必要的。

通常来讲，湿地植被恢复技术主要包括物种选育与培植技术、群落结构优化配置与组建技术、群落演替控制与恢复技术等。土壤种子库中的种子能够直接参与地上植被的更新和演替，是潜在的植物群落，对退化生态系统的恢复至关重要。对于沼泽湿地而言，特别是处于退化初期的沼泽湿地，或者周边植被发育良好、可以提供种子库的湿地，常常利用湿地的天然种子库进行湿地植被恢复，包括湿地内的种子库和孢子库、种子传播与植物繁殖体等。

对于河流湿地而言，需要根据河流水位变化情况设计不同植被的分带格局，包括沼生植被带、挺水植被带、漂浮植被带和沉水植被带。对于湖泊湿地而言，需适当调控天然沉水植被的生长，采用的方法包括引入特定的食草昆虫或鱼类、将水位下调及沉积物覆盖等；采用机械或者人工收割方式控制生长过于密集的挺水植物，尤其是当植被生长已经阻碍水流导致湖泊搁浅并成为湖泊的内源性营养物负荷时。

多布库尔国家级自然保护区原自然型植被包括落叶阔叶林、针叶林、灌木丛和草本植物等。而过去为增加森林覆盖率，补植的人工林树种单一，树龄单一，群落结构很不稳定，因此，需要在保护区内植被较为单一、植被稀少的生态恢复区内补植本土植物以丰富湿地植物多样性，多样性的植物又为动物提供了多样的生存空间，从而促成了生物多样性。补植植被从堤岸向河滩实现了从乔木向水生植物的过渡，形成层次性。常用的栽培技术包括播种、移植和扦插等。在植被恢复之前，应采用机械或者人工方法去除杂草，尤其是一些蔓生杂草等。在水生植物补植时可安设橡胶水囊，这样湿地植物可以充分扎根。橡胶水囊不但固定了土壤，而且在河水涌入时能够避免沉积物激增。

土壤种子库修复技术是一种新兴的生态恢复技术，该技术通过结合恢复需求与环境现状，综合选取和采用一系列技术手段，进行湿地植物多样性的恢复与重建。利用湿地的天然种子库进行湿地植被恢复，包括湿地内的种子库和孢子库、种子传播、植物繁殖体，这个方法尤其适用于退化程度较轻的根河源湿地，其周边具有发育良好并可提供种子库的湿地。在根河源国家湿地公园轻度退化样地，由于土壤种子库中可能仍含有大量的湿地物种种子，因此采用湿地复水措施进行湿地植物多样性的恢复，同时对于湿地优势物种，采用播种法与繁殖体移植法相结合的方式对目标物种进行恢复。

对于矿坑景观修复，采用天然湿地种源地种子库移植与水位控制相结合的方法进行湿地植物多样性的恢复。在矿坑痕迹附近区域选取未受到破坏的天然湿地进行土壤繁殖体库采集。采集前，首先将地表枯落物清理干净。然后使用取土工具进行土壤繁殖体库的采集。将采集的所有土壤样品进行充分的搅拌混合，最终使整个土壤样品呈现疏松均一的状态。混合均匀后，在平整后的矿坑上面进行土壤繁殖体库的引入。将土壤样品较均匀地撒播在经过平整的退耕地表层，进行适当的平整。

土壤繁殖体库引入后，立即进行水文调控。使用湿地水或河水对矿坑恢复地进行浇灌，直到恢复地水深达到5～10cm，停止灌水。之后使土壤水分始终保持5cm水深与土壤过饱和状态之间。引入的湿地土壤中的种子和根茎等繁殖体在适宜的环境条件下萌发。当重建初期新生的地上群落建立后，定期进行非目标物种的移除，以保证湿地植物群落的顺利重建。最后以天然湿地为对照，进行湿地植物多样性恢复的评价。

土壤种子库中的种子能够直接参与地上植被的更新和演替，是潜在的植物群落，对于退化生态系统的恢复至关重要。对于沼泽湿地而言，特别是处于退化初期的沼泽湿地，或者周边植被发育良好、可以提供种子库的湿地，常常利用湿地的天然种子库进行湿地植被恢复，包括湿地内的种子库和孢子库、种子传播与植物繁殖体等。

在修复后区域的地形设计上，尊重原有的地形地貌，不作大的改动。采石场原有的道路都用于运输，原有路基质量较好，仅需对部分坡度大的地方进行适当改造，避免过多的土方挖掘和土方调配。对于各个矿坑，出于生态恢复和景观营造的需要，适度进行地形改造。

通过乔木补植、灌木补植、水生植物补植方式促进湿地生态系统的恢复与完善，乔木补植总面积约3hm^2，灌木补植总面积约5hm^2，水生植物补植约5hm^2（与水体恢复规划共同进行）。

2. 坡度较陡或深层采石坑——以景观修复为主

在工程施工之前，首先进行排险处理，排除山体滑落等危及施工安全的因素。对于一些局部坡度陡峭的坡面，通过爆破等技术手段将其修整为缓坡，降低不确定系数，增加坡面的稳定性。对于松动的岩石，通过人工排险，将其排除，防止随时滑落。通过削坡，削掉部分边坡不稳定岩土体，放缓边坡坡度，提高稳定性，并清除松动岩体，消除崩塌、滑坡等安全隐患。

（1）陡峭采石坑——KLD 草毯或三维网技术

多布库尔国家级自然保护区修复工程工期比较短，地势复杂，并且修复面积较大。传统的客土喷播受地质、气候等外界因素的影响较大，因此，对于部分陡坡地势及土壤条件较好的边坡，可采用成品植被毯技术进行复绿，既可以达到快速复绿的效果，又能实现植被与周围的环境融为一体形成生态景观的目标。

在植物种子配比方面，根据多布库尔国家级自然保护区的气候条件、植被特点及山体自身的土壤、坡度、水文、地质等综合影响因子，遵循短期植物与长期植物合理搭配、浅根层植物与深根层植物合理搭配、以湿地草本植物为先锋物种的原则，对绿化种子进行了科学的配置，或者也可以从当地低洼的山谷地区采集草皮。

具体施工方法如下：将 KLD 环保草毯铺覆于基础面上，用 U 型钉固定环保草毯或草皮，使得草皮与基质紧密结合，避免侵蚀。再播撒草籽覆土或者铺设草皮并浇水，待草种发芽生长，形成绿油油的优质草丛。更重要的是，它在草丛长成前就能起到很好的防风固沙、护坡和防止水土流失保墒的作用，具有较高的环保价值。

或者采用三维网技术。三维网，也称土工网垫、三维植被网（图 7-19），是一种三维结构、适用于水土保持的新型坡面植草防护用材料，可有效地防止水土流失，增加绿化面积、改善生态环境。三维网的网绳多以聚乙烯、聚丙烯材料为主，底层为高模量基础层，其强度较高，表层为多层塑料凹凸网包，表层与底层在交接点处经热熔点黏结而成稳定的立体网状结构。

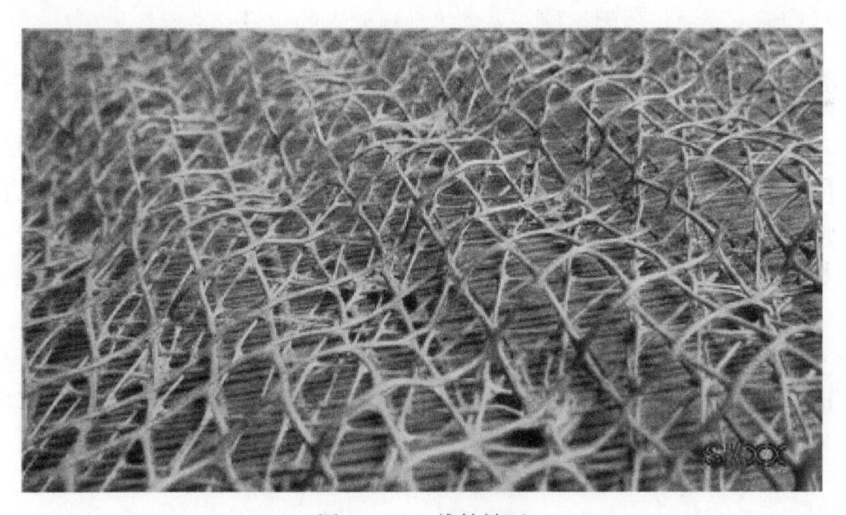

图 7-19　三维植被网

三维网质地疏松、柔软，留有 90%的空间可填充土壤，在植被未成形前能有效防止水土流失，保护坡面免受风、雨、洪水的侵蚀；草籽种上后，它能牢固地保护草籽均匀地分布在地面上，并可使植物的根系穿过凹凸网包舒适、整齐、均衡地生长，与边坡土壤更好地结合。成活后的草皮可使三维网与草皮及所附着的泥土形成一牢固的嵌锁体系，从而有效地防止水土流失，保护路基，形成坡面绿色复合保护层，同时达到改善生态的目的。

（2）深层采石坑——遵循地势，以亲水景观修复为主

项目区的采石场容易形成相对低洼的水坑，它们可以采用一定的工程改造成人工湿地，用于湿生植物繁殖和动物栖息。具体操作如下。

尊重原有的地形地貌，不作大的改动。采石场原有的道路都用于运输，原有路基质量较好，仅需对部分坡度大的地方进行适当改造，避免过多的土方挖掘和土方调配。对于各个矿坑，出于生态恢复和景观营造的需要，适度进行地形改造。

依据废弃地的实际情况，进行生态复绿应充分尊重原有地形、地貌，采用乡土树种或湿生植被进行恢复，构筑滨水植物景观带，吸引水禽来此栖息。植被景观带应以现有湿地植被为基础，对于生长不良、生态价值和景观欠佳、不利于野生动物栖息的区域进行生态修复及改造，提升景观特征，并与总体相协调。植物的配置设计，要从湿地多水环境考虑，以水生植物作为植物配置的重点元素，注重湿地植物群落生态功能的完整性和景观效果的完美体现。

由于多布库尔国家级自然保护区地处大兴安岭，水资源较为匮乏，水体设计不能像大多数南方的废弃采石场一样，可以直接把大面积的采石坑改造为水体。因此，此处只能引用周边河水及天然降水作为可靠水源，引注客水将采石坑改造为蓄水坑塘（湿地），一是可创造更加丰富的湿地景观，二是可以在夏季多雨季节蓄积雨水，三是进行亲水景观的水景建设。

引水方面，利用道路边沟拦蓄雨水。设置涵洞导水，将道路两侧水体连通导水，为湿地提供水源。对凹坑进行场地改造，引导径流，同时在谷底回填土壤，形成局部保水性良好的湿地。在岸边以当地毛石形成驳岸，前期栽植耐水湿、生长迅速的水生植物绿化环境，后期通过交通、休闲设施、亭廊等硬质元素的建设营造湿地景观。

（二）护岸林与护路林植被保护

护岸林主要分布在根河河岸带上，对河岸带的保护，实质上是对护岸林的保护；护路林可以防止飞沙、积雪及横向风流等对道路或行驶车辆造成有害影响，保护道路免受风、沙、水、雪的侵害，在保证道路交通畅通的同时，也提升了整个规划区的景观效果。

护岸林和护路林的不利影响，主要来自人为砍伐破坏，以及大风暴雪等自然条件造成的损害。对于人为破坏现象应及时制止，并视情况采取一定的惩罚措施；因自然条件造成的倒木和折枝，如果倒在道路上，要及时清理。可在水陆两带充分利用为保护湿地植被配置的巡逻船和巡逻车，加强对护岸林和护路林的巡护工作，在宽阔的河谷和道路两旁分别设立警示牌 3 块。

（三）珍稀植物资源保护

对该区域内的重要和珍稀濒危植物，如钻天柳（*Chosenia arbutifolia*）、乌苏里狐尾藻（*Myriophyllum propinquum*）、貉藻（*Aldrovanda vesiculosa*）、黄檗（*Phellodendron amurense*）、紫椴（*Tilia amurensis*）等以就地保护为主，在有这些植物集中分布的区域设立保护小区，限制游人进入。同时，做好实时监测工作，观察其生长动态，在出现生长不利时，必要时采取迁地保护措施。

每年于植物生长季进行地面样方调查及各季节的生物量测定，以便更好地掌握多布库尔湿地植被的变化动态；每年进行植物标本采集、浸制工作，同时建立多布库尔国家级自然保护区湿地标本库，积累基础资料，这也有利于保护区湿地资源调查及保护工作的开展；积极联合各大高校及科研院所，进一步深入地研究区域内重点保护和珍稀濒危植物的生境条件、分布区域等，加强组织培养、异地引种驯化等技术的研究。可建重要植物保护研究站 1 处，配备先进监测设备，组建一支专业水平高的研究队伍，根据植物的分布区域特点设保护小区若干。

（四）栖息地恢复技术

多布库尔湿地还是嫩江流域的重要水源地，是众多珍稀野生动植物的栖息地。多布库尔湿地大部分区域生态环境良好，可以通过切断生态环境的干扰因子如放牧、烧荒、捕鱼、野果采摘、污染物排放等来促进湿地生态系统向着有序、良好的方向自我演替。

1. 切断生态环境干扰因子

（1）放牧、烧荒

保护区边界尽管设置了界桩进行防护，但是还是要防止附近居民和游客翻越界桩进入保护区内放牧、烧荒，对这类破坏行为进行远程监控和巡护，发现后要处以罚款和批评教育。

（2）污染物排放

禁止排放污水和废弃物，号召附近村民发展生态农业或者采用科学合理的施肥施药方式，从而切断污染源，这样保护区的生态恢复进程才能逐步自然地发展下去。

（3）捕鱼

区内的气候条件为冷水鱼类提供了良好的生存条件，至今多布库尔河、大古里河、小古里河等河流中还保存着特有的细鳞鱼、哲罗鱼、狗鱼等珍贵经济鱼类共 30 种。古代就有“川泽非时不入网罟，以成鱼鳖之长”的规定，由于经济利益的驱动，根河两岸的居民仍然会捕捞鱼类。泛捕鱼类，竭泽而渔，在繁殖期捕鱼、炸鱼、毒鱼等现象时有发生，对湿地鱼类资源造成极大的破坏。针对此行为也应当严肃查处，处以罚款和教育。

（4）野果采摘

合理、有节制地对湿地野生资源进行开发，可适当修建湿地木栈道、林下行步道等，以避免游客对植被造成干扰和破坏，做到不损害湿地生态系统。具体措施如下。

第一，根据野果资源在规划区的分布状况，划分不同的采摘片区，对各划定片区采取轮流采摘的方式，避免因只在其中一两个片区采集造成野果资源短缺。

第二，注重野果种类开发，增加资源的多样性。在资源保护的前提下，开发其他种类的产品，使产品种类多样化，从而引导林区人和游人采集其他种类的野果，避免由单一利用导致资源的枯竭。

第三，实施引种驯化和栽培，扩大种质资源。要引导林区人利用林下、林间空地，就地规模栽培和产业化种植，保证野果资源的永续利用；人工无污染培育，既可以提高经济价值，又能够有效保护自然资源。

第四，引导游客采摘。向游客介绍各种野果的采摘和利用方式，加大宣传，提倡游客减少采摘量，以利于大家对资源共享。

第五，建立种质资源库，深入研究各种野果的栽培、管理和采收方式。

2. 生境营造

独特的湿地环境使区内动物群具有喜湿耐寒的特征，构成本区生物地理动物群的主体为水禽，而且绝大多数为迁徙性鸟类，形成了复杂的区系特征。区内宽阔的湿地是珍稀动物的庇护所与栖息地，是候鸟迁徙的重要驿站。据初步统计，区内国家重点保护的野生动植物主要包括：驼鹿（*Alces alces*）、貂熊（*Gulo gulo*）、棕熊（*Ursus arctos*）、紫貂（*Martes zibellina*）、雪兔（*Lepus timidus*）、黑嘴松鸡（*Tetrao parvirostris*）、花尾榛鸡（*Bonasa bonasia*）、黑琴鸡（*Lyrurus tetrix*）、东方白鹳（*Ciconia boyciana*）、白头鹤（*Grus monacha*）、丹顶鹤（*G. japonensis*）。因此，该区是我国乃至世界重要的湿地类型物种保护区之一。把重点生态功能区、重要饮用水源地、鸟类迁飞路线等区域的湿地全部纳入保护范围，采取最严格的保护措施，着力保护其原生状态，维护湿地生态系统的稳定性。

（1）鸟类生境营造

湿地鸟类主要分为游禽和涉禽。游禽是指喜欢在水域中游泳、潜水和掏取食物的鸟类。由于取食习性不同，经常会有几种游禽在同一地点的不同区域取食，占据着不同的生态位。游禽多有迁徙的行为。涉禽是指那些适于在沼泽和水边生活的鸟类，是一类适于在浅水或岸边栖息生活的鸟类，鹭类、鹳类、鹤类和鹬类等都属于这一类。可以根据保护区各种鸟类的生态位，恢复不同面积、不同深度、不同植物配置的水域和岛屿，通过合理搭配，分离鸟类生态位的空间重叠，特别是在候鸟归来时以减缓觅食和栖息的竞争。

（2）兽类生境营造

第一，保护少量能为营树洞栖居的野生动物提供栖居条件的站杆木、枯立木等。在森林保护和抚育中，要有意识、有计划地保留少数大径级的站杆木、枯立木，为啄木鸟等营树洞、树穴栖居的鸟类、兽类保留栖居地。

第二，注意保护能为鹳类、鹭类提供建巢的树木。在有鹳类、鹭类等树栖鸟类活动的地方，禁止采伐沿河两岸零散分布的较大枯死树木，这些树木可作为建巢树木。

第三，保护棕熊等兽类仓室。大型空筒树木能为棕熊等兽类提供冬眠地，对于可以提供越冬洞穴的树木、岩洞等应禁止采伐或破坏，以供兽类冬季蹲仓时用。

此外，根据兽类的生活习性，补植些浆果类的植被以为它们提供天然的食物，帮助它们生存；设立野生动物救助抚育站，为迁徙受伤者提供救助和治疗。

（五）加强水质污染监测及水量控制

尽管湿地具有吸收或者处理污染物质的功能，但是来自周围环境的化学污染物质会毁掉湿地净化水质的能力并改变湿地的特性。自然降水及冰雪融水为多布库尔国家级自然保护区最主要的水资源补充。多布库尔国家级自然保护区自然环境好、水质优，但在前期调查过程中，部分区域也存在水质污染的状况。

因此，在保护区建立 3 处水环境监测点，并设立相应的标志，利用环境监测设备，做好水质监测工作，采取必要的控制排放措施对该区域及相关邻接区域水生态与环境进行保护。控制好污染源，不准堆放有污染的物质，防止和减少各种污染。

此外，水源涵养林是调节、改善水源流量和水质的一种防护林，能够保持水土和涵养水源。根据《水源涵养林工程设计规范》，东北地区主要适宜树种为红松、落叶松、樟子松、云杉、胡桃楸、水曲柳、黄菠萝、蒙古栎、辽东栎、椴树等。在保护区营造针阔混交水源涵养林，其中除主要树种外，还要考虑合适的伴生树种和灌木，形成混交复层林结构，同时选择一定比例的深根性树种，加强土壤固持能力。在多布库尔河、大古里河、小古里河、古里河众多支流处建设水源涵养林，面积约为 20hm^2。

多布库尔河是嫩江上游最大的支流之一，流经区域形成了森林、灌丛、草本沼泽湿地，水量控制意义重大。流域内某些河道由于靠近村庄或者建筑物等，河流分叉，河水分流两股，中间形成河洲，有主次河道之分，而往往次河道有淤塞断流的趋势，这就需要在适当的地方对淤塞的次河道进行疏通，使河水保持通畅，恢复河流的自然形态，总疏通河道长度约为 5km。这样，次河道就不会消失，河岸植被也得到了充分滋养，水流流速也有所降低，从而更有利于动物饮水与停歇。而汛期来临，河道变深也有利于河道的行洪，起到“深淘滩、低作堰”的作用，省去人力、物力和财力。河道疏通要趁枯水季节进行，可以减少工程量，增加技术可行性。

当雨季（7～8 月）来临时，在保证安全的前提下，尽量保留蓄水，扩大滞洪区湿地面积，进而改善和美化滞洪区湿地的周边环境。在春秋两季，利用滞洪区与湿地生境的连通，采用 French drain——一种亚表面排水系统来进行湿地的连通修复。适当增减水量以促进动植物生长、繁衍，同时还要加强防洪设施的管理工作，建立水灾预警及防灾指挥系统，编制防洪预案。

（六）湿地景观恢复技术

湿地景观质量主要体现在：科学价值、整体风貌、科普宣教价值、历史文化价值、美学价值等。要充分利用火烧迹地与优美湿地景观形成的鲜明对比效果，宣传火灾对森林植被的影响，以增强游客对植被的主动保护意识。

依据河岸带的实际情况，对进行生态复绿应充分尊重原有地形、地貌，采用乡土树种或湿生植被进行恢复，构筑滨水植物景观带，吸引水禽来此栖息。植被景观带应以现有湿地植被为基础，对于生长不良、生态价值和景观欠佳、不利于野生动物栖息的区域进行生态修复及改造，提升景观特征，并与总体相协调。植物的配置设计，要从湿地本质考虑，以水生植物作为植物配置的重点元素，注重湿地植物群落生态功能的完整性和景观效果的完美体现。

为增加植被覆盖率，将天然湿地区域进行排水、打垄种树，但树木大多未成活而湿地景观也被大大破坏，拉沟地由此形成。拉沟地现象导致的湿地破坏改变了地表原有结构，影响了大气下垫面接受太阳辐射保存热量的自然模式，大气和下垫面之间曾经稳定的能量交换关系被打乱。同时失去湿地水面蒸发，以及水生、湿生植物的蒸腾作用，影响了水汽平衡，综合因素干扰了局地气候。对于拉沟地这一现象，采用生态系统自然演替理论，利用自然的力量进行恢复，避免人为参与造成“二次伤害”。具体操作方法：可将干旱顶坡用带有突起的特殊压路机碾压（图 7-20），填到低洼沟渠里。尽量压成水平坡，但是仍保持自然坡度。同时要注意准备好带有绞车的重型装置，必要时将压路机从泥浆中进行拖拽。时间点的选取是很重要的：冬季冻土犁不动；夏季压路机容易陷进泥浆并对植被造成破坏，因此最适宜的时间点建议选在初夏。采用此种方法，不需要犁地，不需要排干，不需要再种植，让湿地生态系统进行自然恢复，同时做好后期监测与调查，与对照样地进行对比。

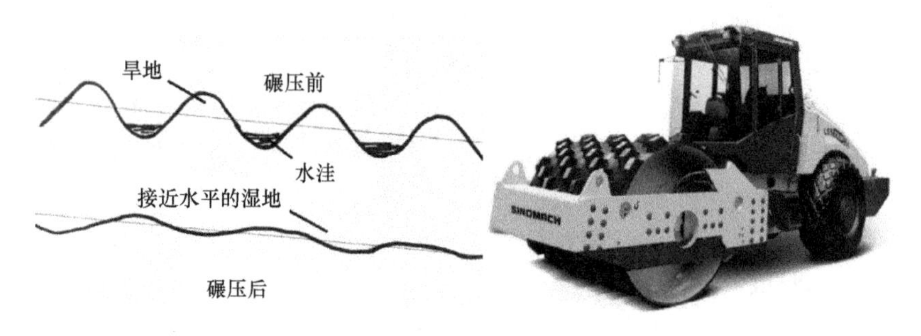

图 7-20　碾压示意图及带突起的压路机（更好地模拟苔草的生活习性）

此外，湿地被排水开发，改造为农田或作他用，会因为条件的改变而加速有机物的分解，使其失去碳积累能力，由碳“汇”转变为碳“源”，由全球气候变暖的抑制因素变为促动因素。湿地的损失会减少对碳的固定，原有湿地的开发会瓦解其碳储存功能，两者都增加温室气体排放。因而人们试图通过加强湿地保护管理，恢复其作为碳汇和碳储存库的巨大生态功能，以尽可能有益于控制全球变暖。

五、恢复后的评估、监测与管理

（一）成效评估

湿地恢复的效果如何，生态系统是否已经转换为自我持续性状态或者已达到什么程度，恢复的趋势过程是否有效，湿地生态系统是否稳定，是否在逐步退化，这就需要进行监测并评价。早期关于湿地恢复的评估标准是，只要湿地条件适于湿地植被繁殖，那么其他生态功能就已存在或慢慢培养出来；如今人们普遍认为，一个重建场所或者“一片绿荫”并不意味着工程成功，评判恢复工程的标准应该以湿地功能为重。从长远来看，经恢复后的湿地应与参考样地的功能相近。

（二）生物管理与维护

如果在湿地恢复后的监测中发现入侵行为，必须尽快采取机械或人工的方法去除已经显示入侵特征的外来物种，防止它们过度生长。入侵物种不仅侵占空间，还消耗大量养分或分泌次生物质，抑制其他物种的生长。针对该物种的限制性生态因子进行控制的方法比较有效。例如，对于不耐淹的物种应该调节水位，延长水淹时间。引入食性专一的天敌也是一种有效方式，但应对天敌的生态风险进行预测。

（三）监测

进行湿地规划、创建和改善仅仅是第一步。如果恢复或建成后放任自流，让恢复湿地完全自然发展，会引发许多不良后果。要对湿地水文状况、水质、生物、土壤状况等进行监测与记录，如果监测发现恢复后的生态系统状态与希望中的状态不相吻合或不能发挥有效的功能，就需要及时予以诊断并采取相应措施。另外，必须保证监测的持续性，如植被的恢复往往需要数年，在数年里要持续监测。

在退化沼泽湿地的监测手段方面，应注意学习和引进国际先进仪器，如湿地多功能水质自动观测仪、湿地水文实验室和湿地水样采样器等及湿地自动气候观测站、各种湿地环境介质的分析仪器；实现沼泽湿地动态变化的自动连续监测，也应注重应用3S空间技术在退化沼泽湿地的调查、编目、功能评价等方面的应用，以实现大尺度空间范围内的沼泽湿地退化监测。这些国际先进仪器的引进和使用，不仅减少传统沼泽湿地研究和监测对沼泽湿地的破坏性采样，还将有利于实现我国在退化沼泽湿地监测和分析标准中同国际同类研究的接轨，便于数据的比较和提高我国在国际生态安全中的地位。

（四）管理

各级政府在湿地恢复开发治理过程中应起到积极作用，应成立专门机构指导退化湿地的开发治理，保证开发治理的顺利进行，同时应建立健全相关法规体系。保护区领导应大力宣传，充分调动社会各界对废弃采石场地整治投资的积极性，出台多种优惠政策，积极吸纳社会资金，实施多元资金筹措机制。

注重弹性规划的介入。通过各个利益团体达成共识的过程来制订规划的方向和实施手段，从而使整个规划达到“自上而下”与“自下而上”的完美结合。

六、恢复成效

项目分包单位中国科学院东北地理与农业生态研究所对多布库尔国家级自然保护区进行了多次实地考察（图 7-21），明确了项目选点、恢复面积、环境状况和干扰要素等因素，为恢复项目的开展提供了一定的技术指导。

图 7-21　野外实地调研与考察

（一）基础设施及科研监测设备的完善

由于多布库尔国家级自然保护区为大兴安岭地区火险高发区，森林、湿地密布，给保护和防火工作带来了极大的不便。规划在保护区管理局设立森林防火指挥中心及防火办，为了加强防火监测与瞭望，规划对区内 3 座防火瞭望塔加强监测，同时配备工作生活设施设备，在每个防火瞭望塔配备可视化防火瞭望监测系统 1 套；规划在大黑山 245 林班、达金 287 林班、多布库尔 98 林班新建 3 处机降点；配备风力灭火机 50 套、灭火工具 50 台、防火人员装备 120 套、推土机 1 辆、运兵车 6 辆等防火设备；建设防火综合管理远程监测系统。

（二）矿坑修复及水利连通问题

通过回填、平整土地和铺设三维网，结合湿地土壤种子库恢复植被等工作对多布库尔国家级自然保护区矿坑进行修复。修复项目的具体施工方案如图 7-22、图 7-23 所示。

本项目对保护区内浅层采石场进行生态修复，恢复其观赏和生物多样性价值，具有重要理论指导意义。

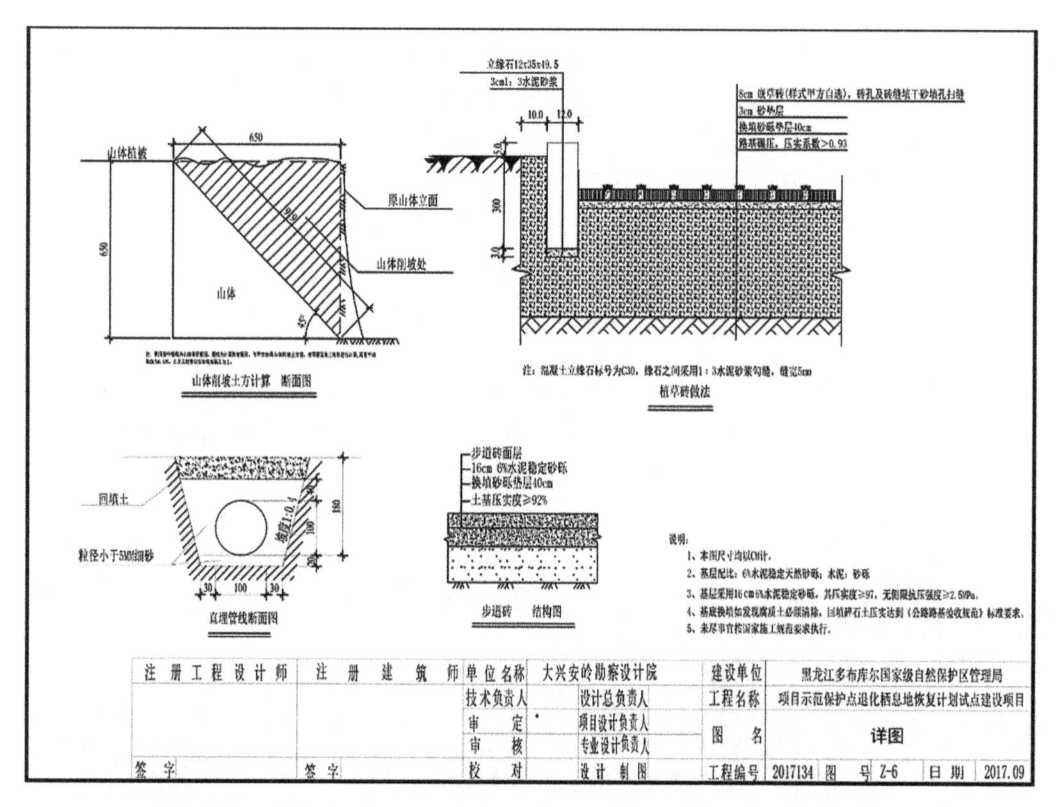

图 7-22 涵洞示意图

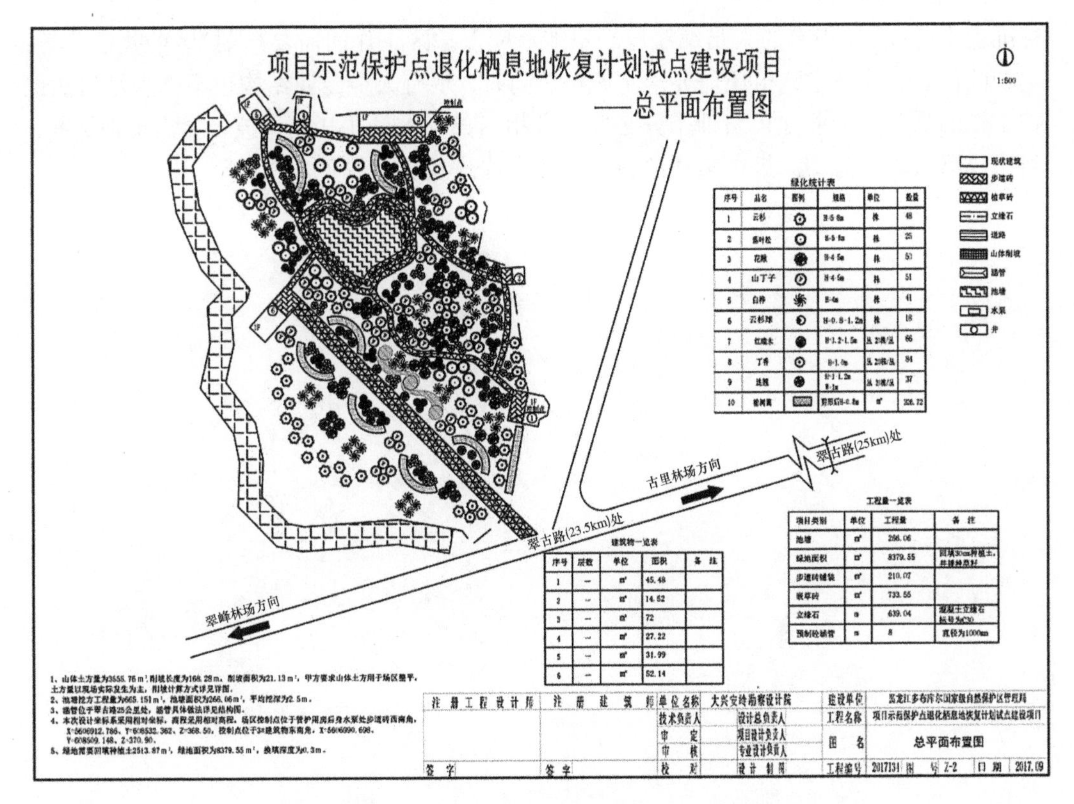

图 7-23　多布库尔国家级自然保护区湿地恢复总平面布置图

第四节　结论与讨论

湿地系统的恢复与重建是一项技术复杂、时间漫长、耗资巨大的工作。由于湿地系统的复杂性和某些环境要素的突变性，加之人们对湿地恢复的后果及最终湿地生态演替的方向难以进行准确的估计和把握，因此这就要求对被恢复对象进行系统综合的分析、论证，查明湿地系统的空间组合，在恢复过程中尽力做到恢复与利用相结合，合理利用湿地，因地制宜，在最小风险、最小投资的情况下获得最大效益，在考虑生态效益的同时，还应考虑经济和社会效益，以实现生态、经济、社会效益相统一。

汇总前期的修复工作及湿地调查，还存在如下问题。

第一，及时进行湿地资源本底综合性调查，做好长期监测管理工作。现有的数据收集管理体系也不完整，现存的森林资源、野生动植物资源本底综合性调查年代较久远，更新不及时，这会导致湿地保护及恢复对象不明确、管理措施不到位。同时，没有数据及其管理体系，无法用数据直观地体现出保护或恢复成效。

第二，湿地公园和保护区内没有一个整体性、协调性的生态环境监测体系。目前，缺乏自然资源和自然环境的动态变化监测，缺乏生物多样性监测。需要尽快形成一套生态环境监测指标体系，建立湿地生态监测网络，制订湿地监测计划，按期完成各种监测项目，做好监测档案的建立和保存。

第三，人力及技术人员的保障。随着社会的进步和发展，保护区及湿地公园的建设标准也不断提高，现有的人员编制已经不能适应保护区工作的需要，保护区的执法队伍、巡护队伍、专业技术队伍还需要落实人员。同时，现有人员专业结构也不能满足自然保护工作的需要，专业知识培训十分必要；有相当部分人员尤其是科技人员需培训提高。科研仪器缺乏，急需一批高素质的科研人才和先进的仪器设备。

第八章　大兴安岭地区湿地保护信息系统

本章主要介绍通过应用 GIS 技术，帮助大兴安岭地区建立一个湿地保护地和生物多样性信息的现代化管理系统（一个保护地和生物多样性信息收集、共享和传播平台），为大兴安岭地区湿地保护地网络建设生物多样性和生态系统健康状况监测，以及加强沟通和信息共享提供支持。根据各相关地区的应用部门、应用对象、气候特点、资源类型、功能要求、业务流程、数据内容及现有硬件设备等因素，收集大兴安岭黑龙江和内蒙古林业管理部门及各省级相关政府部门采集的数据信息，并制定标准化、规范化的数据信息。基于此研究结果，制定模块化、分类化的地理信息系统方案，明确系统结构框架、系统界面设计和系统数据结构，采用先进的技术手段设计地理信息管理系统。所设计的地理信息管理系统的功能模块应能够实现信息数据整合、共享、利用，实现信息的可追溯性、可观测性和可预测性，并符合大兴安岭地区、大兴安岭黑龙江和内蒙古林业管理部门及单个保护地三个层面的需求。

第一节　大兴安岭地区湿地保护信息系统现状与需求分析

近年来，我国政府对湿地保护工作非常重视，湿地保护工作不断得到加强。在国家相关项目的支持下，大兴安岭地区相继开展了各类生态保护和恢复建设项目。大兴安岭地区信息管理系统建设存在明显的不足，成为阻碍大兴安岭达到保护地管理目的的重要因素（可参见《大兴安岭项目文件》之阻碍因素 2：保护地网络管理和生物多样性保护所需的能力和资源不足）。这些阻碍因素可分为以下三大类，问题具体表现在以下几方面（摘自《大兴安岭项目文件》中关于知识与信息管理的现状分析）。

1）基础相对薄弱。由于之前保护地网络建设没有得到足够的重视，因此有关生物多样性监测和保护地管理的信息、工具非常有限，并且这些数据的质量比较差。

2）信息跟踪记录手段相对滞后，即存在信息“空白”。由于资金和人才短缺，保护地工作人员只开展了极少的调查或监测项目。保护地工作人员对区内自然保护联盟确定的濒危动物的分布和现状未能掌握最新情况，大多数信息都是由科研院所和政府部门开展的研究而积累下来的。

3）人们获得数据相对较难。这些数据如濒危动物的分布和现状不能得到及时更新，因此很难被决策者和保护区管理者用作他们管理保护地内外自然生态系统和信息交流的信息数据支撑。例如，人们已记录到气候变化的影响，但这些信息还未被用来指导人们制定更有效的计划、政策或管理行动，如对保护地进行分区或规划为物种日后的迁移作准备。黑龙江林业管理部门保护处及其下属保护区均建有自己的网站，内蒙古片区的信息系统只有火灾控制和森林资源的相关信息。因此，生物多样性信息普遍缺乏。因职工能力有限，加之资金投入不足，这些网站得不到及时更新，因此不能为感兴趣的人员提供足够的数据。此外，这些数据信息所用标准不同、陈旧且不易于被用户获取和使用。

因此，无论是单个保护地还是整个保护地体系的信息管理都需要提高，以满足不同信息使用者的需求，包括当地的、地区的和国家的，或者包括管理者和公众。所以急需引进现代化的管理和监测理念，建设基于网络与地图的保护地与生物多样性信息系统。

第二节　根河源国家湿地公园信息系统建设方案与关键技术

一、设计的基本思路

设计的基本思路主要有以下几方面。

1）考虑到系统的使用者主要有两类人员，一类是保护区内部人员，另一类是公众，因此从使用者的角度来说，系统包括信息服务管理和生态信息公开两部分，前者对内帮助保护地的管理人员对保护区所有资源统一进行存储、管理与可视化支持，为后续分析业务提供数据支持；后者对外具有展示、宣传的作用，同时建立起公众了解保护地现状的桥梁。

2）重视用户需求分析，强调实用性。部分信息系统开发中存在的一个错误认识主要表现为忽视软件需求分析的重要性，认为软件开发就是写程序并设法使之运行，轻视软件维护等。从软件的可持续性的角度而言，系统的功能设计与实际业务流程相符合，实用及可操作性与现有管理部门技术水平一致，才能普遍推广使用。

3）主要业务流程实现信息化。保护区的管理工作尚未真正摆脱以手工作业为主的工作方式。数字化信息积累严重不足，多年来积聚的海量资源资料存在缺失的现象，部分仍然以纸介质方式保存。因此需要建立数据库或信息系统，工作中得到的数据要得到有效维护和及时更新。

4）考虑系统的轻量化、网络化使用。在林业系统，目前尚未建立自己的网络平台，绝大多数在信息管理上只是单机系统，网络应用软件方面发展水平不高，也不系统，更没有按照软件开发原则和数据设计原则来开发管理信息系统。目前大数据应用技术、大规模场景可视化技术、3S 技术等已经逐渐走向成熟且走向应用，已经具备将这些技术集成到一个统一的平台中，技术上已经可以满足保护区数字化的建设要求。

5）以增量资产带动存量资产，充分发挥投资效益。充分利用现有的技术和设备、数据和网络资源等基础设施，统一标准、统一规范、统筹规划、协调安排，使项目建设有序进行，避免不必要的重复建设，提高效率，发挥投资的最大效益，提高系统的建设水平。

6）标准化、规范化原则。严格遵循软件开发的标准规范，系统中的基础地理信息数据和各类用户数据都采用对应的国家标准或行业标准来组织、量化、管理。标准化原则保证了系统数据的标准化，便于数据、资料在不同行业、不同领域的人员之间进行交流。规范化原则主要指在建设系统过程中和系统使用时都采用规范化的组织方式与系数指标。在系统建设时使用的主要规范标准包括软件设计、开发规范、国家网络建设与软件开发标准规范。对于系统中的核心支持、服务模块，地理信息系统都采用国家基础地理信息系统（NFGIS）标准规范。对于用户数据和行业功能，从自然保护区自身特点出发，通过探索、研究，形成一些适合自然保护区业务的软件标准规范、模型标准规范和数据标准规范。

7）安全可靠原则。坚持 GIS 地图和资源数据库的私有性，设计硬软件加密机制和保密登录等级划分，确保资源信息的安全；依托专用网络；资源数据和地图采集的原始数据与后期制作数据，采用在线备份和定期进行介质存储的双备份，保证资源可靠；数据的出入口采用硬件加密、解密的技术。系统选用可靠的硬件设备、操作系统及数据库系统，软件系统的运行必须具有极高的可靠性，具有良好的容错性能。在一定灾难发生时，仍能保证系统不间断运行。整个系统具有良好的安全管理功能，从数据存储、检索、提取、入库、发布、管理等各个层面和角度都具有相应的安全机制。

8）操作简易性原则。操作简易性原则的具体内容包括：经系统深层次的应用开发，通过简洁的界面实现“傻瓜式”操作；考虑到应用人员的不同层次，采用中文界面；系统运行简单方便，易于操作、更新、管理，用户经短期培训即能掌握。

二、系统结构与主要功能模块

（一）根河源国家湿地公园生态信息服务系统业务功能模块

1. 湿地公园资源

表 8-1 是湿地公园资源版块包括的业务模块信息列表，负责资源编辑的人员可以编辑业务内容，其他人员可以查看。

表 8-1　根河源国家湿地公园生态信息服务系统湿地公园资源业务模块信息列表

业务模块	模块说明
公园概况 • 公园概况 • 公园位置图 • 基本情况 • 湿地公园倡导	记录显示公园概况、位置地图、基本情况、倡导信息。
动物资源 • 动物编码 • 动物名录 • 国家保护动物	记录展示公园动物资源库。
植物资源 • 植物编码 • 植物名录 • 国家保护植物	记录展示公园植物资源库。
外来入侵物种	记录外来入侵物种。

2. 地理信息系统

表 8-2 是地理信息系统版块包括的业务模块信息列表，负责规划的人员可以编辑业务内容，其他人员可以查看。

表 8-2 根河源国家湿地公园生态信息服务系统地理信息系统业务模块信息列表

业务模块	模块说明
湿地公园基础 • 湿地公园保护区规划图 • 湿地公园功能区图 • 湿地公园林班图 • 公园水域图 • 重要植物保护研究站位置 • 引种驯化基地位置 • 指示性物种分布	在地图中编辑、展示公园保护区规划、功能区规划、林班分布、水域、重要植物保护研究站、引种驯化基地及湿地公园的指示性物种分布。
植物资源分布 • 公园野生植被分布图 • 重点保护野生植物分布 • 濒危植物分布	在地图中编辑、展示公园的植物群落分布图、重点保护植物及濒危保护植物分布，包括位置、面积、物种数量信息。
动物资源分布 • 公园野生动物分布图 • 重点保护野生动物分布 • 濒危动物分布	在地图中编辑、展示公园的动物群落分布图、重点保护动物及濒危保护动物分布，包括位置、面积、物种数量信息。
监测资源分布 • 公园监测站位置 • 隐蔽观察哨位置 • 远红外监测设备位置	在地图中编辑、展示公园的监测资源分布，包括监测站、隐蔽观察哨、远红外设备分布。
生态监测规划 • 巡护监测样方 • 巡护监测样线 • 巡护监测样带	在地图中编辑、展示公园的巡护监测样方、样线、样带。
环境教育与生态体验规划 • 宣教区域图 • 公园旅游区划图 • 公园景点位置 • 公园旅游导览线路	在地图中编辑、展示公园的宣传及景点、旅游线路、旅游区划。

3. 生态监测与保护

表 8-3 是生态监测与保护版块包括的业务模块信息列表，负责生态监测与保护的人员可以编辑业务内容，其他人员可以查看。

表 8-3 根河源国家湿地公园生态信息服务系统生态监测与保护业务模块信息列表

业务模块	模块说明
动植物监测 • 湿地监测巡护记录 • 濒危动物监测记录 • 濒危植物监测记录 • 指示性物种监测记录 • 外来入侵物种监测记录	提供动植物监测记录。
环境监测 • 根河站逐日平均流量 • 负离子与空气清洁度 • 气象监测记录 • 土壤监测	提供水文、气象、土壤监测记录。
生态保护 • 疫源疫病记录 • 林业有害生物监测 • 采摘等违法纠察记录	提供生态保护工作记录。

续表

业务模块	模块说明
野生动植物资料库 • 野生动物资源记录（地点、图片、视频） • 植物展示记录（地点、图片、视频） • 动物资源图册 • 植物资源图册	提供野生动植物的观测记录，对观测的图片、视频进行保存。 提供野生动植物资源图册的记录，支持 pdf 图册上传、下载。
动物救治与森防 • 动物救助 • 森防监测	记录动物救助记录。 以图表形式记录与展示森林防火等级，支持在地图上查看不同区域的防火等级。
EHI 生态系统健康评价 • EHI 生态系统健康指数 • EHI 生态系统健康评价	根据 EHI 生态系统健康指数，记录并显示、对比湿地公园生态健康状况及保护恢复成效。

4. 生态信息查询与统计分析

表 8-4 是生态信息查询与统计分析版块包括的业务模块信息列表，负责管理与分析的人员可以生成分析报告，负责管理与决策的人员可以查看分析报告。

表 8-4 根河源国家湿地公园生态信息服务系统生态信息查询与统计分析业务模块信息列表

业务模块	模块说明
监测巡护记录查询	为巡护记录提供查询功能。
指示性物种趋势分析	可以对指示性数量、栖息地（分布地）进行年度分析（同比分析和环比分析），并提供分析结论保存，供决策人员查看分析图表及结论。
负离子与空气清洁度趋势分析	可以对空气质量进行年度分析（同比分析和环比分析），并提供分析结论保存，供决策人员查看分析图表及结论。
森林防火分析	可以对森林防火风险等级进行年度分析（同比分析和环比分析），并提供分析结论保存，供决策人员查看分析图表及结论。
公园生态系统健康历史趋势分析	可以对公园生态系健康等级进行年度分析（同比分析和环比分析），并提供分析结论保存，供决策人员查看分析图表及结论。
项目统计分析	按照预期建设、正在建设、投入使用三类分别统计合作项目。 按照国内项目、国际项目类别统计合作项目。

5. 工作目标责任制管理

表 8-5 是工作目标责任制管理版块包括的业务模块信息列表，负责管理的人员可以编辑工作指标与工作任务，任务制定负责人可以记录工作记录，其他人员可以查看。

表 8-5 根河源国家湿地公园生态信息服务系统工作目标责任制管理业务模块信息列表

业务模块	模块说明
管理制度	提供管理制度文档管理，可以上传、下载管理制度文档。
工作指标	设置工作指标，可以是公园整体工作指标，也可以是具体部门工作指标。
工作任务	将工作指标分解为具体的工作任务，并指定任务负责人。
工作记录	任务负责人记录工作任务的完成情况，包括工作记录和工作任务是否完成。

6. 环境教育

表 8-6 是环境教育版块包括的业务模块信息列表，负责环境教育业务的人员可以编辑业务内容，其他人员可以查看。

表 8-6　根河源国家湿地公园生态信息服务系统环境教育业务模块信息列表

业务模块	模块说明
环境教育活动类别 环境教育活动 • 类别 1 活动记录（如科普活动） • 类别 2 活动记录（如风光摄影展览） • …… • 类别 *n* 活动记录	宣教活动记录
湿地公园大事记	记录湿地公园的重要事件，记录时间、地点、人物、事情。
人文历史及民俗	记录湿地公园及根河的人文历史和民风民俗，可以分多个记录介绍。
公园位置图	查看公园位置地图。
宣教区域图	查看公园宣教区域分布地图。
基本情况	查看公园基本情况。
湿地公园倡导	查看公园倡导信息。

7. 生态体验

表 8-7 是生态体验版块包括的业务模块信息列表，负责生态体验业务的人员可以编辑业务内容，其他人员可以查看。

表 8-7　根河源国家湿地公园生态信息服务系统生态体验业务模块信息列表

业务模块	模块说明
生态体验旅游产品设计	录入生态体验旅游产品。产品活动记录详细文本。产品宣传以 html 方式链接展示。
生态体验旅游产品 • 产品 1 • 产品 2 • …… • 产品 *n*	展示生态体验旅游产品。产品宣传以 html 方式链接展示。
生态体验访客分析 • 信息采集 • 访客来源地分析 • 访客吸引力分析 • 访客散客旅行社分析	信息采集是从 excel 中采集其他系统或者人工记录的访客信息。 来源地分析可以对不同来源地的访客统计进行分析，并分析不同月份对不同来源地的访客统计。提供分析结论记录功能。 吸引力分析可以分析不同来源地、年龄的访客数量变化趋势。提供分析结论记录功能。 散客旅行社分析可以分析两种类型访客不同月份的分布情况。提供分析结论记录功能。
公园景点位置图	查看公园定点分布地图。
公园旅游导览线路	查看公园旅游线路地图。
公园旅游区划图	查看公园旅游区划地图。

8. 项目建设

表 8-8 是项目建设版块包括的业务模块信息列表，负责项目管理业务的人员可以编

辑业务内容，其他人员可以查看。

表 8-8　根河源国家湿地公园生态信息服务系统项目建设业务模块信息列表

业务模块	模块说明
国内项目建设 • 国家项目 • 省级项目 • 地区项目	以列表形式展示合作项目，并记录展示预期建设、正在建设、投入使用的项目情况。
国际项目建设 • GEF 项目 • 其他项目	以列表形式展示合作项目，并记录展示预期建设、正在建设、投入使用的项目情况。

9. 系统管理

表 8-9 是系统管理版块包括的业务模块信息列表，负责系统管理业务的人员可以编辑业务内容。

表 8-9　根河源国家湿地公园生态信息服务系统管理业务模块信息列表

业务模块	模块说明
用户管理 • 用户组管理 • 用户管理	用户管理设置可以登录系统的账号设置角色分类，划分不同角色的权限。 用户组管理是设置用户角色，一类用户角色代表了一类用户的身份，具有相同的权限；权限指定了用户可以查看业务、编辑业务的权限。 用户管理是为每个允许使用系统的用户设置账号，并指定用户角色。
日志管理	查看系统登录日志、操作日志。
系统设置信息	对系统中重要的配置信息、数据信息、文件信息等进行统一管理，如文件存储位置。

（二）根河源国家湿地公园公开数据服务系统主要模块

1. 门户首页

展示最新环境教育活动、生态体验产品，以及指标性物种图片。

2. 资源目录

展示允许公开的动植物资源，如表 8-10 所示。

表 8-10　根河源国家湿地公园公开数据服务系统资源目录业务模块信息列表

业务模块	模块说明
资源目录 • 公开的动物资源 • 公开的植物资源 • 野生动物资源图册 • 野生植物资源图册	展示允许公开的动植物资源，包括介绍及图片。 提供允许公开的动植物资源图册下载。

3. 环境教育

表 8-11 是环境教育版块包括的业务模块信息列表。

表 8-11　根河源国家湿地公园公开数据服务系统环境教育业务模块信息列表

业务模块	模块说明
环境教育活动展示	环境教育活动发布展示。
环境教育宣教资料展示 • 湿地风光摄影展览 • 其他活动资源展示	环境教育活动结果资源发布展示。
人文历史及民俗	查看湿地公园及根河的人文历史及民风民俗记录。
湿地公园大事记	查看公园大事记。
湿地位置图	查看公园位置地图。
宣教区域图	查看公园宣教区域分布地图。
湿地基本情况	查看公园基本情况。
湿地倡导	查看公园倡导信息。

4. 生态体验

表 8-12 是生态体验版块包括的业务模块信息列表。

表 8-12　根河源国家湿地公园公开数据服务系统生态体验业务模块信息列表

业务模块	模块说明
生态体验旅游产品 • 产品 1 • 产品 2 • …… • 产品 *n*	展示生态体验旅游产品。产品宣传以 html 方式链接展示。
公园景点位置图	查看公园定点分布地图。
公园旅游导览线路	查看公园旅游线路地图。
公园旅游区划图	查看公园旅游区划地图。

5. 项目建设

表 8-13 是项目建设版块包括的业务模块信息列表，负责项目管理业务的人员可以编辑业务内容，其他人员可以查看。

表 8-13　根河源国家湿地公园公开数据服务系统项目建设业务模块信息列表

业务模块	模块说明
国内项目建设 • 国家项目 • 省级项目 • 地区项目	以列表形式展示合作项目，并记录展示预期建设、正在建设、投入使用的项目情况。
国际项目建设 • GEF 项目 • 其他项目	以列表形式展示合作项目，并记录展示预期建设、正在建设、投入使用的项目情况。
项目统计分析	按照预期建设、正在建设、投入使用三类分别统计合作项目。 按照国内项目、国际项目类别统计合作项目。

三、技术实现手段及运行机制

地理信息系统采用 B/S 方式设计。支持用户通过浏览器使用业务功能、存取后台数据。

地理信息系统采用 Java 技术开发，使用 Spring MVC 框架，包括 controller（控制器）、service（业务处理）、dao（数据）、domain（实体）。

地理信息系统中地图采用 GIS 开发，利用空间信息分析技术，通过对原始数据模型的观察和实验，用户可以获得新的经验和知识，为日常工作的决策提供依据。系统采用标准的系统架构设计方法，自下而上分为基础设施层、数据层、服务层、应用层（图 8-1）。

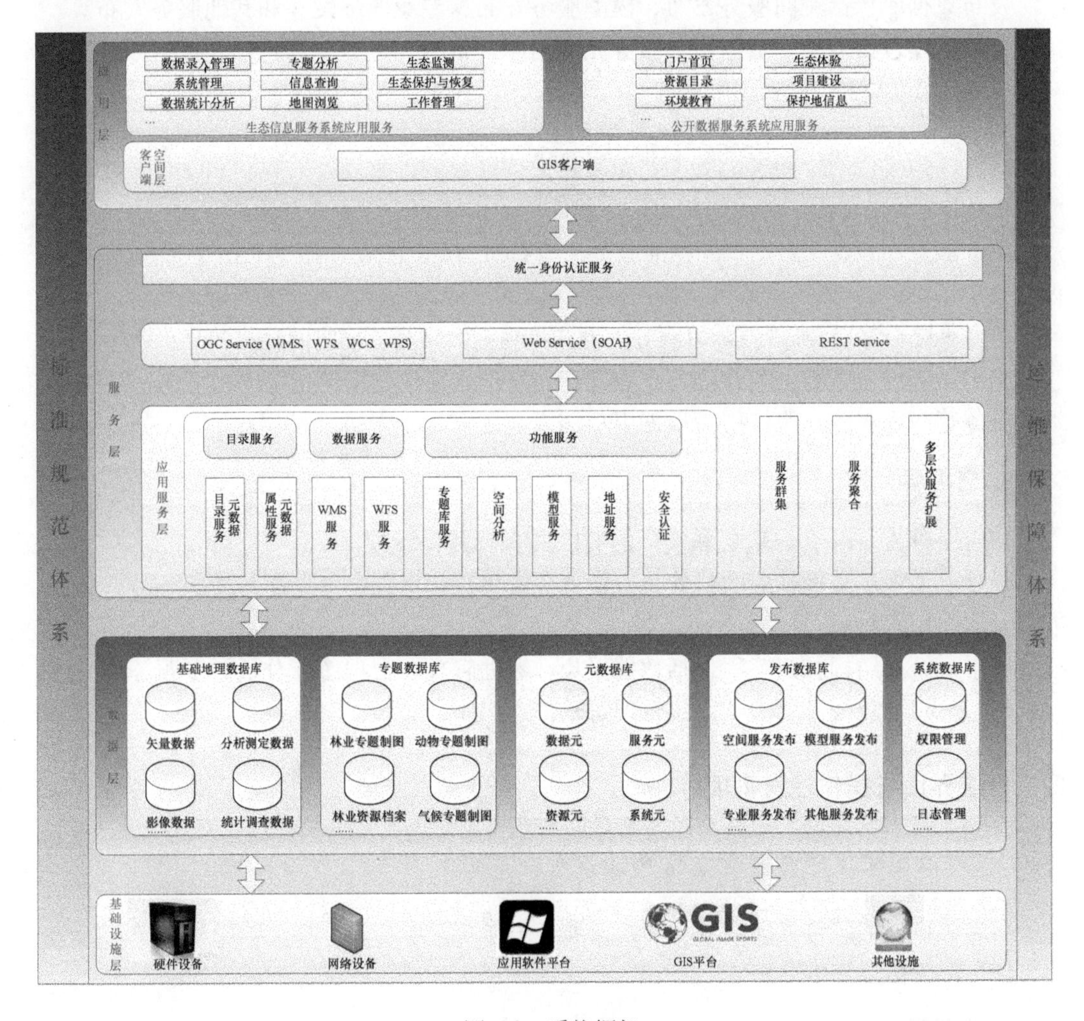

图 8-1　系统框架

1. 基础设施层

基础设施层提供环境空间信息共享服务平台的运行支撑环境，满足平台所要达到的数据存储能力、数据服务能力和网络环境要求，通过平台的安装部署，建成性能稳定的软硬件运行支撑环境。

2. 数据层

数据层通过数据传输平台实现数据的共享，并可在现有数据基础上进行扩展，接入与湿地环境相关的数据。数据层总体分为基础地理数据库、专题数据库、系统数据库、发布数据库和元数据库等。

基础地理数据库包括各类空间数据。

专题数据库包括鸟类、植物、动物、水文和气候等属性数据。

系统数据库包括权限管理和日志管理数据等。

发布数据库包括空间服务发布、模型服务发布、专业服务发布和其他服务发布等。

元数据库包括数据元数据库、服务元数据库、资源元数据库和系统元数据库等。

3. 服务层

服务层为平台的中间层，其主要作用是支持平台的正常运行，包括 Web 服务层和应用服务层。

Web 服务层包含平台提供的标准服务，如 OGC 标准的 WMS、WFS，以及 SOAP 协议、REST 标准等。该类服务可对异构平台数据进行整合，对于不同节点异构平台内部的数据，可通过 OGC 标准规范，以服务的方式将数据发布到环境空间数据共享平台中。

应用服务层包括数据库管理、流程管理、身份认证、安全管理等专用服务，还包括地图服务等应用服务。服务层可根据用户需求在现有基础上进行扩展。

4. 应用层

应用层分为 GIS 客户端层和实际的 GIS 相关应用系统层。

平台设计客户端控件层的目的是方便业务的调用，增强客户端用户界面、提高交互能力，增强用户体验。

应用系统层结构按照流程包括数据采集、数据管理、数据统计分析、专题分析、业务应用、可视化及资源管理、系统管理等功能。

四、系统界面与操作注意事项等

（一）根河源国家湿地公园生态信息服务系统界面

对系统程序的整体界面进行说明，主要介绍系统界面，关于具体的模块在“系统功能界面”部分进行详细介绍。

1. 主程序界面

程序运行后，打开首页，如图 8-2 所示。

2. 系统主界面布局

系统主界面就是进入各个子系统的入口，主要分为 2 部分，分别是菜单栏、展示介绍区。

图 8-2　根河源国家湿地公园生态信息服务系统——主界面

菜单栏主要显示程序的菜单（图 8-3），通过菜单可以查看系统的主要功能模块，每个菜单都会调用一个功能模块。

图 8-3　根河源国家湿地公园生态信息服务系统——菜单栏

展示介绍区是对各个功能模块的功能及作用进行详细的阐述（图 8-4）。

保护区资源

根河源国家湿地公园拥有生态良好、大尺度的湿地资源，主要包括沼泽湿地、河流湿地和湖泊湿地三种湿地。
湿地内动植物种类丰富，水面中心分布着可浮动的“苔草浮岛”，为各种鸟类提供了庇护，
成为众多留鸟和旅鸟繁殖栖息迁徙停留的重要区域。

图 8-4　根河源国家湿地公园生态信息服务系统——展示介绍区

3. 子系统界面布局

子系统的界面展示如图 8-5 所示。

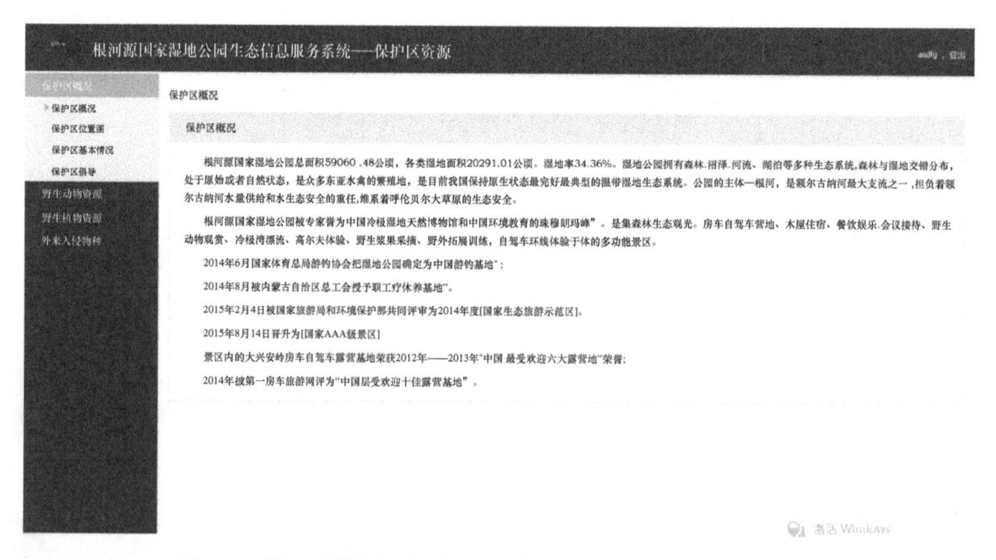

图 8-5　根河源国家湿地公园生态信息服务系统——子系统界面

根河源国家湿地公园生态信息服务系统子系统界面主要分为 2 部分，分别是菜单栏、功能区。左侧菜单栏显示程序的功能菜单，通过菜单可以查看子系统的主要功能模块。右侧功能区是各个功能模块显示的区域，是整个生态信息服务系统的主要操作区。

4. 模块窗口介绍

（1）列表类型窗口

列表类型窗口是通过列表显示多个对象信息的窗口，如图 8-6 所示。

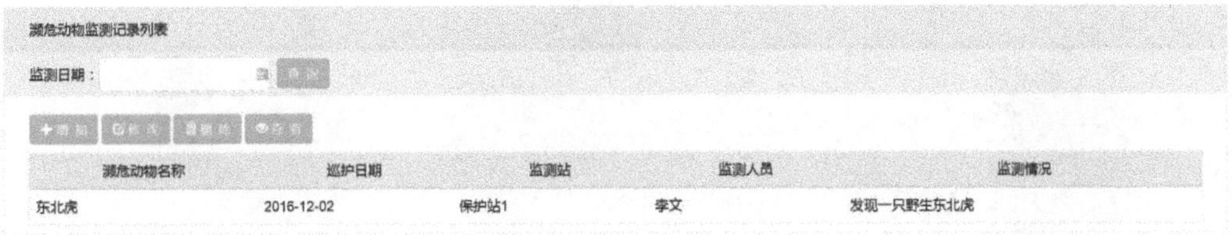

濒危动物监测记录列表

监测日期：

濒危动物名称	巡护日期	监测站	监测人员	监测情况
东北虎	2016-12-02	保护站1	李文	发现一只野生东北虎

图 8-6 根河源国家湿地公园生态信息服务系统——列表类型窗口

列表类型窗口一般在顶部有操作按钮，如增加、修改、删除、查看按钮。通过列表类型窗口一般可以打开信息类型窗口。

（2）信息类型窗口

信息类型窗口是通过信息编辑显示一个对象信息的窗口，如图 8-7 所示。

濒危动物监测记录 / 新增濒危动物监测记录

记录人员： 记录日期： 所在保护站： 请选择

动物名称： 监测地点：

监测内容：

照片： 选择

支持上传的图片格式有：jpg、png、gif、bmp

图 8-7 根河源国家湿地公园生态信息服务系统——信息类型窗口

信息类型窗口的操作按钮显示在底部功能区，如保存、返回按钮。

（3）综合性窗口

综合性窗口是包含了多种界面元素，不是简单的信息列表或者信息编辑的窗口（图 8-8）。

（4）地图窗口

地图窗口是以地图显示为主（图 8-9），让地图铺满整个功能区，功能操作浮于地图之上。

图 8-8　根河源国家湿地公园生态信息服务系统——综合性窗口

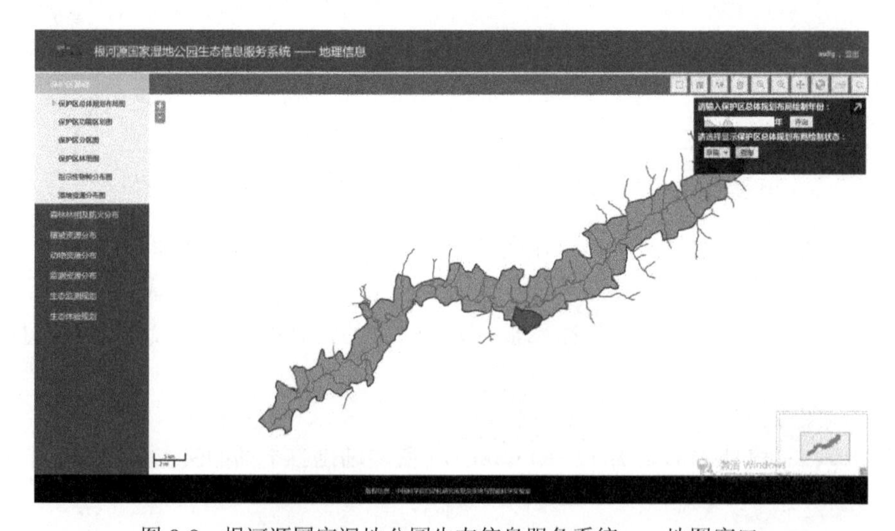

图 8-9　根河源国家湿地公园生态信息服务系统——地图窗口

（二）根河源国家湿地公园生态信息服务系统功能界面

根河源国家湿地公园生态信息服务系统是对保护区资源、生态监测与保护和日常工作等各项信息进行整合，统一地进行管理、查询和分析。

1. 登录功能

（1）界面说明

登录界面如图 8-10 所示。

图 8-10　根河源国家湿地公园生态信息服务系统——登录界面

（2）使用说明

要进入某子系统之前，首先进入登录页面。录入分配的账号、密码，点击“立即登录”按钮，如果账号、密码正确，登录到相应的子系统。

如果已经通过账户名、密码登录到一个子系统，当打开其他子系统时不需要重复输入，可直接登录。

2. 保护区资源

保护区资源支持对保护区概况、野生动物资源、野生植物资源、外来入侵物种等基础信息进行记录，给出一份保护区的资源清单。

（1）保护区概况

本模块介绍了保护区的基本情况，界面如图 8-11 所示。

（2）保护区位置图

本模块介绍了保护区地理位置等地图信息，界面如图 8-12 所示。

（3）保护区基本情况

本模块对保护区基本情况进行介绍说明，界面如图 8-13 所示。

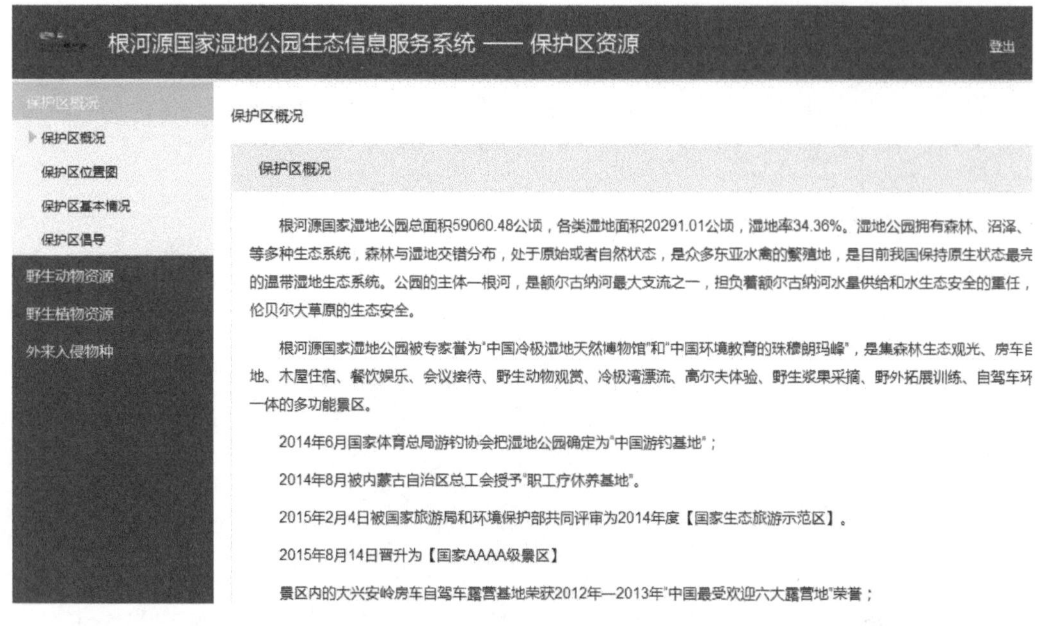

图 8-11　根河源国家湿地公园生态信息服务系统——保护区概况

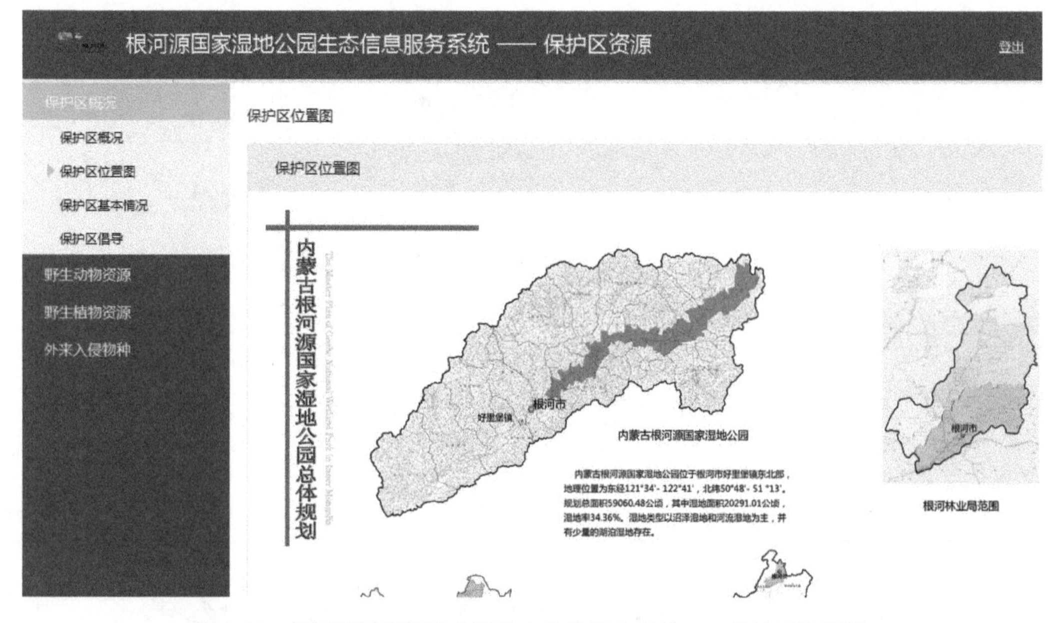

图 8-12　根河源国家湿地公园生态信息服务系统——保护区位置图

（4）保护区倡导

本模块对保护区倡导倡议进行公开，界面如图 8-14 所示。

（5）野生动物编码

本模块对保护区的野生动物种类进行编码，整理保护区物种科目情况，包括鸟类科目编码、兽类科目编码、爬行类科目编码、两栖类科目编码、鱼类科目编码、昆虫科目编码等，为保护区动物资源管理提供基础。

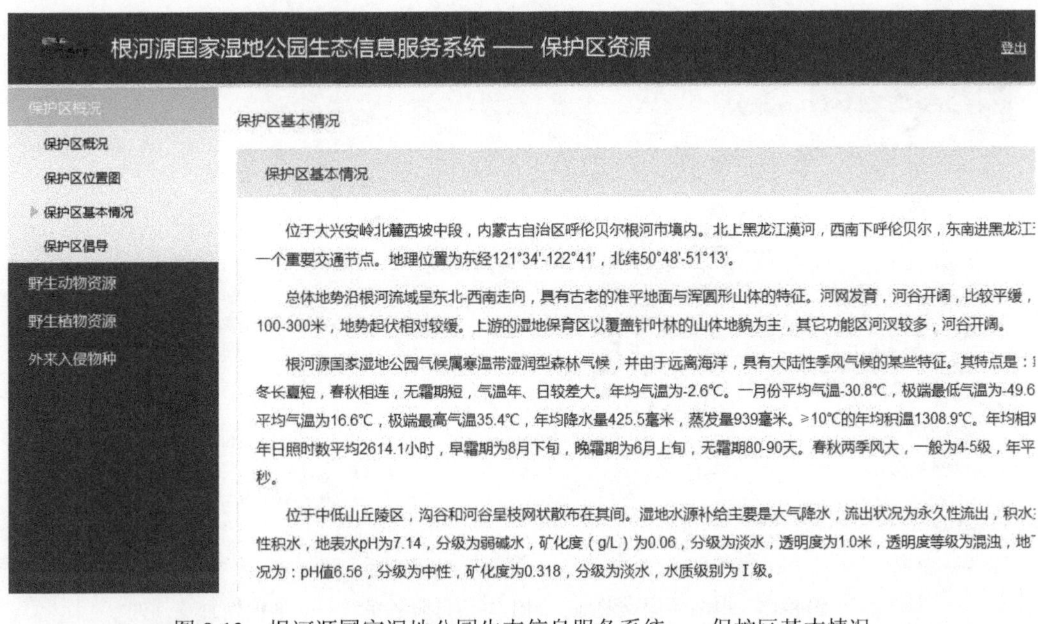

图 8-13　根河源国家湿地公园生态信息服务系统——保护区基本情况

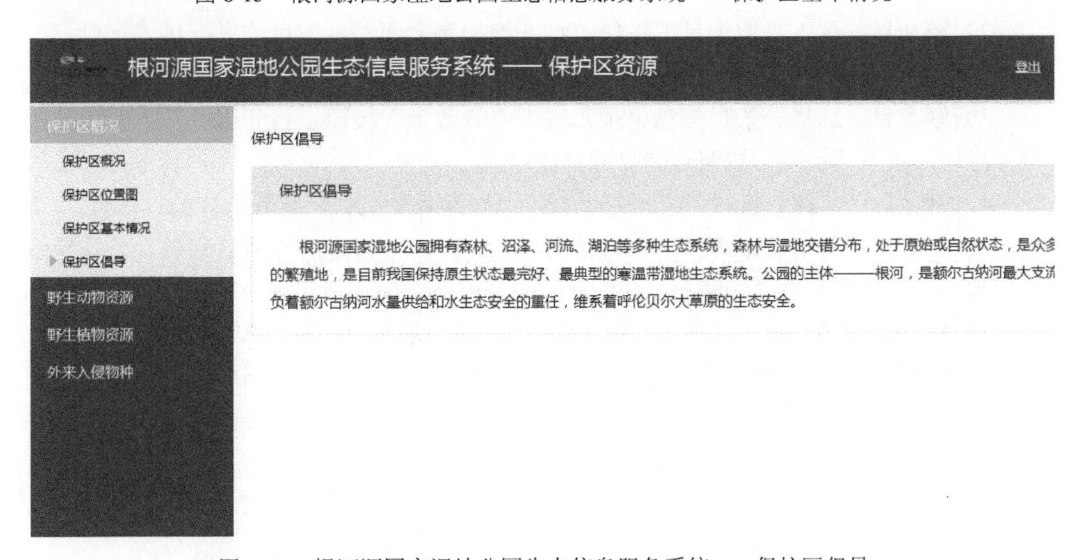

图 8-14　根河源国家湿地公园生态信息服务系统——保护区倡导

a. 界面说明

每类科目编码都包括维护界面和编辑界面。

维护界面列出了一类科目编码的信息，如图 8-15 所示。一般科目编码分为目和科两级进行管理。

b. 使用说明

本页面提供鸟类科目编码、兽类科目编码、爬行类科目编码、两栖类科目编码、鱼类科目编码、昆虫科目编码的维护功能。

1）列表查看目信息。列表中按照目、科列出编码列表；先列出各目信息，每目下的科信息可展开查看。

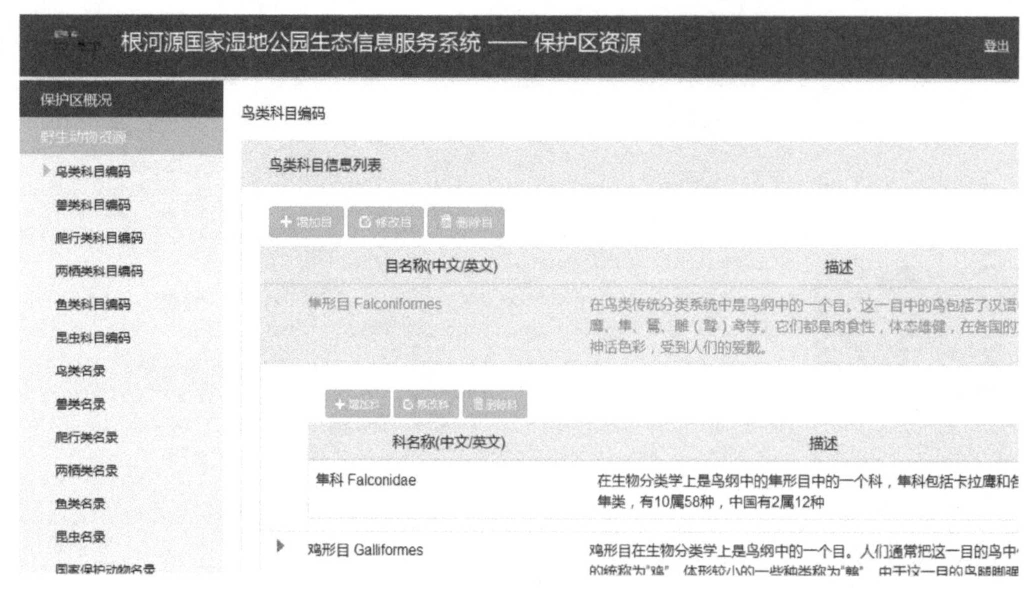

图 8-15　根河源国家湿地公园生态信息服务系统——维护界面

2）增加目。按下“增加目”按钮，打开增加目页面。录入目信息，按下“保存”按钮，增加一条目的信息。

3）修改目。选择一条目信息记录，按下“修改目”按钮，打开修改目页面。修改目信息后，按下“保存”按钮存储目的修改信息。

4）删除目。选择一条目信息记录，按下“删除目”按钮，删除选择的目信息。

5）查看目下科信息。选择一条目信息记录，列出该目下的科信息列表，并且显示“增加科”“修改科”“删除科”按钮，按照其中某一个按钮实现对应操作（图 8-16）。①增加科。按下“增加科”按钮，打开增加科页面。录入科信息，按下“保存”按钮，增加一条科的信息。②修改科。选择一条科信息记录，按下“修改科”按钮，打开修改科页面。修改科信息后，按下“保存”按钮存储科的修改信息。③删除科。选择一条科信息记录，按下“删除科”按钮，删除选择的科信息。

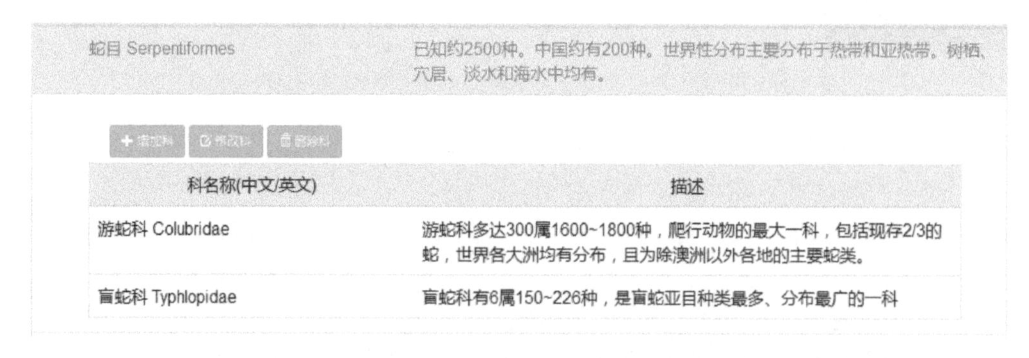

图 8-16　根河源国家湿地公园生态信息服务系统——目下科信息操作

（6）野生动物名录

本模块对保护区的野生动物种类进行编码，整理保护区物种名录情况，包括鸟类名录、兽类名录、爬行类名录、两栖类名录、鱼类名录、昆虫名录，为保护区动物资源管理提供基础。

a. 界面说明

每类名录都包括维护界面和编辑界面。

维护界面列出了一类名录的信息，如图 8-17 所示。

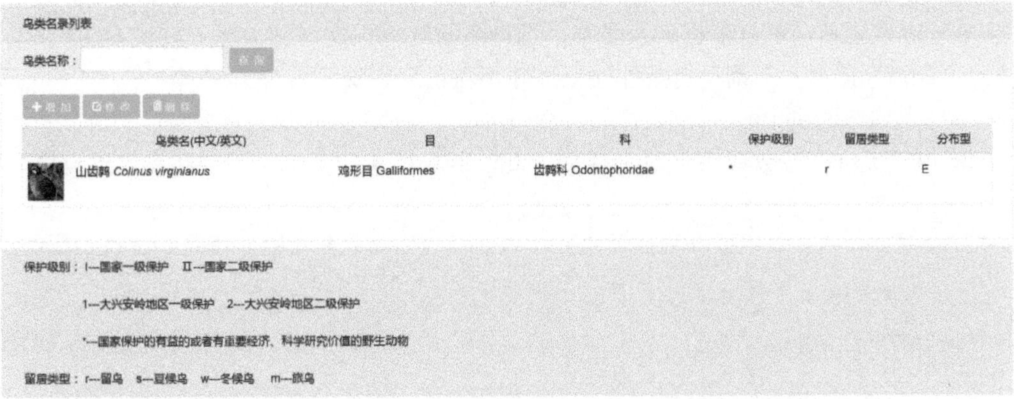

鸟类名录列表

鸟类名称：

鸟类名(中文/英文)	目	科	保护级别	留居类型	分布型
山齿鹑 *Colinus virginianus*	鸡形目 Galliformes	齿鹑科 Odontophoridae	*	r	E

保护级别：I---国家一级保护　II---国家二级保护

1---大兴安岭地区一级保护　2---大兴安岭地区二级保护

*---国家保护的有益的或者有重要经济、科学研究价值的野生动物

留居类型：r---留鸟　s---夏候鸟　w---冬候鸟　m---旅鸟

图 8-17　根河源国家湿地公园生态信息服务系统——野生动物名录

b. 使用说明

本页面提供鸟类名录、兽类名录、爬行类名录、两栖类名录、鱼类名录、昆虫名录的维护功能。

维护野生动物名录的界面如图 8-18 所示。名录信息包括输入中文名称、英文名称，选择所属目、科，保护级别和留居类型，输入分布型说明，以及设置是否重点保护，另外可以给出该野生动物的图片。

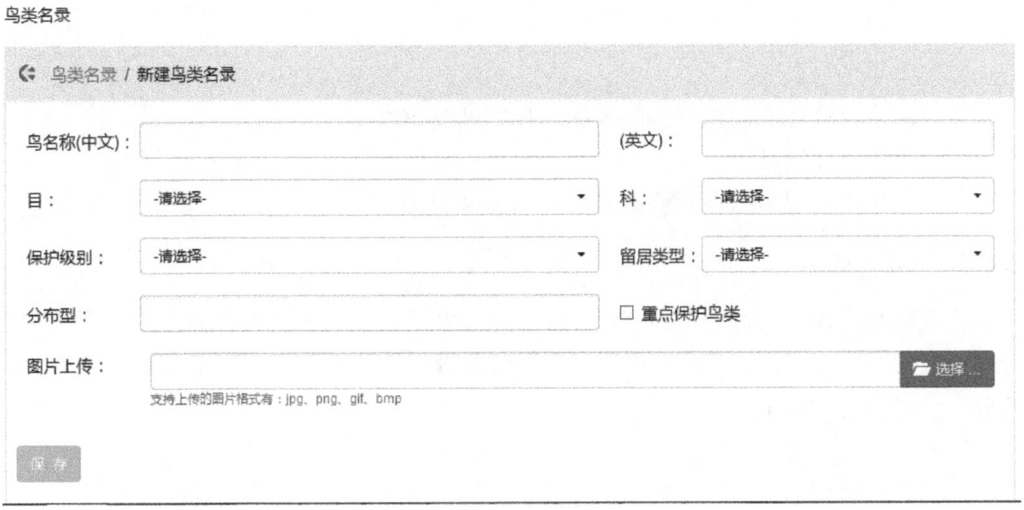

鸟类名录

鸟类名录 / 新建鸟类名录

鸟名称(中文)：　(英文)：

目：-请选择-　科：-请选择-

保护级别：-请选择-　留居类型：-请选择-

分布型：　☐ 重点保护鸟类

图片上传：　选择 ...

支持上传的图片格式有：jpg、png、gif、bmp

保 存

图 8-18　根河源国家湿地公园生态信息服务系统——维护野生动物名录

1）列表查看名录信息。列表中列出名录信息查看。

2）增加名录。按下“增加”按钮，打开增加名录页面。录入名录信息，按下“保存”按钮，增加一条名录的信息。

3）修改名录。选择一条名录信息记录，按下“修改”按钮，打开修改名录页面。修改页面显示要修改的记录内容，按下“保存”按钮存储名录的修改信息。

4）删除名录。选择一条名录信息记录，按下“删除”按钮，删除选择的名录信息。

5）检索名录。可以根据名录名称，查询名录列表。在名称内输入要检索的内容，按下“查询”按钮，查询符合条件的记录并刷新名录列表。

（7）野生植物编码

本模块提供类似数据库查询的界面，如图 8-19 所示，类似于野生动物编码模块。

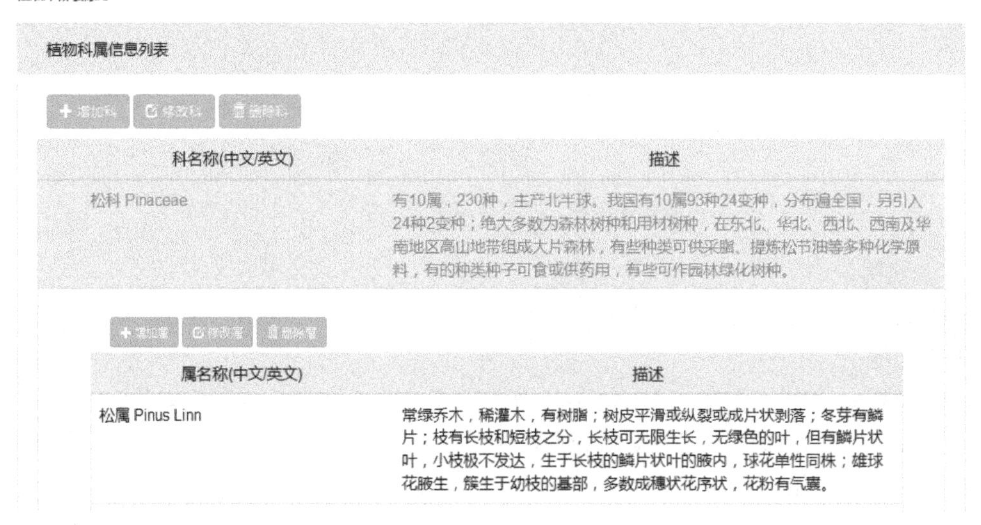

图 8-19　根河源国家湿地公园生态信息服务系统——野生植物编码

（8）野生植物名录

本模块提供类似数据库查询的界面，如图 8-20 所示。

（9）外来入侵物种

本模块提供类似数据库查询的界面，如图 8-21 所示。

3. 地理信息

地理信息模块支持对保护地基础、森林林相及防火分布、植被资源分布、动物资源分布、监测资源分布、生态监测规划和生态体验规划等基础信息进行记录，给出保护地的分布一张图进行展示。

（1）保护地信息展示

本模块对保护地信息进行一张图展示，并提供放大、缩小、平移、测量等地图操作和保护地分布信息编辑功能。保护地信息展示主要包括保护地基础、森林林相及防火分布、监测资源分布、生态监测规划和生态体验规划等功能模块。

野生植物名录

野生植物名录列表

植物名称： 查询

增加 修改 删除

植物名称	科	属	保护级别

保护级别：I---国家一级保护　II---国家二级保护

1---大兴安岭地区一级保护　2---大兴安岭地区二级保护

中文名前加*的为栽培植物

图 8-20　根河源国家湿地公园生态信息服务系统——野生植物名录

外来入侵物种

外来入侵物种查看列表

入侵物种名称	所属目	所属科	发现时间	位置	数量
葎草	荨麻目	桑科	2016-06-30 00:00:00.000	长伟路西侧200米处	100
豚草	桔梗目	菊科	2016-05-31 00:00:00.000	西林街北侧150米处	80

图 8-21　根河源国家湿地公园生态信息服务系统——外来入侵物种

保护地基础功能模块包括保护地总体规划布局图、保护地功能区划图、保护地分区图、保护地林班图、指示性物种分布图和湿地资源分布图等子模块。

森林林相及防火分布模块包括保护地地形林相图、保护地水文地质图、保护地防火隔离带、防火规划、种养殖户位置分布和种养殖户面积分布等子模块。

监测资源分布模块包括保护站位置和局址位置等子模块。

生态监测规划模块包括巡护监测样方、巡护监测样线和巡护监测样带等子模块。

生态体验规划模块包括宣教区域图、旅游规划布局图、景点位置和旅游导览线路等子模块。

a. 界面说明

保护地信息界面如图 8-22 所示。

布局为上下布局，上部为地图操作和编辑操作按钮，按钮从左至右分别为增加要素、编辑要素属性、编辑要素图形、删除要素、放大地图、缩小地图、平移地图、全图显示地图、测量和查询要素属性功能，下部为地图展示部分。

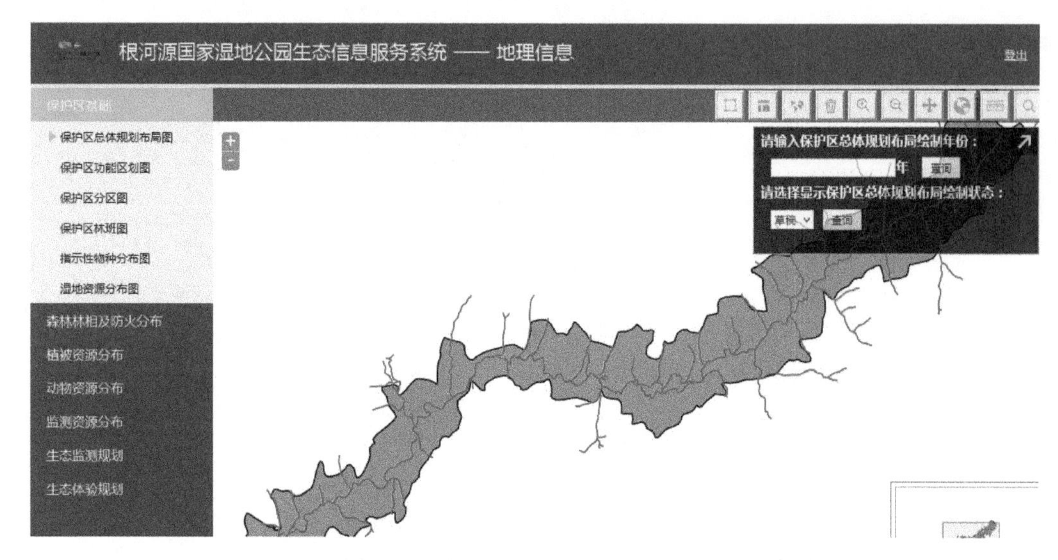

图 8-22　根河源国家湿地公园生态信息服务系统——保护地信息展示

地图展示部分的右上角为查询窗体，主要按绘制年份和绘制状态进行查询。

b. 使用说明

本模块提供保护地信息，展示各子模块的维护功能。

1）增加要素。按下“增加要素”按钮，在地图中绘制要素图形，绘制完成后双击鼠标。绘制完成后会弹出增加要素属性窗体，输入对应的属性信息即可，按下“确定增加”按钮，增加一条要素信息；按下窗体取消按钮，关闭窗体，绘制的要素图形删除。

2）编辑要素属性。按下“编辑要素属性”按钮，在地图中点击将要编辑属性的要素；弹出编辑要素属性窗体，输入编辑的属性信息即可，按下“确定编辑”按钮，编辑成功一条要素信息；按下窗体取消按钮，关闭窗体，要素属性信息将不会被编辑。

3）编辑要素图形。按下“编辑要素图形”按钮，在地图中点击将要编辑图形的要素；要素图形将变为可编辑状态，可拖动要素中任意黄色圆点编辑要素图形，编辑完成后双击地图上其他位置即可。

4）删除要素。按下“删除要素”按钮，在地图中点击将要删除的要素，弹出确认删除窗体。按下“确定”按钮，选择的要素将被删除；按下“取消”按钮，删除操作将取消。

5）放大地图。按下“放大地图”按钮，地图的显示范围放大一个等级。

6）缩小地图。按下“缩小地图”按钮，地图的显示范围缩小一个等级。

7）平移地图。按下“平移地图”按钮，可利用鼠标对地图实现拖拽。

8）全图显示地图。选择一条目信息记录；按下“全图显示地图”按钮，地图显示范围为初始化显示范围。

9）测量地图。按下“测量地图”按钮，绘制要素的显示面积或长度信息。

10）查询要素属性。按下“查询要素属性”按钮，在地图上点击将要查询的要素，属性信息会以弹窗的形式展示。按下窗体取消按钮，关闭窗体。进入页面默认是查询要素属性模式。

11）按绘制年份查询要素。输入将要查询的年份，按下“查询”按钮，地图上显示该年份下的所有要素。

12）按绘制状态查询要素。选择将要查询的绘制状态，按下“查询”按钮，地图上显示该绘制状态下的所有要素。

（2）保护地动植物资源展示

本模块对保护地动植物资源分布进行一张图展示，并提供放大、缩小、平移、测量等地图操作和保护地动植物资源分布信息编辑功能。保护地动植物资源展示主要包括植被资源分布和动物资源分布等功能模块。

植被资源分布功能模块包括保护区植被分布图、重点保护野生植物分布和濒危植物分布等子模块；动物资源分布功能模块包括保护地野生动物分布图、重点保护野生动物分布和濒危动物分布等子模块。

a. 界面说明

保护地动植物资源展示界面如图 8-23 所示。

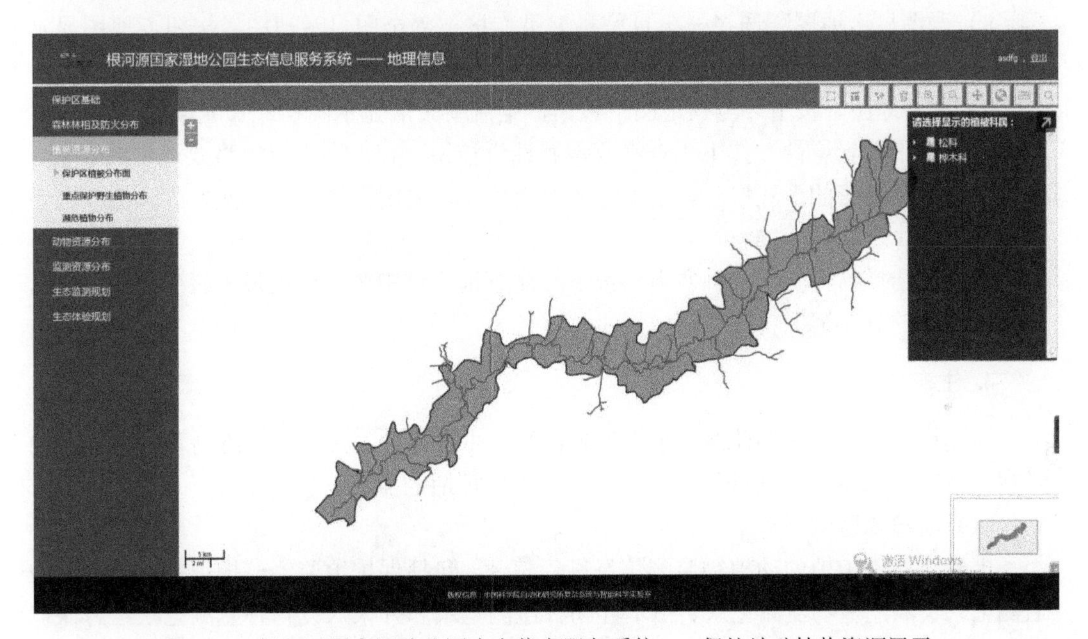

图 8-23　根河源国家湿地公园生态信息服务系统——保护地动植物资源展示

布局为上下布局，上部为地图操作和编辑操作按钮，按钮从左至右分别为增加要素、编辑要素属性、编辑要素图形、删除要素、放大地图、缩小地图、平移地图、全图显示地图、测量和查询要素属性功能，下部为地图展示部分。

地图展示部分的右上角为查询窗体，主要是按动植物的科属或者科目下的物种名称进行查询。

b. 使用说明

本模块提供保护地动植物资源展示各子模块的维护功能。

1）增加要素。按下“增加要素”按钮，在地图中绘制要素图形，绘制完成后双击鼠标。绘制完成后会弹出增加要素属性窗体，输入对应的属性信息即可，按下“确定增加”按钮，增加一条要素信息；按下窗体取消按钮，关闭窗体，绘制的要素图形删除。

2）编辑要素属性。按下“编辑要素属性”按钮，在地图中点击将要编辑属性的要素；弹出编辑要素属性窗体，输入编辑的属性信息即可，按下“确定编辑”按钮，编辑成功一条要素信息；按下窗体取消按钮，关闭窗体，要素属性信息将不会被编辑。

3）编辑要素图形。按下“编辑要素图形”按钮，在地图中点击将要编辑图形的要素；要素图形将变为可编辑状态，可拖动要素中任意黄色圆点编辑要素图形，编辑完成后双击地图上其他位置即可。

4）删除要素。按下“删除要素”按钮，在地图中点击将要删除的要素，弹出确认删除窗体。按下“确定”按钮，选择的要素将被删除；按下“取消”按钮，删除操作将取消。

5）放大地图。按下“放大地图”按钮，地图的显示范围放大一个等级。

6）缩小地图。按下“缩小地图”按钮，地图的显示范围缩小一个等级。

7）平移地图。按下“平移地图”按钮，可利用鼠标对地图实现拖拽。

8）全图显示地图。选择一条目信息记录，按下“全图显示地图”按钮，地图显示范围为初始化显示范围。

9）测量地图。按下“测量地图”按钮，绘制要素的显示面积或长度信息。

10）查询要素属性。按下“查询要素属性”按钮，在地图上点击将要查询的要素，属性信息会以弹窗的形式展示。按下窗体取消按钮，关闭窗体。进入页面默认是查询要素属性模式。

11）按选择物种名称查询要素。按下右侧查询窗体中树形结构最末级的物种名称，该物种名称的分布情况将在地图中展示。

4. 生态监测

本模块支持对动植物监测、水文气象监测、生态保护、人类活动监测和野生动植物考察等基础生态监测信息进行记录，给出一份保护地的监测信息清单。

（1）动植物监测

本模块对保护地的动植物监测信息进行整理，包括保护地监测巡护记录、濒危动物监测记录、濒危植物监测记录、指示性物种监测记录和外来入侵物种监测记录，为保护地动植物监测管理提供基础。

a. 界面说明

保护地监测巡护记录、濒危动物监测记录、濒危植物监测记录和指示性物种监测记录页面可根据监测时间条件查询监测记录。

动植物监测模块每个子功能模块都包括维护界面和编辑界面。外来入侵物种监测记录提供导出功能。

维护界面列出了动植物监测信息，维护动植物监测信息的编辑界面如图 8-24 所示。

b. 使用说明

本模块提供保护地监测巡护记录、濒危动物监测记录、濒危植物监测记录、指示性物种监测记录和外来入侵物种监测记录的维护功能。

图 8-24　根河源国家湿地公园生态信息服务系统——濒危动物监测记录

1）列表查看信息。列表中列出动植物监测信息列表。

2）增加。按下“增加”按钮，打开增加页面。录入监测信息，按下“保存”按钮，增加一条监测记录。

3）修改。选择一条监测记录，按下“修改”按钮，打开修改页面。修改监测信息后，按下“保存”按钮，存储修改的监测记录信息。

4）删除。选择一条监测记录，按下“删除”按钮，删除选择的监测记录。

5）查看。选择一条监测记录，按下“查看”按钮，打开查看页面。

6）查询。保护地监测巡护记录、濒危动物监测记录、濒危植物监测记录、指示性物种监测记录提供查询功能。选择查询的监测日期，按下“查询”按钮，列表显示查询的监测日期的监测记录。

7）导出。外来入侵物种监测记录提供导出功能，选择一条外来入侵物种监测记录。按下“导出”按钮，记录信息将会以 excel 文件形式导出。

（2）水文气象监测

本模块对保护地的水文气象监测信息进行整理，包括根河站逐日平均流量、负离子与空气清洁度和气象监测记录，为保护地水文气象监测管理提供基础。

a. 界面说明

负离子与空气清洁度和气象监测记录包括维护界面和编辑界面。根河站逐日平均流量不提供编辑界面。

水文气象监测功能模块下的所有子模块提供批量上传功能，支持 excel 文件上传，但文件格式必须统一。

维护界面列出了水文气象监测信息，维护水文监测信息的编辑界面如图 8-25 所示。

b. 使用说明

本模块提供根河站逐日平均流量、负离子与空气清洁度和气象监测记录的维护功能。

1）列表查看信息。列表中列出水文气象监测信息列表。

图 8-25　根河源国家湿地公园生态信息服务系统——水文气象监测信息

2）增加。按下“增加”按钮，打开增加页面。录入监测信息，按下“保存”按钮，增加一条监测记录。

3）修改。选择一条监测记录，按下“修改”按钮，打开修改页面。修改监测信息后，按下“保存”按钮，存储修改的监测记录信息。

4）删除。选择一条监测记录，按下“删除”按钮，删除选择的监测记录。

5）查看。选择一条监测记录，按下“查看”按钮，打开查看页面。

6）查询。选择查询的监测日期，按下“查询”按钮，列表显示查询的监测日期的监测记录。

7）批量导入。按下“批量导入”按钮，选择按照格式编辑完成的 excel 文件，将文件中的内容上传到系统中。

（3）生态保护

本模块对保护地的生态保护监测信息进行整理，包括疫源疫病记录和林业有害生物监测，为保护地生态保护监测管理提供基础。

a. 界面说明

生态保护模块每个子功能模块都包括维护界面和编辑界面。疫源疫病记录提供了动物检疫和导出功能。

维护生态保护监测信息的编辑界面如图 8-26 所示。

b. 使用说明

本模块提供疫源疫病记录和林业有害生物监测的维护功能。

1）列表查看信息。列表中列出生态保护监测信息列表。

2）增加。按下“增加”按钮，打开增加页面。录入监测信息，按下“保存”按钮，增加一条监测记录（图 8-27）。

图 8-26　根河源国家湿地公园生态信息服务系统——维护生态保护监测信息

图 8-27　根河源国家湿地公园生态信息服务系统——增加疫源疫病记录

3）修改。选择一条监测记录，按下“修改”按钮，打开修改页面。修改监测信息后，按下“保存”按钮，存储修改的监测记录信息。

4）删除。选择一条监测记录，按下“删除”按钮，删除选择的监测记录。

5）查看。林业有害生物监测提供查看功能。选择一条监测记录，按下“查看”按钮，打开查看页面。

6）查询。林业有害生物监测提供查询功能。选择查询的监测日期，按下“查询”

按钮，列表显示查询的监测日期的监测记录。

7）动物检疫。疫源疫病记录提供动物检疫功能。选择一条疫源疫病监测记录，按下“动物检疫”按钮，记录动物检疫信息。

8）导出。疫源疫病记录提供导出功能。选择一条疫源疫病监测记录，按下“导出”按钮，疫源疫病记录将以 excel 文件形式导出。

（4）人类活动监测

本模块对保护地的人类活动监测信息进行整理，包括生态旅游活动记录、居住点变化记录和种养殖户变化监测，为保护地人类活动监测管理提供基础。

a. 界面说明

人类活动监测模块每个子功能模块都包括维护界面和编辑界面。

维护界面列出了人类活动监测信息，维护人类活动监测信息的编辑界面如图 8-28 所示。

图 8-28　根河源国家湿地公园生态信息服务系统——生态旅游活动记录编辑界面

b. 使用说明

本模块提供生态旅游活动记录、居住点变化记录和种养殖户变化监测的维护功能。

1）列表查看信息。列表中列出人类活动监测信息列表。

2）增加。按下“增加”按钮，打开增加页面。录入监测信息，按下“保存”按钮，增加一条监测记录。

3）修改。选择一条监测记录，按下“修改”按钮，打开修改页面。修改监测信息后，按下“保存”按钮，存储修改的监测记录信息。

4）删除。选择一条监测记录，按下“删除”按钮，删除选择的监测记录。

5）查看。选择一条监测记录，按下“查看”按钮，打开查看页面。

6）查询。选择查询的监测日期，按下“查询”按钮，列表显示查询的监测日期的监测记录。

（5）野生动植物考察

本模块对保护地的野生动植物考察监测信息进行整理，包括野生动物资源记录、植物展示记录、动物资源图册和植物资源图册，为保护地野生动植物考察管理提供基础。

a. 界面说明

野生动植物考察模块每个子功能模块都包括维护界面和编辑界面。

维护界面列出了野生动植物考察信息，维护野生动植物考察信息的编辑界面如图 8-29 所示。

图 8-29　根河源国家湿地公园生态信息服务系统——野生动植物考察编辑界面

b. 使用说明

本模块提供野生动物资源记录、植物展示记录、动物资源图册和植物资源图册的维护功能。

1）列表查看信息。列表中列出野生动植物考察信息列表。

2）增加。按下“增加”按钮，打开增加页面。录入监测信息，按下“保存”按钮，增加一条监测记录。

3）修改。选择一条监测记录，按下“修改”按钮，打开修改页面。修改监测信息后，按下“保存”按钮，存储修改的监测记录信息。

4）删除。选择一条监测记录，按下“删除”按钮，删除选择的监测记录。

5）查看。选择一条监测记录，按下“查看”按钮，打开查看页面。

5. 生态保护与恢复

本模块对植被恢复、动物救助、林业法制建设、环境教育、EHI 生态健康评价、生态统计分析和生态体验访客等基础生态保护与恢复信息进行记录，给出一份保护地的监测信息清单。

（1）植被恢复

本模块对保护地的植被恢复信息进行整理，为保护地植被恢复管理提供基础。

a. 界面说明

植被恢复包括维护界面和编辑界面。

维护界面列出了植被恢复信息，维护植被恢复信息的编辑界面如图 8-30 所示。

图 8-30　根河源国家湿地公园生态信息服务系统——植被恢复工作记录

b. 使用说明

本模块提供植被恢复的维护功能。

1）列表查看信息。列表中列出植被恢复信息列表。

2）增加。按下“增加”按钮，打开增加页面。录入监测信息，按下“保存”按钮，增加一条植被恢复记录。

3）修改。选择一条植被恢复记录，按下“修改”按钮，打开修改页面。修改信息后，按下“保存”按钮，存储修改的植被恢复记录信息。

4）删除。选择一条植被恢复记录，按下“删除”按钮，删除选择的植被恢复记录。

5）查看。选择一条植被恢复记录，按下“查看”按钮，打开查看页面。

6）查询。选择查询的记录日期，按下“查询”按钮，列表显示查询的记录日期的植被恢复工作记录。

（2）动物救助

本模块对保护地的动物救助信息进行整理，包括鸟类救助和动物救助，为保护地动物救助工作管理提供基础。

a. 界面说明

动物救助模块包括维护界面和编辑界面。

维护界面列出了动物救助的工作记录信息，维护动物救助工作记录信息的编辑界面如图 8-31 所示。

图 8-31　根河源国家湿地公园生态信息服务系统——鸟类救助记录

b. 使用说明

本模块提供鸟类救助和动物救助的维护功能。

1）列表查看信息。列表中列出动物救助工作记录信息列表。

2）增加。按下“增加”按钮，打开增加页面。录入动物救助工作记录信息，按下“保存”按钮，增加一条救助记录。

3）修改。选择一条救助记录，按下“修改”按钮，打开修改页面。修改救助信息后，按下“保存”按钮，存储修改的救助记录信息。

4）删除。选择一条监测记录，按下“删除”按钮，删除选择的救助记录。

5）查看。选择一条救助记录，按下“查看”按钮，打开查看页面。

6）查询。选择查询的救助日期，按下“查询”按钮，列表显示查询的救助日期的救助记录。

（3）林业法制建设

本模块对保护地的林业法制建设信息进行整理，包括扩地破坏纠察记录、动物破坏纠察记录、植被破坏纠察记录、鸟类破坏纠察记录和特别通行证发放记录，为保护地林业法制建设管理提供基础。

a. 界面说明

林业法制建设模块每个子功能模块都包括维护界面和编辑界面。

维护界面列出了林业法制建设的工作记录信息，维护林业法制建设信息的编辑界面如图 8-32 所示。

b. 使用说明

本模块提供扩地破坏纠察记录、动物破坏纠察记录、植被破坏纠察记录、鸟类破坏纠察记录和特别通行证发放记录的维护功能。

图 8-32　根河源国家湿地公园生态信息服务系统——扩地破坏纠察记录

1）列表查看信息。列表中列出林业法制建设信息列表。

2）增加。按下“增加”按钮，打开增加页面。录入信息，按下“保存”按钮，增加一条法制建设记录。

3）修改。选择一条法制建设记录，按下“修改”按钮，打开修改页面。修改信息后，按下“保存”按钮，存储修改的法制建设记录信息。

4）删除。选择一条法制建设记录，按下“删除”按钮，删除选择的记录。

5）查看。选择一条法制建设记录，按下“查看”按钮，打开查看页面。

6）查询。选择查询的日期，按下“查询”按钮，列表显示查询的日期的林业法制建设工作记录。

（4）环境教育

本模块对保护地的环境教育信息进行整理，包括人文历史及民俗、活动类别、风光摄影活动、科普活动和其他环境教育活动，为保护地环境教育管理提供基础。

a. 界面说明

环境教育模块每个子功能模块都包括维护界面和编辑界面。

风光摄影活动、科普活动和其他环境教育活动提供根据活动日期查询活动记录和添加活动资料功能。

维护界面列出了环境教育信息，维护环境教育信息的编辑界面如图 8-33 所示。

b. 使用说明

本模块提供人文历史及民俗、活动类别、风光摄影活动、科普活动和其他环境教育活动的维护功能。

1）列表查看信息。列表中列出环境教育信息列表。

2）增加。按下“增加”按钮，打开增加页面。录入信息，按下“保存”按钮，增加一条环境教育记录。

3）修改。选择一条记录，按下“修改”按钮，打开修改页面。修改信息后，按下“保存”按钮，存储修改的环境教育记录信息。

根河源国家湿地公园生态信息服务系统 —— 生态保护与恢复

植被恢复
动物救助
林业法制建设
环境教育
人文历史及民俗
活动类别
风光摄影活动
科普活动
其他环境教育活动
EHI生态健康评价
生态统计分析
生态体验访客

风光摄影活动
风光摄影活动记录 / 新增风光摄影活动记录
活动标题：
活动日期：
活动时间范围：
活动宣传网址：
活动类别：
风光摄影活动
活动简介：

图 8-33　根河源国家湿地公园生态信息服务系统——风光摄影活动记录

4）删除。选择一条记录，按下“删除”按钮，删除选择的环境教育记录。

5）查看。选择一条记录，按下“查看”按钮，打开查看页面。

6）查询。选择查询的活动日期，按下“查询”按钮，列表显示查询的活动日期的记录。

7）活动资料。选择一条记录，按下“活动资料”按钮，打开活动资料页面，提供维护活动资料信息功能（图 8-34）。

图 8-34　根河源国家湿地公园生态信息服务系统——风光摄影活动活动资料

（5）EHI 生态健康评价

本模块对保护地的 EHI 生态健康评价信息进行整理，包括 EHI 生态健康打分记录和健康评价，为保护地 EHI 生态健康评价提供基础。

a. 界面说明

EHI 生态健康评价模块每个子功能模块都包括维护界面和编辑界面。

维护界面列出了 EHI 生态健康评价信息，如图 8-35 所示。

图 8-35　根河源国家湿地公园生态信息服务系统——EHI 生态健康评价信息

b. 使用说明

本模块提供 EHI 生态健康打分记录和健康评价的维护功能。

1）列表查看信息。列表中列出 EHI 生态健康评价信息列表。

2）增加。按下“增加”按钮，打开增加页面。录入信息，按下“保存”按钮，增加一条评价记录。

3）修改。选择一条评价记录，按下“修改”按钮，打开修改页面。修改信息后，按下“保存”按钮，存储修改的评价记录信息。

4）删除。选择一条记录，按下“删除”按钮，删除选择的评价记录。

5）查看。选择一条记录，按下“查看”按钮，打开查看页面。

6）查询。选择查询的打分日期，按下“查询”按钮，列表显示查询的打分日期的记录。

7）打分。选择 EHI 生态健康打分记录，在健康评价页面列表中根据不同的问题内容进行打分。分别按下每个问题列表下的“打分”按钮，打开打分页面（图 8-36）。

（6）生态统计分析

本模块对保护地的各项生态统计分析信息进行整理展示，包括种养殖户变化统计分析、通行证发放统计分析、EHI 分析、项目状态分析、指示性物种分析和空气清洁度分析，为保护地日常工作提供依据。

a. 界面说明

利用图表的形式就各项生态统计信息进行展示（图 8-37）。

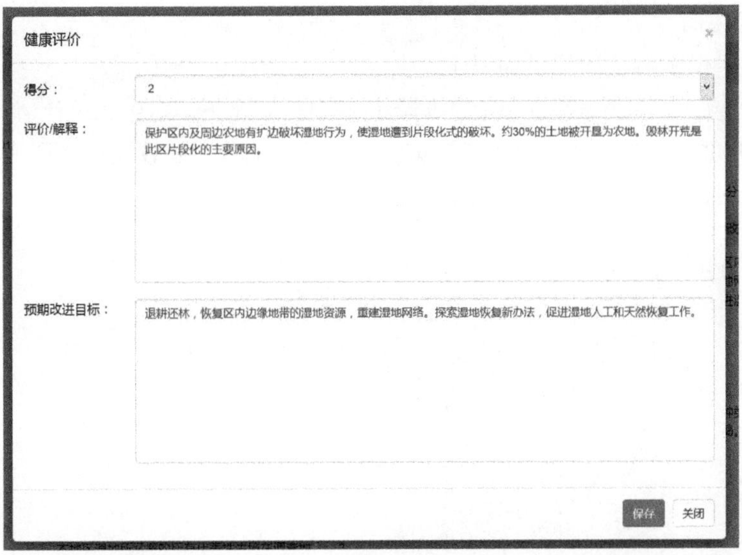

健康评价

得分：2

评价/解释：保护区内及周边农地有扩边破坏湿地行为，使湿地遭到片段化式的破坏。约30%的土地被开垦为农地。毁林开荒是此区片段化的主要原因。

预期改进目标：退耕还林，恢复区内边缘地带的湿地资源，重建湿地网络。探索湿地恢复新办法，促进湿地人工和天然恢复工作。

保存　关闭

图 8-36　根河源国家湿地公园生态信息服务系统——健康评价打分

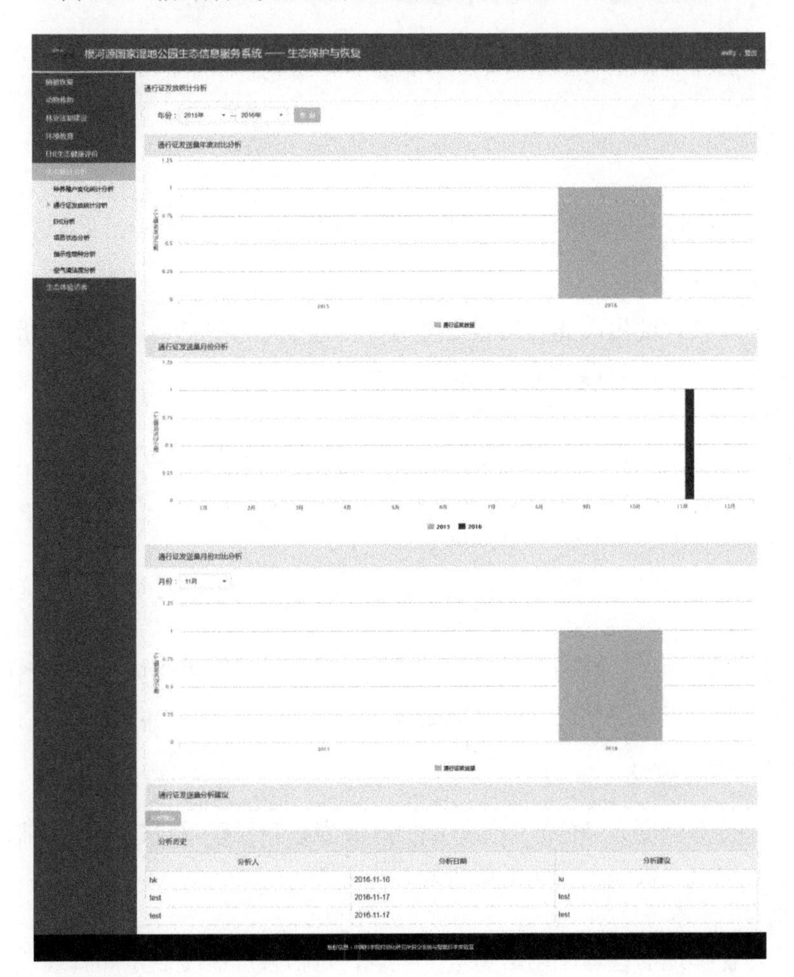

图 8-37　根河源国家湿地公园生态信息服务系统——生态统计分析

b. 使用说明

本模块提供生态统计信息的展示功能。

1）图表展示。以图表的形式在不同年份和月份对比下，对生态统计信息进行展示。

2）分析建议。按下“分析建议”按钮，打开增加分析建议页面（图 8-38），为当前年份和月份对比情况下的生态问题提供分析建议。

图 8-38　根河源国家湿地公园生态信息服务系统——生态统计分析建议

（7）生态体验访客

本模块对保护地的生态体验访客信息进行整理展示，包括访客类型分析、访客年龄分析和访客来源分析，为保护地生态旅游工作提供指导。

a. 界面说明

利用图表的形式就各项生态旅游信息进行统计展示（图 8-39）。

b. 使用说明

本模块提供生态旅游统计信息的展示功能。

1）图表展示。以图表的形式在不同年份和月份对比下，对生态旅游统计信息进行展示。

2）分析建议。按下“分析建议”按钮，打开增加分析建议页面，为当前年份和月份对比情况下的生态旅游问题提供分析建议。

6. 保护工作与建设

本模块支持对制度、保护区工作、保护区大事记和科研项目建设等基础日常工作内容进行记录，给出一份保护地的工作流程。

（1）制度

本模块对保护地的管理制度信息进行整理，包括管理制度制定和管理制度查看，对保护地管理制度进行管理。

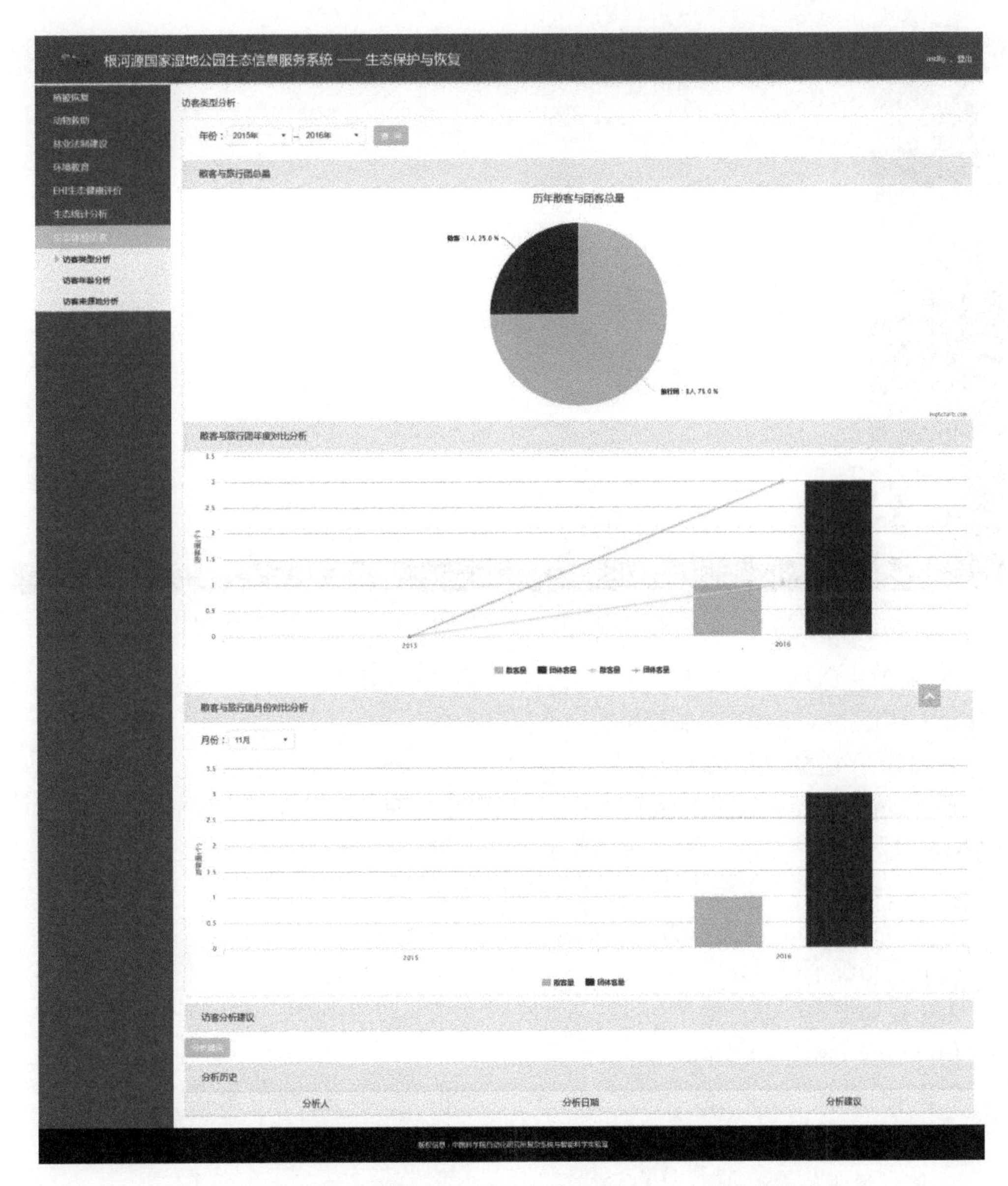

图 8-39　根河源国家湿地公园生态信息服务系统——生态体验访客

a. 界面说明

管理制度制定包括维护界面和编辑界面。利用管理制度查看功能查看管理制度制定功能中制定的管理制度。

维护界面列出了管理制度信息，维护管理制度信息的界面如图 8-40 所示。

b. 使用说明

本模块提供管理制度制定维护功能。

1）列表查看信息。列表中列出管理制度制定信息列表。

2）增加。按下“增加”按钮，打开增加页面。录入信息，按下“保存”按钮，增加一条制度制定记录。

图 8-40　根河源国家湿地公园生态信息服务系统——管理制度信息

3）修改。选择一条记录，按下“修改”按钮，打开修改页面。修改信息后，按下“保存”按钮，存储修改的制度制定记录信息。

4）删除。选择一条记录，按下“删除”按钮，删除选择的制度制定记录。

5）检索。选择或者输入标题名称、制度制定日期、发布日期、发布部门或状态等信息，按下“检索”按钮，列表中展示的内容是根据检索信息查询的记录。

6）审核。按下“审核”按钮，更改制度记录的状态为“已审核”。

7）发布。按下“发布”按钮，更改制度记录的状态为“已发布”。

（2）保护区工作

本模块对保护区的日常工作进行流程化管理，包括工作目标、工作任务和工作记录，为保护区日常工作管理提供基础。

a. 界面说明

维护界面列出了保护区工作内容信息，维护保护区工作信息的界面如图 8-41 所示。

b. 使用说明

本模块是对保护区日常工作的流程化管理，应先制定工作目标，再制定工作任务，最后进行工作记录。

1）列表查看信息。列表中列出保护区工作信息列表。

2）增加。按下“增加”按钮，打开增加页面。录入工作信息，按下“保存”按钮，增加一条工作记录。

3）修改。选择一条工作记录，按下“修改”按钮，打开修改页面。修改信息后，按下“保存”按钮，存储修改的工作记录信息。

4）删除。选择一条工作记录，按下“删除”按钮，删除选择的工作记录。

（3）保护区大事记

本模块对保护区的大事记信息进行整理和管理。

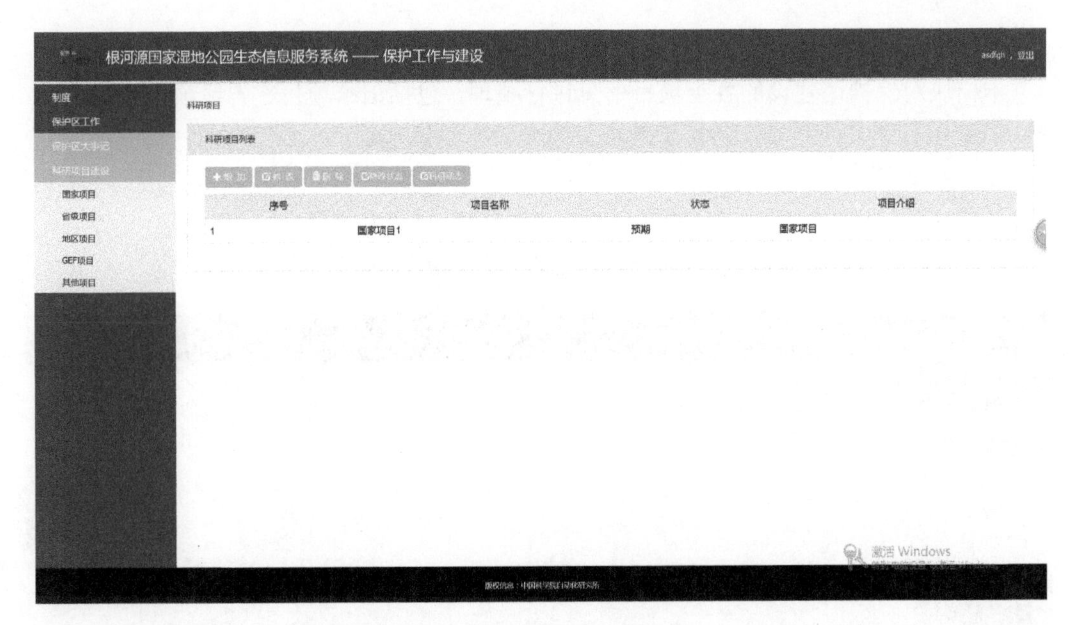

图 8-41　根河源国家湿地公园生态信息服务系统——保护区工作信息

a. 界面说明

保护区大事记包括维护界面和编辑界面。

保护区大事记页面如图 8-42 所示，维护保护区大事记信息的界面如图 8-42 所示。

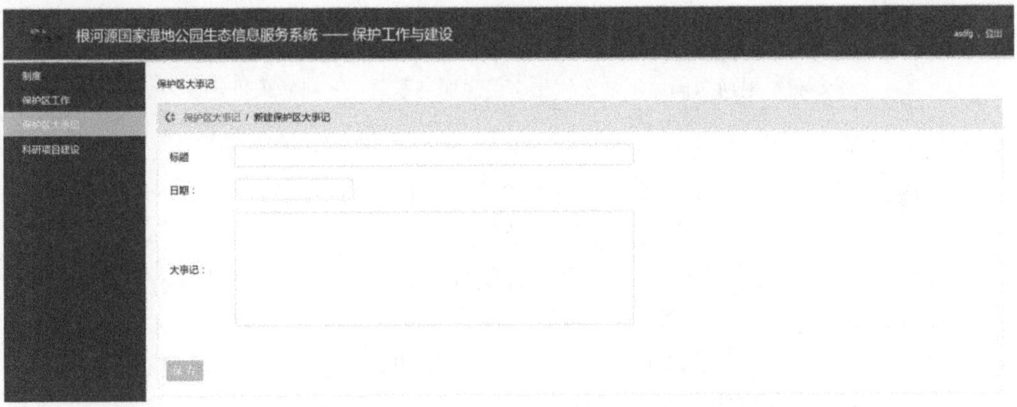

图 8-42　根河源国家湿地公园生态信息服务系统——保护区大事记

b. 使用说明

本模块提供保护区大事记的维护功能。

1）列表查看信息。列表中列出保护区大事记信息列表。

2）增加。按下“增加”按钮，打开增加页面。录入信息，按下“保存”按钮，增加一条大事记记录。

3）修改。选择一条记录，按下“修改”按钮，打开修改页面。修改信息后，按下“保存”按钮，存储修改的大事记记录信息。

4）删除。选择一条记录，按下“删除”按钮，删除选择的大事记记录。

（4）科研项目建设

本模块对保护地建设的各类项目信息进行整理，包括国家项目、省级项目、地区项目、GEF 项目和其他项目，为保护地项目建设工作提供基础。

a. 界面说明

科研项目建设模块每个子功能模块都包括维护界面和编辑界面。

维护界面列出了项目信息，维护项目建设信息的界面如图 8-43 所示。

图 8-43　根河源国家湿地公园生态信息服务系统——科研项目建设

b. 使用说明

本模块提供国家项目、省级项目、地区项目、GEF 项目和其他项目的维护功能。

1）列表查看信息。列表中列出项目建设信息列表。

2）增加。按下“增加”按钮，打开增加页面。录入信息，按下“保存”按钮，增加一条项目记录。

3）修改。选择一条项目记录，按下“修改”按钮，打开修改页面。修改信息后，按下“保存”按钮，存储修改的项目记录信息。

4）删除。选择一条项目记录，按下“删除”按钮，删除选择的项目记录。

5）修改状态。选择一条项目记录，按下“修改状态”按钮，打开修改项目状态页面。可修改项目状态为预期、正在建设、投入使用，按下“保存”按钮，存储修改的项目状态信息。

6）科研动态。选择一条项目记录，按下“科研动态”按钮，打开科研动态页面，提供维护科研动态信息功能。

7）增加。按下“增加”按钮，打开增加页面。录入信息，按下“保存”按钮，增加一条科研动态记录。

8）修改。按下“修改”按钮，打开修改页面。修改信息，按下“保存”按钮，存储修改的科研动态信息。

9）删除。选择一条科研动态记录，按下“删除”按钮，删除选择的科研动态记录。

（三）根河源生态信息公开服务系统

根河源生态信息公开服务系统是对保护地的资源、环境教育、生态体验、项目建设等允许公开的数据进行对外展示、宣传（图 8-44）。

图 8-44　根河源国家湿地公园生态信息公开服务系统——主界面

对于其中的某个模块如环境教育，公众可以通过风光摄影等形式了解保护地的现状并开展活动，起到宣传普及的作用（图 8-45）。

图 8-45　根河源国家湿地公园生态信息公开服务系统——环境教育

第三节　多布库尔国家级自然保护区信息系统建设方案与关键技术

一、设计的基本思路

多布库尔国家级自然保护区的信息系统设计思路和根河源国家湿地公园的信息系统设计思路主体上是一致的，考虑用户、业务流程、网络化应用等设计要点。但是由于根河源国家湿地公园和多布库尔国家级自然保护区在业务需求方面存在不同，因此系统的侧重点也稍有不同。根河源国家湿地公园在生态保护、生态监测的基础上，具有湿地公园所具备的宣传、教育的功能需求，因此在设计时考虑环境教育、生态体验等模块并将其突出出来。而多布库尔国家级自然保护区的主要业务需求仍然是生态监测、保护与恢复工作、防火等，因此突出考虑这些功能设计。此外，各地的系统数据库在设计时也要考虑和当地的实际业务数据的一致性。

二、系统结构与主要功能模块

（一）多布库尔国家级自然保护区生态信息服务系统业务功能模块

1. 保护区资源

表 8-14 是本版块包括的业务模块信息列表，负责资源编辑的人员可以编辑业务内容，其他人员可以查看。

表 8-14　多布库尔国家级自然保护区生态信息服务系统保护区资源业务模块信息列表

业务模块	模块说明
保护区概况 • 保护区概况 • 保护区位置图 • 基本情况 • 保护区倡导	记录展示保护区概况、位置地图、基本情况、倡导信息。
动物资源 • 动物编码 • 动物名录 • 国家保护动物	记录展示保护区动物资源库。
植物资源 • 植物编码 • 植物名录 • 国家保护植物	记录展示保护区植物资源库。
外来入侵物种	记录展示保护区外来入侵物种。

2. 地理信息系统

表 8-15 是本版块包括的业务模块信息列表，负责规划的人员可以编辑业务内容，其他人员可以查看。

表 8-15　多布库尔国家级自然保护区生态信息服务系统地理信息系统业务模块信息列表

业务模块	模块说明
保护区基础 • 保护区总体规划布局图 • 保护区功能区划图 • 保护区林班图 • 指示性物种分布 • 湿地资源分布图	在地图中编辑、展示保护区规划、功能区规划、林班分布及保护区指示性物种分布。
森林林相及防火分布 • 保护区地形林相图 • 保护区水文地质图 • 保护区防火隔离带 • 防火规划 • 种养殖户位置分布 • 种养殖户面积分布	在地图中编辑、展示保护区的森林林相、水域、防火及种养殖户分布。

续表

业务模块	模块说明
植物资源分布 • 保护区植被分布图 • 重点保护野生植物分布 • 濒危植物分布	在地图中编辑、展示保护区的植物群落分布图、重点保护植物及濒危保护植物分布，包括位置、面积、物种数量信息。
动物资源分布 • 野生动物分布图 • 重点保护动物分布 • 濒危动物分布	在地图中编辑、展示保护区的动物群落分布图、重点保护动物及濒危保护动物分布，包括位置、面积、物种数量信息。
监测资源分布 • 保护站位置 • 局址位置	在地图中编辑、展示保护区的监测资源分布。
生态监测规划 • 巡护监测样方 • 巡护监测样线 • 巡护监测样带	在地图中编辑、展示保护区的巡护监测样方、样线、样带。
生态体验规划 • 旅游规划布局图 • 景点位置 • 旅游导览线路	在地图中编辑、展示保护区的景点、旅游线路、旅游规划。

3. 生态监测

表 8-16 是本版块包括的业务模块信息列表，负责生态监测与保护的人员可以编辑业务内容，其他人员可以查看。

表 8-16 多布库尔国家级自然保护区生态信息服务系统生态监测业务模块信息列表

业务模块	模块说明
动植物监测 • 保护区监测巡护记录 • 濒危动物监测记录 • 濒危植物监测记录 • 指示性物种监测记录 • 外来入侵物种监测记录	提供动植物监测记录，对观测的图片、视频进行保存。
环境监测 • 负离子与空气清洁度 • 气象监测记录 • 土壤监测	提供气象、土壤监测记录。
生态保护 • 疫源疫病记录 • 林业有害生物监测	提供生态保护工作记录。
人类活动监测 • 生态旅游活动记录 • 居住点变化记录 • 种养殖户变化监测	人类活动记录，包括土地面积、人数变化。
野生动植物资料库 • 野生动物资源记录（地点、图片、视频） • 植物展示记录（地点、图片、视频） • 动物资源图册 • 植物资源图册	提供野生动植物的观测记录，对观测的图片、视频进行保存。 提供野生动植物资源图册的记录，支持 pdf 图册上传、下载。

4. 生态保护与恢复

表 8-17 是本版块包括的业务模块信息列表，负责管理与分析的人员可以生成分析报告，负责管理与决策的人员可以查看分析报告。

表 8-17　多布库尔国家级自然保护区生态信息服务系统生态保护与恢复业务模块信息列表

业务模块	模块说明
植被恢复记录	记录植被恢复情况。
林业法制建设 • 鸟类破坏纠察 • 动物破坏纠察 • 植物破坏纠察 • 扩地破坏纠察 • 特别通行证制度	可以对濒危动物数量、栖息地进行年度分析（同比分析和环比分析），并提供分析结论保存，供决策人员查看分析图表及结论。
动物救助	记录动物救助记录。
环境教育活动类别 环境教育活动 • 类别 1 活动记录（如科普活动） • 类别 2 活动记录（如风光摄影展览） • …… • 类别 n 活动记录	宣教活动记录。
EHI 生态系统健康评价 • EHI 生态系统健康指数 • EHI 生态系统健康评价	根据 EHI 生态系统健康指数，记录并显示、对比保护区生态健康状况及保护恢复成效。

5. 工作目标责任制管理

表 8-18 是本版块包括的业务模块信息列表，负责管理的人员可以编辑工作指标与工作任务，任务制定负责人可以记录工作记录，其他人员可以查看。

表 8-18　多布库尔国家级自然保护区生态信息服务系统工作目标责任制管理业务模块信息列表

业务模块	模块说明
管理制度	提供管理制度文档管理，可以上传、下载管理制度文档。
工作指标	设置工作指标，可以是整体工作指标，也可以是具体部门工作指标。
工作任务	将工作指标分解为具体的工作任务，并指定任务负责人。
工作记录	任务负责人记录工作任务的完成情况，包括工作记录和工作任务是否完成。
保护区大事记	记录保护区的重要事件，记录时间、地点、人物、事情。

6. 生态信息查询与统计分析

表 8-19 是本版块包括的业务模块信息列表，主要是保护区资源统计。

负责管理与分析的人员可以生成分析报告，负责管理与决策的人员可以查看分析报告。

7. 项目建设

表 8-20 是本版块包括的业务模块信息列表，负责项目管理业务的人员可以编辑业务内容，其他人员可以查看。

表 8-19 多布库尔国家级自然保护区生态信息服务系统生态信息查询与统计分析业务模块信息列表

业务模块	模块说明
种养殖户变化分析	
通行证发放月份统计分析	
保护区生态系统健康历史趋势分析	
项目统计分析	按照预期建设、正在建设、投入使用三类分别统计合作项目。按照国内项目、国际项目类别统计合作项目。

表 8-20 多布库尔国家级自然保护区生态信息服务系统项目建设业务模块信息列表

业务模块	模块说明
国内项目建设 • 国家项目 • 省级项目 • 地区项目	以列表形式展示合作项目，并记录展示预期建设、正在建设、投入使用的项目情况。
国际项目建设 • GEF 项目 • 其他项目	以列表形式展示合作项目，并记录展示预期建设、正在建设、投入使用的项目情况。

8. 系统管理

表 8-21 是本版块包括的业务模块信息列表，负责系统管理业务的人员可以编辑业务内容。

表 8-21 多布库尔国家级自然保护区生态信息服务系统系统管理业务模块信息列表

业务模块	模块说明
用户管理 • 用户组管理 • 用户管理	用户管理是设置可以登录系统的账号设置角色分类，划分不同角色的权限。 用户组管理是设置用户角色，一类用户角色代表了一类用户的身份，具有相同的权限；权限指定了用户可以查看业务、编辑业务的权限。 用户管理是为每个允许使用系统的用户设置账号，并指定用户角色。
日志管理	查看系统登录日志、操作日志。
系统设置信息	对系统中重要的配置信息、数据信息、文件信息等进行统一管理，如文件存储位置。

（二）多布库尔国家级自然保护区公开数据服务系统功能模块

1. 门户首页

门户首页显示指标性物种图片、保护区风光摄影展览。

2. 资源目录

资源目录显示允许公开的动植物资源，如表 8-22 所示。

表 8-22 多布库尔国家级自然保护区公开数据服务系统资源目录业务模块信息列表

业务模块	模块说明
资源目录 • 公开的动物资源 • 公开的植物资源 • 野生动物资源图册 • 野生植物资源图册	展示允许公开的动植物资源，包括介绍及图片。

3. 环境教育

表 8-23 是本版块包括的业务模块信息列表。

表 8-23　多布库尔国家级自然保护区公开数据服务系统环境教育业务模块信息列表

业务模块	模块说明
环境教育活动展示	环境教育活动发布展示。
环境教育宣教资料展示 • 保护区风光摄影展览 • 其他活动资源展示 • 保护区大事记 • 保护区位置图 • 保护区基本情况 • 保护区倡导	环境教育活动结果资源发布展示。

4. 项目建设

表 8-24 是本版块包括的业务模块信息列表，负责项目管理业务的人员可以编辑业务内容，其他人员可以查看。

表 8-24　多布库尔国家级自然保护区公开数据服务系统项目建设业务模块信息列表

业务模块	模块说明
国内项目建设 • 国家项目 • 省级项目 • 地区项目	以列表形式展示合作项目，并记录展示预期建设、正在建设、投入使用的项目情况。
国际项目建设 • GEF 项目 • 其他项目	以列表形式展示合作项目，并记录展示预期建设、正在建设、投入使用的项目情况。
项目统计分析	按照预期建设、正在建设、投入使用三类分别统计合作项目。按照国内项目、国际项目类别统计合作项目。

三、技术实现手段及运行机制

和根河源国家湿地公园信息系统建设思路一致，不再冗述。

四、系统界面与操作注意事项等

（一）多布库尔国家级自然保护区生态信息服务系统界面

本页面对系统程序的整体进行说明，主要介绍系统界面，关于具体的模块介绍在“系统功能”部分进行详细介绍。

1. 主程序界面

程序运行后，打开首页，如图 8-46 所示。

图 8-46　多布库尔国家级自然保护区生态信息服务系统——主界面

2. 系统主界面布局

与根河源国家湿地公园生态信息服务系统类似，系统的主界面就是进入各个子系统的入口。主要分为 2 部分，分别是菜单栏、展示介绍区。菜单栏显示程序的菜单，通过菜单可以查看系统的主要功能模块，每个菜单都会调用一个功能模块。展示介绍区是对各个功能模块的功能及作用进行详细的阐述。

3. 子系统界面布局

子系统的界面展示如图 8-47 所示。

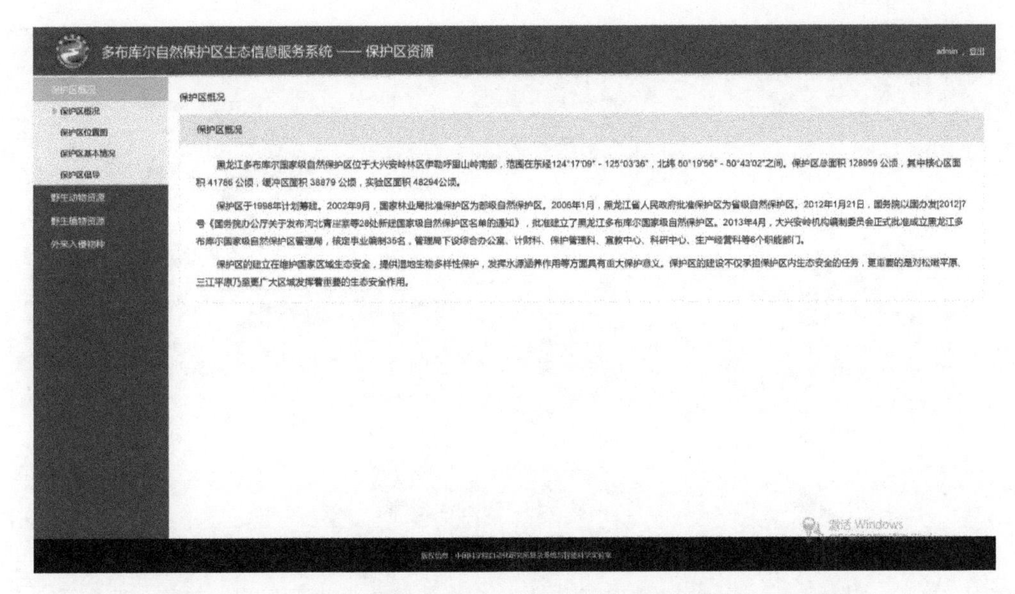

图 8-47　多布库尔国家级自然保护区生态信息服务系统——子系统

与根河源国家湿地公园生态信息服务系统类似，子系统界面主要分为 2 部分，分别是菜单栏、功能区。左侧菜单栏显示程序的功能菜单，通过菜单可以查看子系统的主要功能模块。右侧功能区是各个功能模块显示的区域，是整个生态信息服务系统的主要操作区。

4. 模块窗口介绍

与根河源国家湿地公园生态信息服务系统类似，模块窗口主要有列表类型窗口、信息类型窗口、综合性窗口、地图窗口。

（二）多布库尔国家级自然保护区生态信息服务系统功能界面

多布库尔国家级自然保护区生态信息服务系统是对保护区资源、生态监测与保护和日常工作等各项信息进行整合，统一地进行管理、查询和分析。

1. 登录

（1）界面说明

登录界面如图 8-48 所示。

（2）使用说明

要进入某子系统之前，首先进入登录页面。录入分配的账号、密码，点击“立即登录”按钮，如果账号、密码正确，登录到相应的子系统。

如果已经通过账户名、密码登录到一个子系统，当打开其他子系统时不需要重复输入，可直接登录。

2. 保护区资源

该模块支持对保护区概况、野生动物资源、野生植物资源、外来入侵物种等进行记录，给出一份保护区的资源清单。

图 8-48　多布库尔国家级自然保护区生态信息服务系统——登录界面

（1）保护区概况

保护区概况介绍了保护区的基本情况（图 8-49）。

图 8-49　多布库尔国家级自然保护区生态信息服务系统——保护区概况

（2）保护区位置图

保护区位置图介绍了保护区地理位置等地图信息（图 8-50）。

（3）保护区基本情况

此页面对保护区基本情况进行介绍说明（图 8-51）。

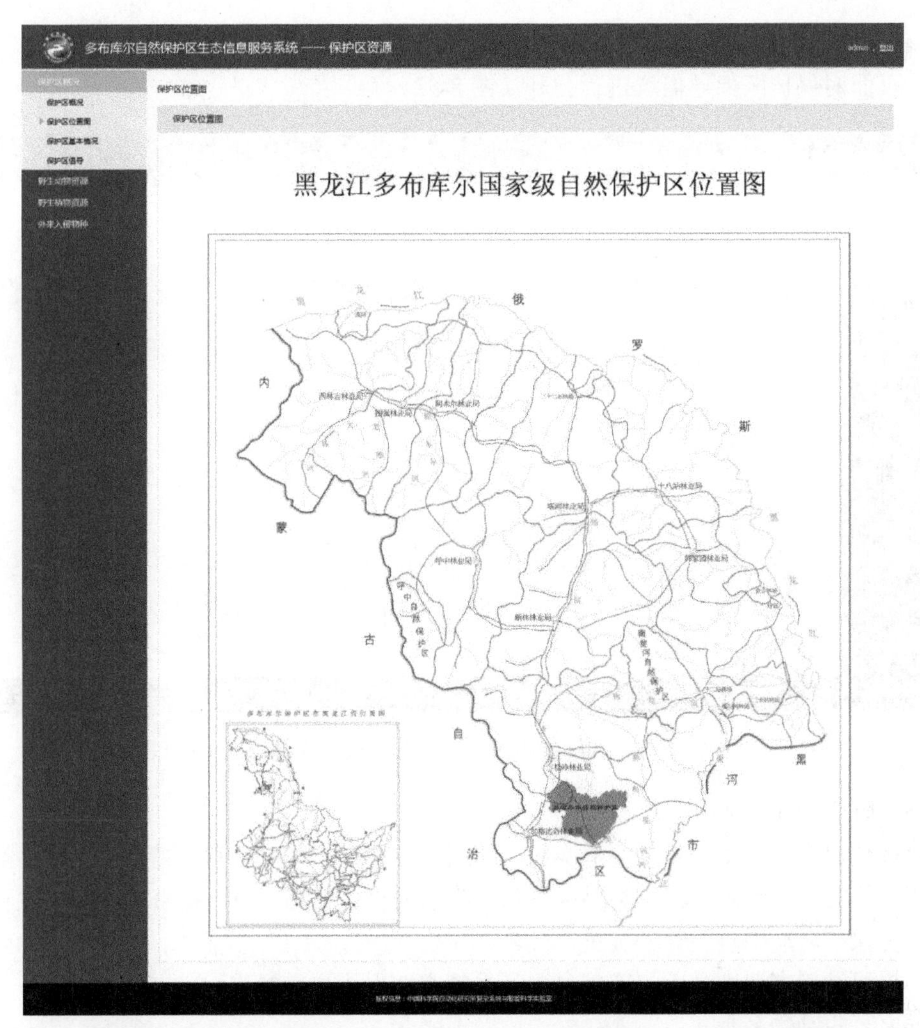

图 8-50　多布库尔国家级自然保护区生态信息服务系统——保护区位置图

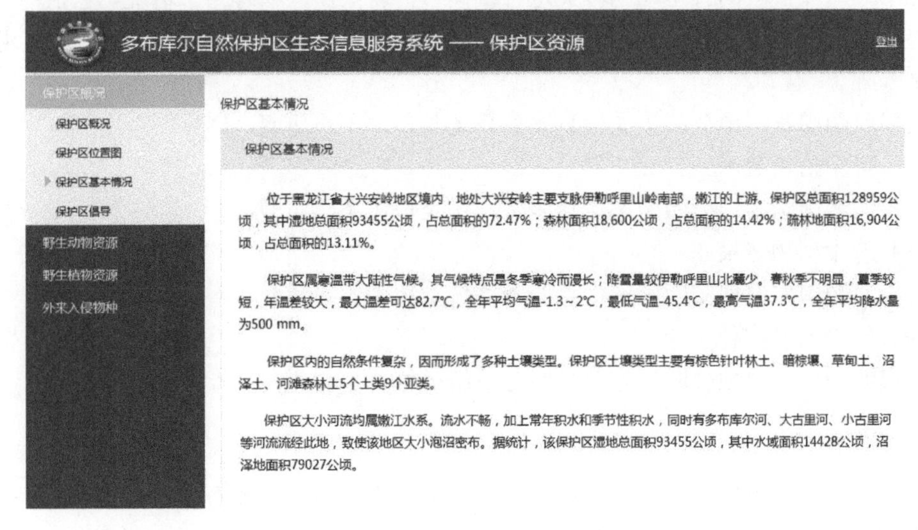

图 8-51　多布库尔国家级自然保护区生态信息服务系统——保护区基本情况

（4）保护区倡导

此页面对保护区倡导倡议进行公开（图 8-52）。

图 8-52　多布库尔国家级自然保护区生态信息服务系统——保护区倡导

（5）野生动物编码

此部分对保护区的野生动物种类进行编码，整理保护区物种科目情况，包括鸟类科目编码、兽类科目编码、爬行类科目编码、两栖类科目编码、鱼类科目编码、昆虫科目编码，为保护区动物资源管理提供基础。

与根河源国家湿地公园生态信息服务系统类似，不再重复。

（6）野生动物名录

此部分对保护区的野生动物种类进行编码，整理保护区物种名录情况，包括鸟类名录、兽类名录、爬行类名录、两栖类名录、鱼类名录、昆虫名录，为保护区动物资源管理提供基础。

与根河源国家湿地公园生态信息服务系统类似，不再重复。

（7）野生植物编码

与根河源国家湿地公园生态信息服务系统类似，不再重复。

（8）野生植物名录

与根河源国家湿地公园生态信息服务系统类似，不再重复。

（9）外来入侵物种

与根河源国家湿地公园生态信息服务系统类似，不再重复。

3. 地理信息

本模块支持对保护区基础、森林林相及防火分布、植被资源分布、动物资源分布、监测资源分布、生态监测规划等基础信息进行记录，给出保护区的分布一张图进行展示。

（1）保护区信息展示

本模块对保护区信息进行一张图展示，并提供放大、缩小、平移、测量等地图操作和保护区分布信息编辑功能。保护区信息展示主要包括保护区基础、森林林相及防火分布、监测资源分布、生态监测规划等功能模块。

保护区基础功能模块包括保护区总体规划布局图、保护区功能区划图、保护区分区图、保护区林班图、指示性物种分布图和资源分布图等子模块。

森林林相及防火分布模块包括保护区地形林相图、保护区水文地质图、保护区防火隔离带、防火规划、种养殖户位置分布和种养殖户面积分布等子模块。

监测资源分布模块包括保护站位置和局址位置等子模块。

生态监测规划模块包括巡护监测样方、巡护监测样线和巡护监测样带等子模块。

a. 界面说明

保护区信息界面如图 8-53 所示。

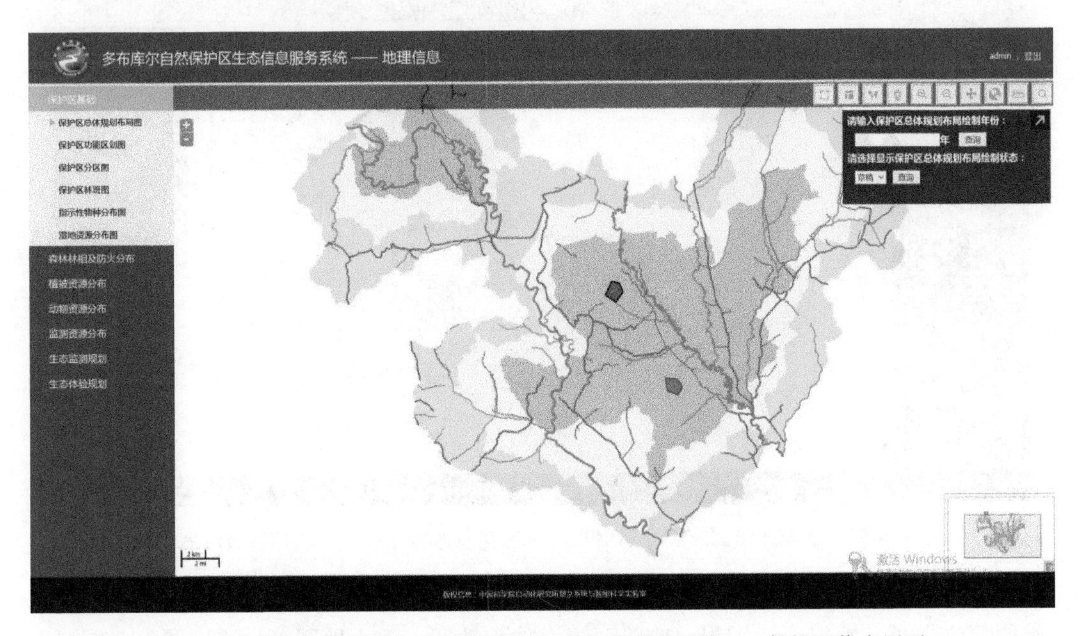

图 8-53　多布库尔国家级自然保护区生态信息服务系统——保护区信息展示

布局为上下布局，上部为地图操作和编辑操作按钮，按钮从左至右分别为增加要素、编辑要素属性、编辑要素图形、删除要素、放大地图、缩小地图、平移地图、全图显示地图、测量和查询要素属性功能，下部为地图展示部分。

地图展示部分的右上角为查询窗体，主要是按绘制年份和绘制状态进行查询。

b. 使用说明

本模块提供保护区信息展示各子模块的维护功能。与根河源国家湿地公园生态信息服务系统类似，提供增加要素、编辑要素属性、编辑要素图形、删除要素、放大地图、缩小地图、平移地图、全图显示地图、测量地图、查询要素属性、按绘制年份查询要素、按绘制状态查询要素功能。

（2）保护区资源展示

本模块对保护区动植物等资源分布进行一张图展示，并提供放大、缩小、平移、测量等地图操作和保护区动植物资源分布信息编辑功能。保护区资源展示包括植被资源分布和动物资源分布等功能模块。

植被资源分布功能模块包括保护区植被分布图、重点保护野生植物分布和濒危植物分布等子模块。

动物资源分布功能模块包括保护区野生动物分布图、重点保护野生动物分布和濒危动物分布等子模块。

a. 界面说明

保护区动植物资源展示界面如图 8-54 所示。

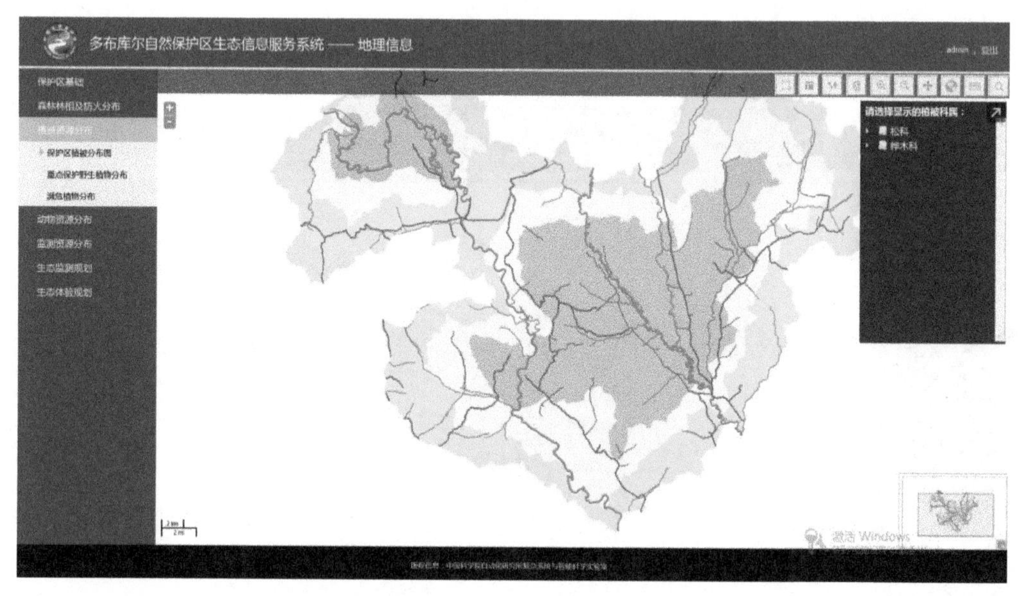

图 8-54　多布库尔国家级自然保护区生态信息服务系统——动植物资源展示

布局为上下布局，上部为地图操作和编辑操作按钮，按钮从左至右分别为增加要素、编辑要素属性、编辑要素图形、删除要素、放大地图、缩小地图、平移地图、全图显示地图、测量和查询要素属性功能，下部为地图展示部分。

地图展示部分的右上角为查询窗体，主要是按动植物的科属或者科目下的物种名称进行查询。

b. 使用说明

本模块提供保护区动植物资源展示各子模块的维护功能。与根河源国家湿地公园生态信息服务系统类似，提供增加要素、编辑要素属性、编辑要素图形、删除要素、放大地图、缩小地图、平移地图、全图显示地图、测量地图、查询要素属性、按选择物种名称查询要素功能。

4. 生态监测

本模块支持对动植物监测、水文气象监测、生态保护、人类活动监测和野生动植物考察等基础生态监测信息进行记录，给出一份保护区的监测信息清单。

（1）动植物监测

本模块对保护区的动植物监测信息进行整理，包括保护区监测巡护记录、濒危动物监测记录、濒危植物监测记录、指示性物种监测记录和外来入侵物种监测记录，为保护区动植物监测管理提供基础。

a. 界面说明

保护区监测巡护记录、濒危动物监测记录、濒危植物监测记录和指示性物种监测记录页面提供根据监测时间查询监测记录功能。

动植物监测模块每个子功能模块都包括维护界面和编辑界面。外来入侵物种监测记录提供了导出功能。

维护界面列出了动植物监测信息，维护动植物监测信息的界面如图 8-55 所示。

图 8-55　多布库尔国家级自然保护区生态信息服务系统——保护区监测巡护记录

b. 使用说明

本模块提供保护区监测巡护记录、濒危动物监测记录、濒危植物监测记录、指示性物种监测记录和外来入侵物种监测记录的维护功能。与根河源国家湿地公园生态信息服务系统类似，提供列表查看信息、修改、删除、查看、查询、导出功能。

（2）水文气象监测

本模块对保护区的水文气象监测信息进行整理，为保护区水文气象监测管理提供基础。

a. 界面说明

负离子与空气清洁度及气象监测记录包括维护界面和编辑界面。

水文气象监测功能模块下的所有子模块提供批量上传功能，支持 excel 文件上传，但文件格式必须统一。维护界面列出了水文气象监测信息，如图 8-56 所示。

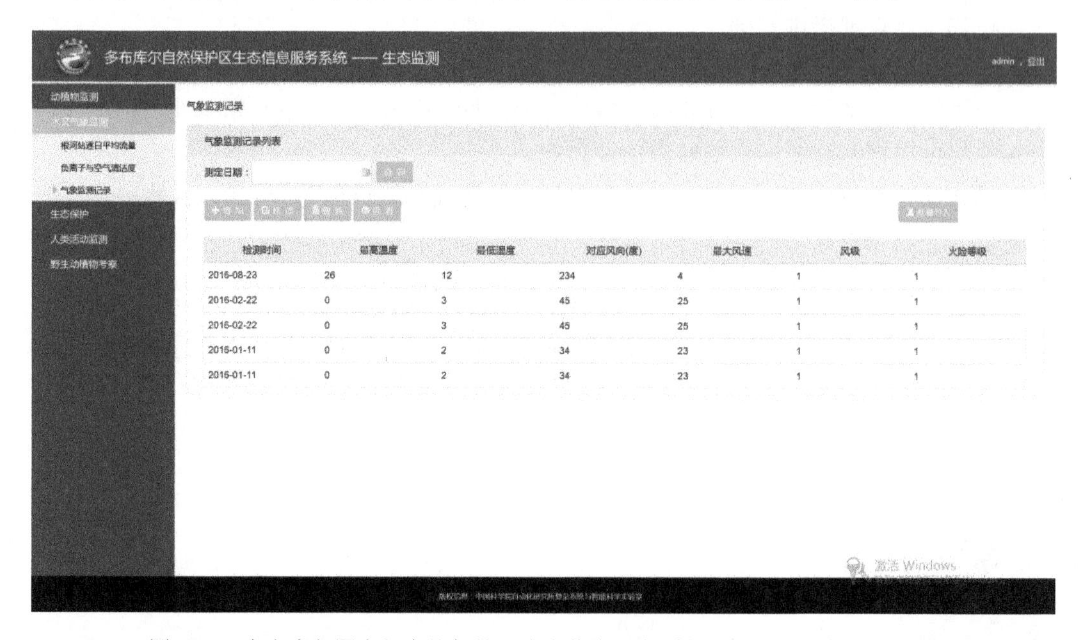

图 8-56　多布库尔国家级自然保护区生态信息服务系统——水文气象监测记录

b. 使用说明

本模块提供负离子与空气清洁度及气象监测记录的维护功能。与根河源国家湿地公园生态信息服务系统类似，提供列表查看信息、修改、删除、查看、查询、批量导入功能。

（3）生态保护

本模块对保护区的生态保护监测信息进行整理，包括疫源疫病记录和林业有害生物监测，为保护区生态保护监测管理提供基础。

a. 界面说明

生态保护模块每个子功能模块都包括维护界面和编辑界面。疫源疫病记录提供了动物检疫和导出功能。

疫源疫病记录页面如图 8-57 所示。

b. 使用说明

本模块提供疫源疫病记录和林业有害生物监测的维护功能。与根河源国家湿地公园生态信息服务系统类似，提供列表查看信息、增加、修改、删除、查看、查询、动物检疫、导出功能。

（4）人类活动监测

本模块对保护区的人类活动监测信息进行整理，包括生态旅游活动记录、居住点变化记录和种养殖户变化监测，为保护区人类活动监测管理提供基础。

图 8-57　多布库尔国家级自然保护区生态信息服务系统——疫源疫病记录

a. 界面说明

人类活动监测模块每个子功能模块都包括维护界面和编辑界面。

维护界面列出了人类活动监测信息，维护人类活动监测信息的界面如图 8-58 所示。

图 8-58　多布库尔国家级自然保护区生态信息服务系统——种养殖户变化监测

b. 使用说明

本模块提供生态旅游活动记录、居住点变化记录和种养殖户变化监测的维护功能。与根河源国家湿地公园生态信息服务系统类似，提供列表查看信息、增加、修改、删除、查看、查询功能。

（5）野生动植物考察

本模块对保护区的野生动植物考察监测信息进行整理，包括野生动物资源记录、植物展示记录、动物资源图册和植物资源图册，为保护区野生动植物考察管理提供基础。

a. 界面说明

野生动植物考察模块每个子功能模块都包括维护界面和编辑界面。

维护界面列出了野生动植物考察信息，如图 8-59 所示。

图 8-59　多布库尔国家级自然保护区生态信息服务系统——野生动植物资源记录

b. 使用说明

本模块提供野生动物资源记录、植物展示记录、动物资源图册和植物资源图册的维护功能。与根河源国家湿地公园生态信息服务系统类似，提供列表查看信息、修改、删除、查看功能。

5. 生态保护与恢复

本模块支持对植被恢复、动物救助、林业法制建设、环境教育、EHI 生态健康评价、生态统计分析等基础生态保护与恢复信息进行记录，给出一份保护区的监测信息清单。

（1）植被恢复

本模块对保护区的植被恢复信息进行整理，为保护区植被恢复管理提供基础。

a. 界面说明

植被恢复包括维护界面和编辑界面。

维护界面列出了植被恢复信息，如图 8-60 所示。

b. 使用说明

本模块提供植被恢复的维护功能。与根河源国家湿地公园生态信息服务系统类似，提供列表查看信息、修改、删除、查看、查询功能。

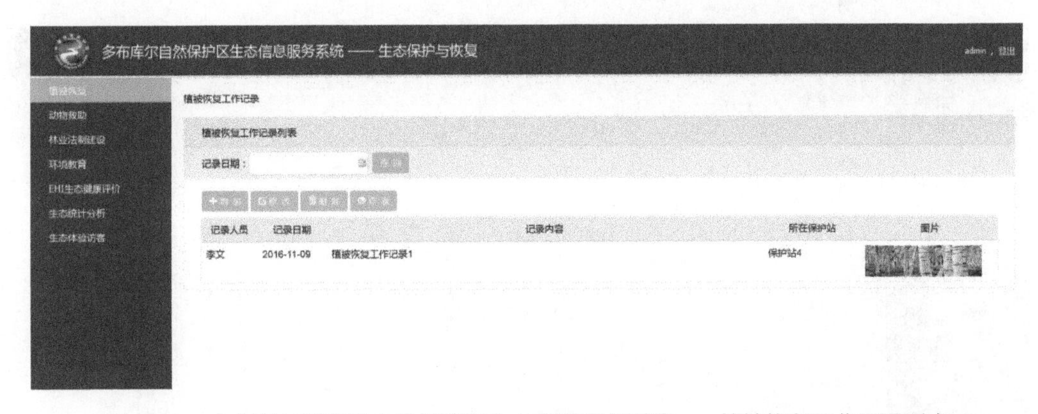

图 8-60　多布库尔国家级自然保护区生态信息服务系统——植被恢复工作记录列表

（2）动物救助

本模块对保护区的动物救助信息进行整理，包括鸟类救助和动物救助，为保护区动物救助工作管理提供基础。

a. 界面说明

动物救助模块包括维护界面和编辑界面。

维护界面列出了动物救助的工作记录信息，如图 8-61 所示。

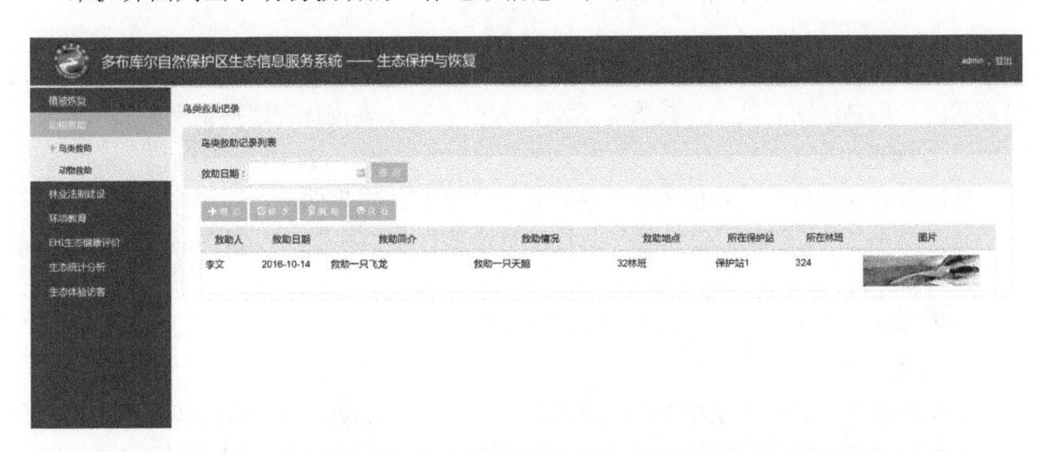

图 8-61　多布库尔国家级自然保护区生态信息服务系统——鸟类救助

b. 使用说明

本模块提供鸟类救助和动物救助的维护功能。与根河源国家湿地公园生态信息服务系统类似，提供列表查看信息、增加、修改、删除、查看、查询功能。

（3）林业法制建设

本模块对保护区的林业法制建设信息进行整理，包括扩地破坏纠察记录、动物破坏纠察记录、植被破坏纠察记录、鸟类破坏纠察记录和特别通行证发放记录，为保护区林业法制建设管理提供基础。

a. 界面说明

林业法制建设模块每个子功能模块都包括维护界面和编辑界面。

维护界面列出了林业法制建设的工作记录信息，如图 8-62 所示。

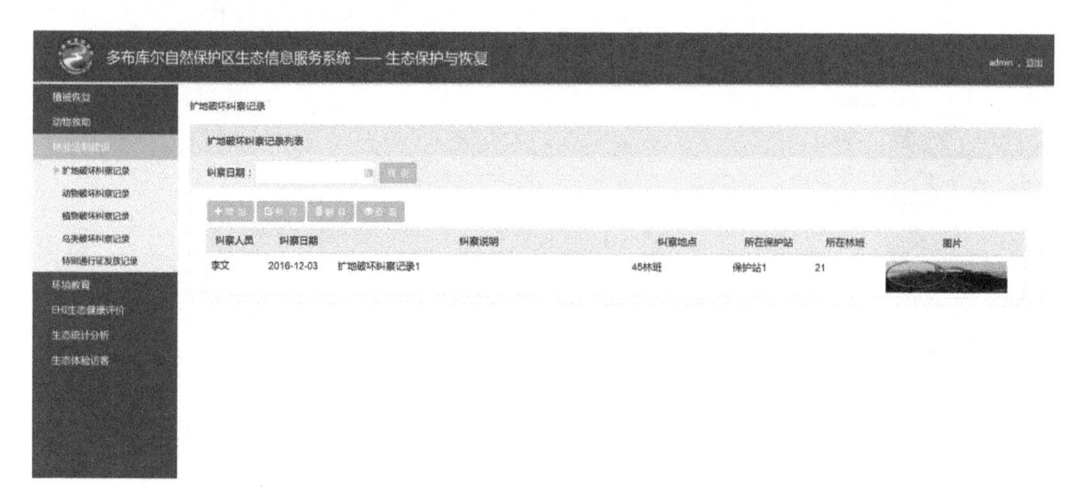

图 8-62　多布库尔国家级自然保护区生态信息服务系统——扩地破坏纠察记录

b. 使用说明

本模块提供扩地破坏纠察记录、动物破坏纠察记录、植被破坏纠察记录、鸟类破坏纠察记录和特别通行证发放记录的维护功能。与根河源国家湿地公园生态信息服务系统类似，提供列表查看信息、增加、修改、删除、查看、查询功能。

（4）环境教育

本模块对保护区的环境教育信息进行整理，包括人文历史及民俗、活动类别、风光摄影活动、科普活动和其他环境教育活动，为保护区环境教育管理提供基础。

a. 界面说明

环境教育模块每个子功能模块都包括维护界面和编辑界面。

风光摄影活动、科普活动和其他环境教育活动提供根据活动日期查询活动记录和添加活动资料功能。

维护界面列出了环境教育信息，如图 8-63 所示。

b. 使用说明

本模块提供人文历史及民俗、活动类别、风光摄影活动、科普活动和其他环境教育活动的维护功能。与根河源国家湿地公园生态信息服务系统类似，提供列表查看信息、增加、修改、删除、查看、查询、活动资料功能。

（5）EHI 生态健康评价

本模块对保护区的 EHI 生态健康评价信息进行整理，包括 EHI 生态健康打分记录和健康评价，为保护区 EHI 生态健康评价提供基础。

a. 界面说明

EHI 生态健康评价模块每个子功能模块都包括维护界面和编辑界面。

维护 EHI 生态健康评价信息的界面如图 8-64 所示。

b. 使用说明

本模块提供 EHI 生态健康打分记录和健康评价的维护功能。与根河源国家湿地公园生态信息服务系统类似，提供列表查看信息、增加、修改、删除、查看、查询、打分功能。

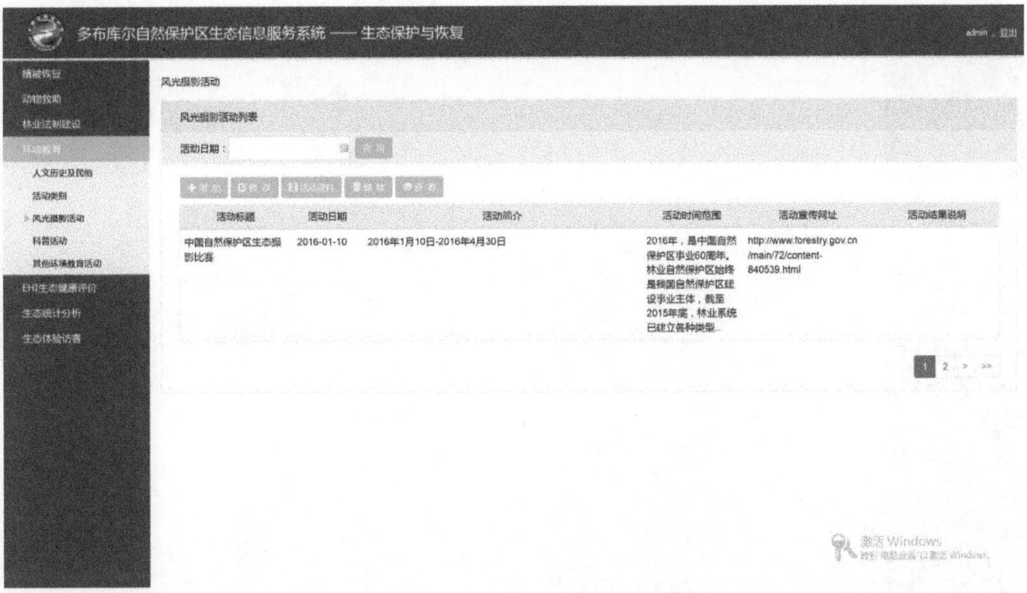

图 8-63　多布库尔国家级自然保护区生态信息服务系统——风光摄影活动

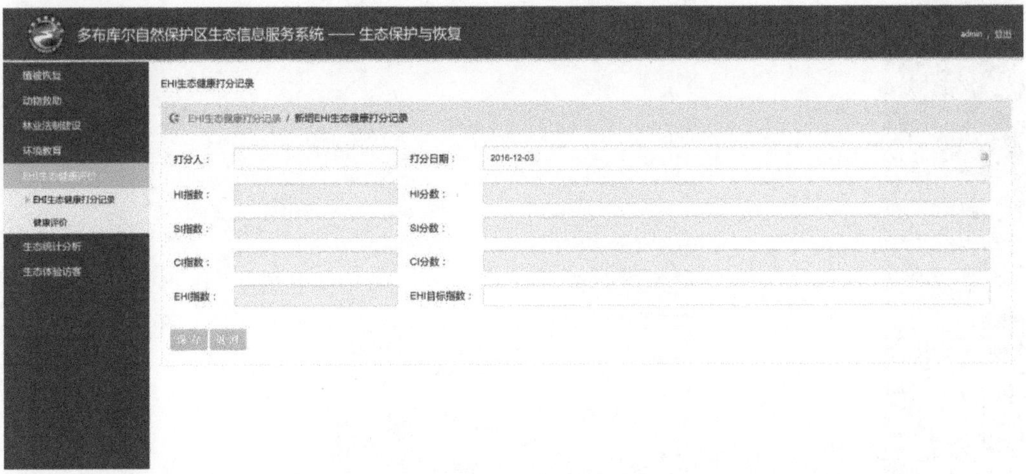

图 8-64　多布库尔国家级自然保护区生态信息服务系统——EHI 生态健康打分记录

（6）生态统计分析

本模块对保护区的各项生态统计分析信息进行整理展示，包括种养殖户变化统计分析、通行证发放统计分析、EHI 分析、项目状态分析、指示性物种分析和空气清洁度分析，为保护区日常工作提供依据。

a. 界面说明

利用图表的形式就各项生态统计信息进行展示（图 8-65）。

b. 使用说明

本模块提供生态统计信息的展示功能。与根河源国家湿地公园生态信息服务系统类似，提供图表展示、分析建议功能。

图 8-65 多布库尔国家级自然保护区生态信息服务系统——通行证发放统计分析

6. 保护工作与建设

本模块支持对制度、保护区工作、保护区大事记和科研项目建设等基础日常工作内容进行记录，给出一份保护区的工作流程。

（1）制度

本模块对保护区的管理制度信息进行整理，包括管理制度制定和管理制度查看，对保护区管理制度进行管理。

a. 界面说明

管理制度制定包括维护界面和编辑界面。利用管理制度查看功能查看管理制度制定功能中制定的管理制度。

维护界面列出了管理制度信息，如图 8-66 所示。

图 8-66　多布库尔国家级自然保护区生态信息服务系统——管理制度列表

b. 使用说明

本模块提供管理制度制定维护功能。与根河源国家湿地公园生态信息服务系统类似，提供列表查看信息、增加、修改、删除、检索、审核、发布功能。

（2）保护区工作

本模块对保护区的日常工作进行流程化管理，包括工作目标、工作任务和工作记录，为保护区日常工作管理提供基础。

a. 界面说明

维护界面列出了保护区工作内容信息，如图 8-67 所示。

图 8-67　多布库尔国家级自然保护区生态信息服务系统——工作目标列表

b. 使用说明

本模块是对日常保护区工作进行流程化管理，应先制定工作目标，再制定工作任务，最后进行工作记录。与根河源国家湿地公园生态信息服务系统类似，提供列表查看信息、修改、删除功能。

（3）保护区大事记

本模块对保护区的大事记信息进行整理和管理。

a. 界面说明

保护区大事记包括维护界面和编辑界面。

保护区大事记页面如图 8-68 所示。

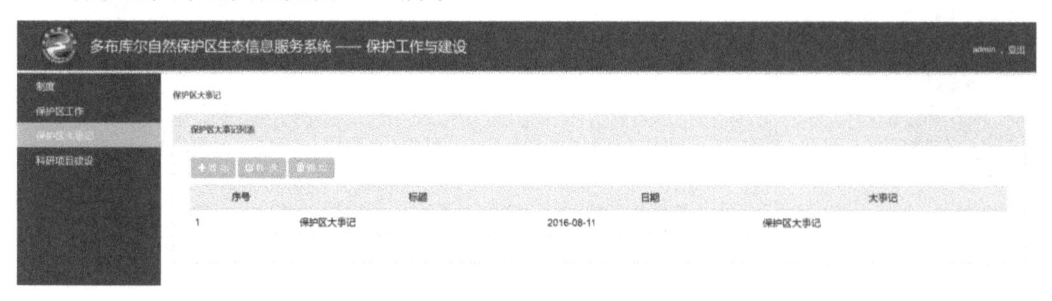

图 8-68　多布库尔国家级自然保护区生态信息服务系统——保护区大事记列表

b. 使用说明

本模块提供保护区大事记的维护功能。与根河源国家湿地公园生态信息服务系统类似，提供列表查看信息、增加、修改、删除功能。

（4）科研项目建设

本模块对保护区建设的各类项目信息进行整理，包括国家项目、省级项目、地区项目、GEF 项目和其他项目，为保护区项目建设工作提供基础。

a. 界面说明

科研项目建设模块每个子功能模块都包括维护界面和编辑界面。

该页面列出了项目信息，如图 8-69 所示。

图 8-69　多布库尔国家级自然保护区生态信息服务系统——科研项目列表

b. 使用说明

本模块提供国家项目、省级项目、地区项目、GEF 项目和其他项目的维护功能。与根河源国家湿地公园生态信息服务系统类似，提供列表查看信息、增加、修改、删除、修改状态、科研动态功能。

（三）多布库尔生态信息公开服务系统

多布库尔生态信息公开服务系统是对保护区的资源、环境教育、生态体验、项目建设等允许公开的数据进行对外展示、宣传（图 8-70）。其与根河源生态信息公开服务系统在内容、风格上形成统一。

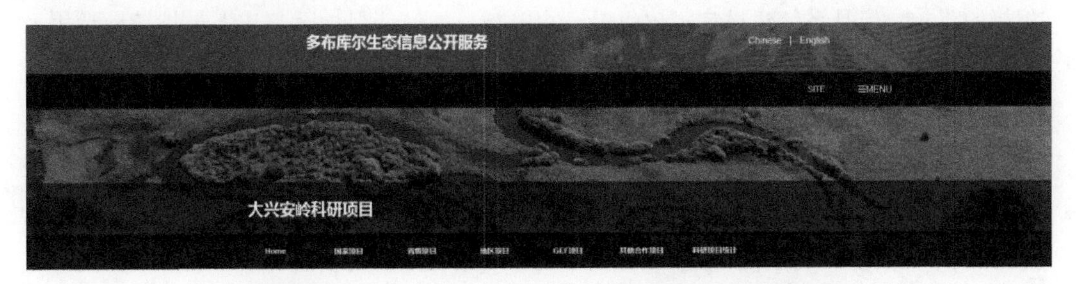

图 8-70　多布库尔生态信息公开服务系统——大兴安岭科研项目

第四节　结论与讨论

一、结论

本项目从2015年11月启动，历经多次技术交流会、需求沟通会、现场调研、实时进展沟通、中期评估，于2016年12月基于网络与地图的保护地与生物多样性信息系统分别在根河源国家湿地公园和多布库尔国家级自然保护区示范点安装应用及现场培训，国家林业局相关领导、GEF项目相关专家和保护地的系统使用方对该系统的设计给予了积极的肯定。但是系统建设完成仅仅是一个开始，如何让保护区工作人员持续地使用系统，使得数据不断录入，需要保护区工作人员持续的努力。

二、建议

在大兴安岭保护地与生物多样性信息系统建设过程中，为了使系统建设在满足多布库尔和根河源两个示范保护地的业务需求、帮助改善知识与信息管理的现状的同时，在大兴安岭地区层面树立了一个信息收集、共享和传播平台，以点带面，从而形成大兴安岭地区的示范引领作用，对系统的未来发展建议如下。

整个建议的整体构架如图8-71所示。

1）建议将现有的生态信息服务系统、公开数据服务网部署到可用于在外网中访问的服务器。这便于各保护地管理者可随时、随地方便地访问系统，同时也有利于下面工作的开展：APP数据上传到各保护地网站并和大兴安岭地区示范性网站建立链接。

2）建立一个大兴安岭地区的示范性网站，作为整个大兴安岭地区GEF项目的统一入口。从该入口进入可看到2个保护地部分汇总的数据；当需要进一步详细了解时，可以进入各个保护地的相关网站。这样做到了从大兴安岭层面得到统一、汇总的数据，同时又允许各个保护地有差异性的业务和数据的存在。此外，未来在大兴安岭地区推广时，要求将各自地区的汇总数据上传到该大兴安岭地区示范性网站，逐步扩大影响力。根据国家林业局的要求，各保护地点击“上传”按钮，将必要的统计性数据上传至示范性网站。

3）该大兴安岭地区示范性网站可作为国家信息网站中的某个节点网站，允许将数据从大兴安岭地区示范性网站导出至国家层面。该大兴安岭地区示范性网站可申请独立域名。

4）建立APP供游客和保护地工作人员使用，以增强用户黏性，增强保护地的宣传和公众参与。APP供保护地工作人员使用，可使得工作人员能够及时地将日常巡护中发现的问题及时上传；APP供游客使用，不只是可以把已有的保护区公开数据很好地呈现给公众，还可以让每个人成为各保护地保护资源的数据采集器，从而形成“众包”，实现了一种社会参与的体系，体现了每个人都可成为内容生产者的互联网优势。公众可以随时随地定位并上报所在位置，以及可以上传保护区相关信息的文字、图片，提升公众参与感和保护区管理宣传的高度。众包数据在时间和空间两个维度对保护区的数据形成补充。

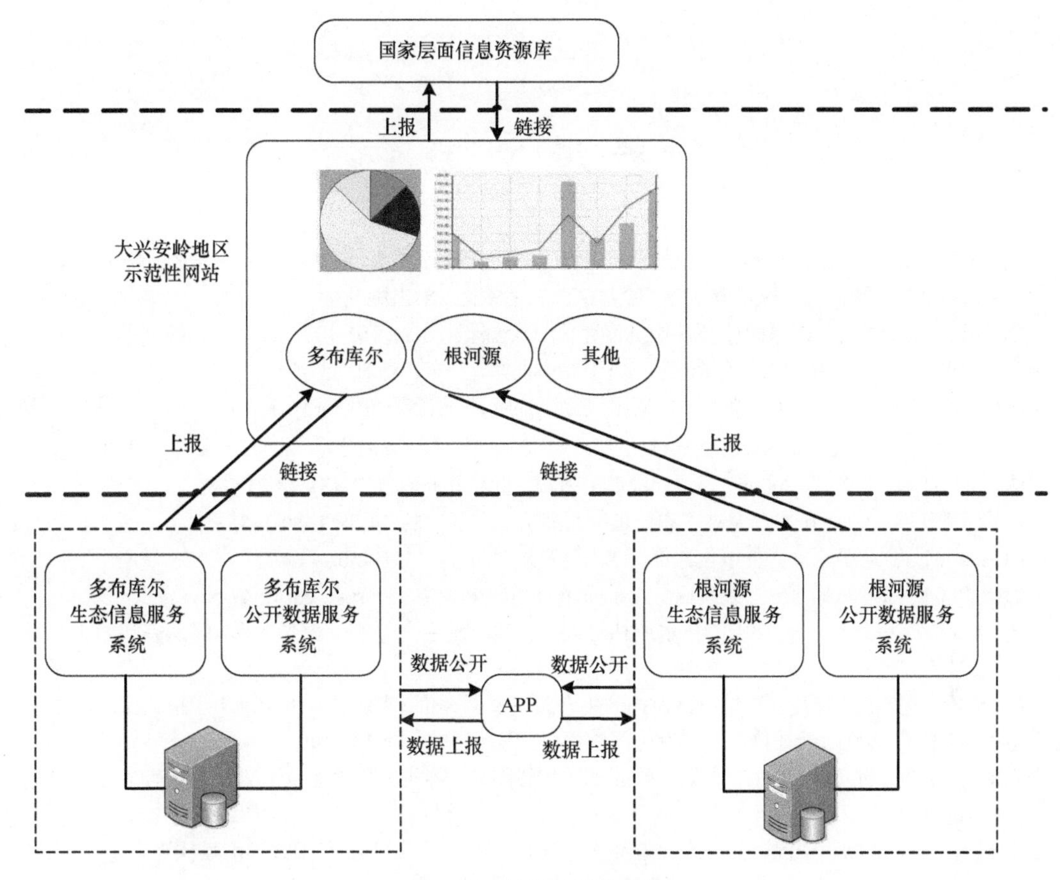

图 8-71　建议的整体架构

参 考 文 献

包旭. 2013. 火烧干扰对大兴安岭落叶松苔草湿地生态系统碳储量的影响. 东北林业大学硕士学位论文.

常家传, 马金生, 鲁长虎. 1993. 鸟类学. 哈尔滨: 东北林业大学出版社.

陈鹏. 2006. 厦门湿地生态系统服务功能价值评估. 湿地科学, 4(2): 101-107.

陈宜瑜. 1998. 中国动物志·硬骨鱼纲·鲤形目(中卷). 北京: 科学出版社.

崔保山, 杨志峰. 2001. 吉林省典型湿地资源效益评价研究. 资源科学, 23(3): 55-61.

崔丽娟, 斯蒂芬. 艾思龙. 2006a. 湿地恢复手册——原则 • 技术与案例分析. 北京: 中国建筑工业出版社.

崔丽娟, 张曼胤, 王义飞. 2006b. 湿地功能研究进展. 世界林业研究, 19(3): 18-21.

崔丽娟, 赵欣胜. 2004. 鄱阳湖湿地生态能值分析研究. 生态学报, 24(7): 1480-1485.

崔丽娟. 2002. 扎龙湿地价值货币化评价. 自然资源学报, 17(4): 451-456.

崔丽娟. 2004. 鄱阳湖湿地生态系统服务功能价值评估研究. 生态学杂志, 23(4): 47-51.

崔巍, 牟长城, 卢慧翠, 等. 2013. 排水造林对大兴安岭湿地生态系统碳储量的影响. 北京林业大学学报, 35(5): 28-36.

戴放. 2006. 黑龙江省安邦河湿地自然保护区生态旅游资源评价. 东北林业大学硕士学位论文.

邓培雁, 陈桂珠. 2003. 湿地价值及其有关问题探讨. 湿地科学, (2): 136-140.

丁锡祉, 裘善文, 孙广友. 1987. 大兴安岭北部的冰缘现象. 第四纪冰川地质论文集(第三集). 北京: 地质出版社.

董崇智, 姜作发. 2008. 中国内陆冷水性鱼类渔业资源. 哈尔滨: 黑龙江科学技术出版社.

董崇智, 夏重志, 姜作发, 等. 1996. 黑龙江上游漠河江段的鱼类组成特征. 黑龙江水产, (4): 19-22.

段晓男, 王效科, 欧阳志云. 2005. 乌梁素海湿地生态系统服务功能及价值评估. 资源科学, 27(2): 110-115.

费梁, 叶昌媛, 黄永昭. 2005. 中国两栖动物检索及图解. 成都: 四川科学技术出版社.

傅伯杰, 陈利顶, 王军, 等. 2003. 土地利用结构与生态过程. 第四纪研究, 23(3): 247-255.

管伟, 廖宝文, 林梨扬, 等. 2008. 广州南沙人工红树林湿地小气候效应研究. 生态科学, 27(2): 95-101.

郭东信, 王绍令, 鲁国威, 等. 1981. 东北大小兴安岭多年冻土分区. 冰川冻土, 3(3): 1-9.

郝运, 赵妍, 刘颖, 等. 2004. 向海湿地自然保护区生态系统服务效益价值估算. 吉林林业科技, 33(4): 25-26.

何瑞霞, 金会军, 吕兰芝, 等. 2009. 东北北部冻土退化与寒区生态环境变化. 冰川冻土, 3: 525-531.

何瑞霞, 金会军, 马富廷, 等. 2015. 大兴安岭北部霍拉盆地多年冻土及寒区环境研究的最新进展. 冰川冻土, 1: 109-117.

霍堂斌, 姜作发, 马波, 等. 2012. 黑龙江中游底层鱼类群落结构及多样性. 生态学杂志, 31(10): 2591-2598.

江波, 欧阳志云, 苗鸿, 等. 2011. 海河流域湿地生态系统服务功能价值评价. 生态学报, 31(8): 2236-2244.

姜明, 武海涛, 吕宪国, 等. 2009. 湿地生态廊道设计的理论, 模式及实践——以三江平原浓江河湿地生态廊道为例. 湿地科学, 7(2): 99-105.

姜文来. 1997a. 湿地资源开发可持续环境影响评价研究. 中国环境科学, 17(5): 406-409.

姜文来. 1997b. 我国湿地资源开发生态环境问题及其对策. 中国土地科学, 11(4): 37-40.

金会军, 李述训, 王绍令, 等. 2000. 气候变化对中国多年冻土和寒区环境的影响. 地理学报, 2: 161-173.

金会军, 于少鹏, 吕兰芝, 等. 2006. 大小兴安岭多年冻土退化及其趋势初步评估. 冰川冻土, 4: 467-476.

李秀军, 杨富亿, 刘兴土. 2007. 松嫩平原西部盐碱湿地“稻-苇-鱼”模式研究. 中国生态农业学报, 15(5): 174-177.

刘斌, 满秀玲, 王妍. 2011. 大兴安岭主要沼泽湿地土壤碳氮垂直分布特征. 东北林业大学学报, 39(3):

89-91.
刘吉平, 赵丹丹, 田学智, 等. 2014. 1954-2010 年三江平原土地利用景观格局动态变化及驱动力. 生态学报, 34(12): 3234-3244.
刘晓辉, 吕宪国, 姜明, 等. 2008. 湿地生态系统服务功能的价值评估. 生态学报, 28(11): 5625-5631.
刘子刚, 王铭, 马学慧. 2012. 中国泥炭地有机碳储量与储存特征分析. 中国环境科学, 32(10): 1814-1819.
吕磊, 刘春学. 2010. 滇池湿地生态系统服务功能价值评估. 环境科学导刊, (1): 76-80.
吕宪国, 等. 2005. 湿地生态系统观测方法. 北京: 中国环境科学出版社.
吕宪国. 2004. 变化环境下的湿地恢复与重建. 全国湿地资源保护与合理利用研讨会.
马吉军, 王娣, 王立功. 2015. 黑龙江大兴安岭地区生态系统碳储量的评估. 林业科技, (2): 44-45.
马建章, 贾竞波. 1990. 野生动物管理学. 哈尔滨: 东北林业大学出版社.
马巍, 金会军. 2008. 正在变暖的地球上的多年冻土——2008 年第九届国际冻土大会(NICOP)综述. 冰川冻土, 30(5): 843-854.
马学慧. 2013. 中国泥炭地碳储量与碳排放. 北京: 中国林业出版社.
毛德华, 吴峰, 李景保, 等. 2007. 洞庭湖湿地生态系统服务价值评估与生态恢复对策. 湿地科学, 5(1): 39-44.
孟赫男. 2015. 泥炭藓退化和氮营养环境变化对大兴安岭泥炭地碳循环的影响. 中国科学院大学博士学位论文.
孟伟, 张远, 渠晓东, 等. 2011. 河流生态调查技术方法. 北京: 科学出版社.
莫明浩, 任宪友, 王学雷, 等. 2008. 洪湖湿地生态系统服务功能价值及经济损益评估. 武汉大学学报(理学版), 54(6): 725-731.
牟长城, 王彪, 卢慧翠, 等. 2013. 大兴安岭天然沼泽湿地生态系统碳储量. 生态学报, 33(16) : 4956-4965.
欧世芬, 曾从盛. 2006. 闽江河口湿地生态旅游资源评价与开发策略. 台湾海峡, 25(4): 572-578.
欧阳志云, 王效科. 1999. 中国陆地生态系统服务功能及其生态经济价值的初步研究. 生态学报, 19(5): 607-613.
欧阳志云, 赵同谦, 赵景柱, 等. 2004. 海南岛生态系统生态调节功能及其生态经济价值研究. 应用生态学报, 8: 1395-1402.
欧阳志云, 朱春全, 杨广斌, 等. 2013. 生态系统生产总值核算: 概念、核算方法与案例研究. 生态学报, 21: 6747-6761.
任慕莲. 1981. 黑龙江鱼类. 哈尔滨: 黑龙江人民出版社.
孙广友. 2000. 试论沼泽与冻土的共生机理: 以中国大小兴安岭地区为例. 冰川冻土, 22(4): 309-316.
孙贵珍, 陈忠暖. 2007. 我国旅游区位研究的回顾与展望. 桂林旅游高等专科学校学报, 18(3): 444-447.
孙菊, 李秀珍, 王宪伟, 等. 2010. 大兴安岭冻土湿地植物群落结构的环境梯度分析. 植物生态学报, 10: 1165-1173.
汤蕾, 许东. 2006. 辽河三角洲湿地生态旅游资源评价与开发. 辽宁林业科技, (1): 26-29.
汤蕾, 许东. 2007. 辽河三角洲湿地资源景观特征评价及生态旅游开发. 地域研究与开发, 26(1): 72-75.
王彪. 2013. 大兴安岭南部天然沼泽湿地生态系统碳储量研究. 东北林业大学硕士学位论文.
王澄海, 靳双龙, 施红霞. 2014. 未来 50a 中国地区冻土面积分布变化. 冰川冻土, 1: 1-8.
王春鹤. 1999. 中国东北冻土融冻作用与寒区开发建设. 北京: 科学出版社.
王继国. 2007. 湿地调节气候生态服务价值的估算——以新疆艾比湖湿地为例. 江苏技术师范学院学报, 13(4): 58-62.
王娇月. 2014. 冻融作用对大兴安岭多年冻土区泥炭地土壤有机碳的影响研究. 中国科学院大学博士学位论文.
王立中, 李慧仁, 赵希宽, 等. 2014. 大兴安岭土壤有机碳库分析. 防护林科技, (2): 5-7.
王铭, 刘子刚, 马学慧, 等. 2013. 世界泥炭分布规律. 湿地科学, 11(3): 339-346.

王伟, 陆健健. 2005. 三垟湿地生态系统服务功能及其价值. 生态学报, 25(3): 404-407.
王伟光, 李晓民, 李彦杰. 2010. 八岔岛国家级自然保护区湿地生态旅游开发研究. 国土与自然资源研究, (1): 85-86.
王霄, 黄震方, 袁林旺, 等. 2007. 生态旅游资源潜力评价——以江苏盐城海滨湿地为例. 经济地理, 27(5): 830-834.
魏智, 金会军, 张建明, 等. 2011. 气候变化条件下东北地区多年冻土变化预测. 中国科学: 地球科学, 1: 74-84.
邬建国. 2000. 景观生态学——概念与理论. 生态学杂志, (1): 42-52.
吴炳方, 黄进良, 沈良标. 2000. 湿地的防洪功能分析评价. 地理研究, 19(2): 189-193.
吴静. 2005. 天津市湿地资源可持续保护利用与规划. 北京: 首届北京生态建设国际论坛文集.
吴玲玲, 陆健健, 童春富, 等. 2003. 长江口湿地生态系统服务功能价值的评估. 长江流域资源与环境, 12(5): 411-416.
伍汉霖, 钟俊生, 等. 2008. 中国动物志　硬骨鱼纲　鲈形目(五)　虾虎鱼亚目. 北京: 科学出版社.
肖笃宁, 裴铁凡, 赵羿. 2003. 辽河三角洲湿地景观的水文调节与防洪功能. 湿地科学, (1): 21-25.
谢高地, 鲁春霞, 成升魁. 2001. 全球生态系统服务价值评估研究进展. 资源科学, 23(6): 5-9.
解玉浩. 2007. 东北地区淡水鱼类. 沈阳: 辽宁科学技术出版社.
辛琨, 肖笃宁. 2002. 盘锦地区湿地生态系统服务功能价值估算. 生态学报, 22(8): 1345-1349.
徐学祖, 王家澄, 张立新. 2001. 冻土物理学. 北京: 科学出版社.
徐学祖, 王家澄. 1983. 中国冻土分布及其地带性规律的初步探讨//中国地理学会. 第二届全国冻土学术会议论文选集. 兰州: 甘肃人民出版社: 3-12.
寻明华, 于洪贤, 聂文龙, 等. 2009. 中国兴凯湖鱼类资源调查及保护策略研究. 野生动物杂志, 30(1): 30-33.
鄢帮有. 2004. 鄱阳湖湿地生态系统服务功能价值评估. 资源科学, 26(3): 61-68.
鄢帮有. 2006. 鄱阳湖区土地利用变化与生态系统服务价值评估. 中国科学院南京地理与湖泊研究所博士学位论文.
杨光梅, 李文华, 闵庆文, 等. 2007. 对我国生态系统服务研究局限性的思考及建议. 中国人口·资源与环境, 17(1): 85-91.
杨光梅, 李文华, 闵庆文. 2006. 生态系统服务价值评估研究进展——国外学者观点. 生态学报, 26(1): 205-212.
易富科. 2008. 中国东北湿地野生维管束植物. 北京: 科学出版社.
易烜. 2007. 东江湖湿地效益评价研究. 中南林业科技大学硕士学位论文.
尹善春. 1991. 中国泥炭资源及其开发利用. 北京: 科学出版社.
于砚民. 1995. 兴安岭地区湿地生态环境及其保护对策. 环境科学研究, 6: 12-16.
俞穆清, 田卫, 孙道玮, 等. 2000. 湿地资源开发环境影响评价探析. 东北师大学报(自然科学版), 32(1): 84-89.
乐佩琦, 陈宜瑜. 1998. 中国濒危动物红皮书——鱼类. 北京: 科学出版社.
曾涛, 邸雪颖, 杨光, 等. 2010. 湖泊湿地生态旅游资源评价——以兴凯湖国家级自然保护区为例. 东北林业大学学报, 38(5): 110-113.
张春光, 赵亚辉. 2016. 中国内陆鱼类物种与分布. 北京: 科学出版社.
张宏斌. 2006. 黑河流域中上游湿地资源分布及其生态评价. 甘肃农业大学硕士学位论文.
张觉民. 1995. 黑龙江省鱼类志. 哈尔滨: 黑龙江科学技术出版社.
张树清, 张柏, 汪爱华. 2001. 三江平原湿地消长与区域气候变化关系研究. 地球科学进展, 16(6): 836-841.
张素珍, 李贵宝. 2005. 白洋淀湿地生态服务功能及价值估算. 南水北调与水利科技, 3(4): 22-25.
张天华, 陈利顶, 黄琼中, 等. 2005. 西藏拉萨拉鲁湿地生态系统服务功能价值估算. 生态学报, 25(12): 3176-3180.

张武, 张雪萍, 顾成林, 等. 2013. 大兴安岭不同冻土带湿地土壤动物群落与地温耦合关系. 生态环境学报, 2: 263-268.

张晓云, 吕宪国, 沈松平, 等. 2008. 若尔盖高原湿地区主要生态系统服务价值评价. 湿地科学, 6(4): 466-472.

张志强, 徐中民, 程国栋. 2001. 生态系统服务与自然资本价值评估. 生态学报, 21 (11): 1918-1926.

赵景柱, 肖寒. 2000. 生态系统服务的物质量与价值量评价方法的比较分析. 应用生态学报, 11(2): 290-292.

赵军, 杨凯. 2007. 生态系统服务价值评估研究进展. 生态学报, 27 (1): 346-356.

赵林, 程国栋. 2000. 青藏高原五道梁附近多年冻土活动层冻结和融化过程. 科学通报, 11: 1205-1211.

赵文阁, 等. 2018. 黑龙江省鱼类原色图鉴. 北京: 科学出版社.

赵文阁, 等. 2008. 黑龙江省两栖爬行动物志. 北京: 科学出版社.

赵旭阳, 刘立. 2006. 滹沱河岗黄区湿地生态旅游资源功能评价与开发研究. 安徽农业科学, 34(15): 3768-3770.

赵洋. 2010. 长白山湿地生态旅游资源开发潜力评价研究. 延边大学硕士学位论文.

周晓丽. 2009. 鸭绿江口滨海湿地自然保护区生态旅游资源评价与环境承载力分析. 西南大学硕士学位论文.

周幼吾, 高兴旺, 王银学, 等. 1996. 近 40 年来东北地区季节冻结和融化层温度变化与气候变暖//中国地理学会. 第五届全国冰川冻土学大会论文集(上册). 兰州: 甘肃文化出版社: 3-10.

周幼吾, 郭东信, 邱国庆, 等. 2000. 中国冻土. 北京: 科学出版社.

周幼吾, 郭东信. 1982. 我国多年冻土的主要特征. 冰川冻土, 4(1): 1-19.

周幼吾, 王银学, 高兴旺, 等. 1996. 我国东北部冻土温度和分布与气候变暖. 冰川冻土, 18(增刊): 139-147.

庄大昌. 2004. 洞庭湖湿地生态系统服务功能价值评估. 经济地理, 24(3): 391-394.

Aber J D, Jordan W R. 1985. Restoration ecology: an environmental middle ground. Bioscience, 35(7): 399.

Amador J A, Jones R D. 1993. Nutrient limitations on microbial respiration in peat soils with different total phosphorus content. Soil Biology and Biochemistry, 25(6): 793-801.

Anisimov O A, Nelson F E. 1996. Permafrost distribution in the northern hemisphere under scenarios of climatic change. Global and Planetary Change, 14: 59-72.

Barbier E B, Acreman M, Knowler D. 1997. Economic Valuation of Wetlands: a Guide for Policy Makers and Planners. Gland, Switzerland: Ramsar Convention Bureau.

Barbier E B. 1994. Valuing environmental functions: tropical wetlands. Land Economics, 70(2): 155-173.

Bateman I J, Mace G M, Fezzi C, et al. 2011. Economic analysis for ecosystem service assessments. Environmental and Resource Economics, 48(2): 177-218.

Boyero L, Pearson R G, Gessner M O, et al. 2011. A global experiment suggests climate warming will not accelerate litter decomposition but might reduce carbon sequestration. Ecology Letters, 14(3): 289-294.

Brinson M M, Hauer F R, Lee L C, et al. 1995. A guidebook for application of hydrogeomorphic assessments to riverine wetlands. DTIC Document.

Brown J, Romanovsky V E. 2008. Report from the international permafrost association: state of permafrost in the first decade of the 21st century. Permafr. Periglac. Process., 19: 255-260.

Cao M K, Woodward F I. 1998. Net primary and ecosystem production and carbon stocks of terrestrial ecosystems and their response to climate change. Global Change Biology, 4: 185-198.

Cedfeldt P T, Watzin M C, Richardson B D. 2000. Using GIS to identify functionally significant wetlands in the Northeastern United States. Environmental Management, 26(1): 13-24.

Chambers J M, McComb A J. 1994. Establishing wetland plants in artificial systems. Water Science and Technology, 29(4): 79-84.

Clements W H, Rohr J R. 2009. Community responses to contaminants: using basic ecological principles to predict ecotoxicological effects. Environmental Toxicology and Chemistry, 28(9): 1789-1800.

Cleveland C C, Liptzin D. 2007. C: N: P stoichiometry in soil: is there a “Redfield ratio” for the microbial

biomass? Biogeochemistry, 85: 235-252.
Connell J H. 1978. Diversity in tropical rain forests and coral reefs. Science, 199(4335): 1302-1310.
Costanza R, Arge R D, De Groot R, et al. 1997. The value of the world's ecosystem services and natural capital. Nature, 387(6630): 253-260.
Costanza R, De Groot R, Sutton P, et al. 2014. Changes in the global value of ecosystem services. Global Environmental Change-Human and Policy Dimensions, 26: 152-158.
Costanza R, Pérez-Maqueo O, Martinez M L, et al. 2008. The value of coastal wetlands for hurricane protection. AMBIO: J. Hum. Environ., 37: 241-248.
Costanza R. 1991. The ecological economics of sustainability. Paris: Environmentally Sustainable Economic Development: Building on Brundtland: 83-90.
Curtis I A. 2004. Valuing ecosystem goods and services: a new approach using a surrogate market and the combination of a multiple criteria analysis and a Delphi panel to assign weights to the attributes. Ecological Economics, 50(3): 163-194.
Daily G. 1997. Nature's Services: Societal Dependence on Natural Ecosystems. Washington DC: Island Press.
De Groot R S. 1992. Functions of nature: evaluation of nature in environmental planning, management and decision making. Wolters-Noordhoff BV.
De Groot R, Wilson M A, Boumans R M J. 2002. A typology for the classification, description and valuation of ecosystem functions, goods and services. Ecological Economics, 41(3): 393-408.
der Beek T A, Teichert E. 2008. Global simulation of permafrost distribution in the past, present, and future using the frost number method. Fairbanks: Proceedings NICOP(II): 71-76.
Dorrepaal E, Toet S, Logtestijn R S P, et al. 2009. Carbon respiration from subsurface peat accelerated by climate warming in the subarctic. Nature, 460(30): 616-620.
Douglas T A, Jorgenson M T, Kanevskiy M Z, et al. 2008. Permafrost dynamics at the Fairbanks permafrost experimental station near Fairhanks, Alaska. Fairbanks: Proceedings NICOP (I): 373-378.
Elser J J, Bracken M E S, Cleland E E, et al. 2007. Global analysis of nitrogen and phosphorus limitation of primary producers in freshwater, marine and terrestrial ecosystems. Ecology Letters, 10(12): 1135-1142.
Elser J J, Sterneer R W, Gorokhova E, et al. 2000. Biological stoichiometry from gens to ecosystems. Ecology Letters, 3: 540-550.
Erwin K L. 2009. Wetlands and global climate change: the role of wetland restoration in a changing world. Wetlands Ecology and Management, 17(1): 71.
Fisher B, Turner R K, Morling P. 2009. Defining and classifying ecosystem services for decision making. Ecological Economics, 68(3): 643-653.
Forman R T. 1995. Some general principles of landscape and regional ecology. Landscape Ecology, 10(3): 133-142.
Gleason R A, Laubhan M K, Tangen B A, et al. 2008. Ecosystem services derived from wetland conservation practices in the United States Prairie Pothole Region with an emphasis on the US department of agriculture conservation reserve and wetlands reserve programs.
Gorham E. 1991. Northern peatlands: role in the carbon cycle and probable responses to climatic warming. Ecological Applications, 1(2): 182-195.
Gustafsson B. 1998. Scope and limits of the market mechanism in environmental management. Ecological Economics, 24(2): 259-274.
Hessen D O, Agren G I, Anderson T R, et al. 2005. Carbon sequestration in ecosystems: the role of stoichiometry. Ecology, 85(5): 1179-1192.
Holden J. 2005. Peatland hydrology and carbon release: why small-scale process matters. Philosophical Transactions of the Royal Society, 363: 2891-2913.
IPCC. 2013. Climate Change 2013: The Physical Science Basis. Contribution of Working Group I to the Fifth Assessment Report of the Intergovernmental Panel on Climate Change (eds Stocker, T. F. et al.) 1535. Cambridge: Cambridge University Press.
Janssens I A, Lankreijer H, Matteucci G, et al. 2001. Productivity overshadows temperature in determining soil and ecosystem respiration across European forest. Global Change Biology, 7: 269-278.

Jorgenson M T, Racine C H, Walters J C, et al. 2001. Permafrost degradation and ecological changes associated with a warming climate in central Alaska. Climatic Change, 48: 551-579.

Kandziora M, Burkhard B, Müller F. 2013. Interactions of ecosystem properties, ecosystem integrity and ecosystem service indicators—A theoretical matrix exercise. Ecological Indicators, 28: 54-78.

Karl T R, Trenberth K E. 2003. Modern global climate change. Science, 302: 1719-1723.

Kathryn S M L, Turpie J K. 2009. Valuing the provisioning services of wetlands: contrasting a rural wetland in Lesotho with a peri-urban wetland in South Africa. Ecology and Society, 14(2): 18.

Kayranli B, Scholz M, Mustafa A, et al. 2010. Carbon storage and fluxes within freshwater wetlands: a critical review. Wetlands, 30(1): 111-124.

Kent D M. 2000. Evaluating wetland functions and values. *In*: Kent D M. Applied Wetland Science and Technology. 2nd ed. New York: Lewis Publishers: 55-80.

Lal R. 2004. Soil carbon sequestration to mitigate climate change. Geoderma, 123: 1-22.

Lannas K S, Turpie J K. 2009. Valuing the provisioning services of wetlands: contrasting a rural wetland in Lesotho with a peri-urban wetland in South Africa. Ecology and Society, 14(2): 1-19.

Larson J S, Mazzarese D B. 1994. Rapid assessment of wetlands: history and application to management. Global Wetlands. Amsterdam: Elsevier Science Publishers: 625-636.

LeBauer D S, Treseder K K. 2008. Nitrogen limitation of net primary productivity in terrestrial ecosystems is globally distributed. Ecology, 89(2): 371-379.

Liu S, Costanza R, Farber S, et al. 2010. Valuing ecosystem services. Annals of the New York Academy of Sciences, 1185(1): 54-78.

McGroddy M E, Daufesne T, Hedin L O. 2004. Scaling of C: N: P stoichiometry in forests worldwide: implications of terrestrial Redfield-type ratios. Ecology, 85(9): 2390-2401.

McGuire A D, Macdonald R W, Schuur E A G, et al. 2010. The carbon budget of the northern cryosphere region. Current Opinion in Environmental Sustainability, 2: 231-236.

Mcneil P, Waddington J M. 2003. Moisture controls on *Sphagnum* growth and CO_2 exchange on a cutover bog. Journal of Applied Ecology, 40: 354-367.

Melillo J M, McGuire A D, Kicklighter D W, et al. 1993. Global climate change and terrestrial net primary production. Nature, 363: 234-240.

Millennium Ecosystem Assessment. 2005. Ecosystems and Human Well-being: Wetlands and Water. Washington, DC: World Resources Institute: 5.

Mitsch W J, Gosselink J G. 2000. Wetlands. New York: John Wiley and Sons.

Mitsch W J, Gosselink J G. 2007. Wetlands. 4th ed. New York: John Wiley and Sons.

Mitsch W J, Wilson R F. 1996. Improving the success of wetland creation and restoration with know-how, time, and self-design. Ecological Applications, 6(1): 77-83.

Mitsch W J. 1989. Wetlands of Ohio's coastal Lake Erie: a hierarchy of systems. Columbus: Ohio Sea Grant Program Report.

Musamba E B, Boon E K, Ngaga Y M, et al. 2012. The recreational value of wetlands: activities, socio- economic activities and consumers' surplus around Lake Victoria in Musoma Municipality, Tanzania. Journal of Human Ecology, 37(2): 85-92.

Naeem S, Li S B. 1997. Biodiversity enhances ecosystem reliability. Nature, 390(6659): 507-509.

Odum H T, Odum E P. 2000. The energetic basis for valuation of ecosystem services. Ecosystems, 3(1): 21-23.

Ojea E, Martin-Ortega J, Chiabai A. 2012. Defining and classifying ecosystem services for economic valuation: the case of forest water services. Environmental Science & Policy, 19: 1-15.

Pavlov A V. 1994. Current changes of climate and permafrost in the Arctic and Sub-Arctic of Russia. Permafrost and Periglacial Processes, 5: 101-110.

Ran Y H, Cheng G D, Zhang T J, et al. 2012. Short communication distribution of permafrost in China: an overview of existing permafrost maps. Permafrost and Periglacial Processes, 23: 322-333.

Redfield G W. 2000. Ecological research for aquatic science and environmental restoration in South Florida. Ecological Applications, 10(4): 900-1005.

Richard T Woodward, Yong-Suhk Wui. 2001. The economic value of wetland services: a meta-analysis.

Ecological Economics, 37(2): 257-270.
Richmond A, Kaufmann R K, Myneni R B. 2007. Valuing ecosystem services: a shadow price for net primary production. Ecological Economics, 64(2): 454-462.
Robert Eugene Turner, Bill Streever. 2002. Approaches to Coastal Wetland Restoration: Northern Gulf of Mexico. Mexico: Kugler Publications.
Rodionow A, Flessa H, Kazansky O, et al. 2006. Organic matter composition and potential trace gas production of permafrost soils in the forest tundra in northern Siberia. Geoderma, 135: 46-93.
Romanovsky V E, Drozdov D S, Oberman N G, et al. 2010. Thermal state of permafrost in Russia. Permafrost and Periglacial Processes, 21: 136-155.
Romanovsky V E, Kholodov A L, Marchenko S S, et al. 2008. Thermal state and fate of permafrost in Russia: First results of IPY. Fairbanks: Proceedings NICOP(II): 1511-1518.
Rosemary F James. 1991. Wetland Valuation: Guidelines and Techniques. Asian Wetland Bureau.
Ross E Freeman, Emily H Stanley, Monica G Turner. 2003. Analysis and conservation implications of landscape change in the Wisconsin River floodplain, USA. Ecological Applications, 13: 416-431.
Roy V, Plamondon A P, Bernier P Y. 2000. Draining forested wetland cutovers to improve seedling root zone conditions. Scandinavian Journal of Forest Research, 15(1): 58-67.
Schuur E A G, Bockheim J, Candadell J G. 2008. Carbon to climate change: implications for the global carbon cycle. Bioscience, 58: 701-714.
Schuur E A G, McGuire A D, Schadel C, et al. 2015. Climate change and the permafrost carbon feedback. Nature, 520: 171-179.
Segers R. 1998. Methane production and methane consumption: a review of process underlying wetland methane flux. Biogeochemistry, 41: 23-51.
Shang L, Zhang Z, Song X, et al. 2015. Carbon sequestration and nutrient accumulation (N and P) in two typical wetlands in Sanjiang Plain, Northeast China. Fresen Environ Bull, 24(2): 422-428.
Sherstyukov A B, Sherstyukov B G, Groisman P Y. 2008. Impact of surface air temperature and snow cover depth on the upper soil temperature variations in Russia. Fairbanks: Proceedings, NICOP (II): 1643-1646.
Solomon S, Qin D, Manning M, et al. 2007. IPCC 2007: climate change 2007: the physical basis. Contribution of Working Group I to the Fourth Assessment Report of the Intergovernmental Panel on Climate Change. Cambridge: Cambridge University Press.
Song C C, Zhang J B, Zhang L H. 2005. The variation of carbon stock in freshwater mire after nitrogen input. Advances in Earth Science, 20(11): 1249-1255. (in Chinese)
Stendel M, Christensen J H. 2002. Impact of global warming on permafrost conditions in a couple GCM. Geophysical Research Letters, 29: 1632.
Tian H Q, Chen G S, Zhang C, et al. 2010. Pattern and variation of C: N: P in China's soils: a synthesis of observational data. Biogeochemistry, 98: 139-151.
Turner R K, Paavola J, Cooper P, et al. 2003. Valuing nature: lessons learned and future research directions. Ecological Economics, 46(3): 493-510.
Turunen J, Tomppo E, Tolonen K, et al. 2002. Estimating carbon accumulation rates of undrained mires in Finland-application to boreal and subarctic regions. The Holocene, 12(1): 69-80.
van der Valk A G, Bremholm T L, Gordon E. 1999. The restoration of sedge meadows: seed viability, seed germination requirements, and seedling growth of *Carex* species. Wetlands, 19(4): 756-764.
Wang G D, Jiang M, Lu X G, et al. 2013. Effects of sediment load and water depth on the seed banks of three plant communities in the National Natural Wetland Reserve of Lake Xingkai, China. Aquatic Botany, 106: 35-41.
Wang Z M, Mao D H, Li L, et al. 2015. Quantifying changes in multiple ecosystem services during 1992–2012 in the Sanjiang Plain of China. Science of the Total Environment, 514: 119-130.
Woodward R T, Wui Y S. 2001. The economic value of wetland services: a meta-analysis. Ecological Economics, 37(2): 257-270.
Yu W T, Jiang C M, Ma Q, et al. 2011. Observation of the nitrogen deposition in the lower Liaohe River Plain, Northeast China and assessing its ecological risk. Atmospheric Research, 101: 460-468.

Zhang L H, Song C C, Wang D X. 2006. Effects of nitrogen fertilization on carbon balance in the freshwater mashes. Environmental Science, 27(7): 1257-1263. (in Chinese)

Zhang T, Barry R G, Knowles K, et al. 1999. Statistics and characteristics of permafrost and ground-ice distribution in the Northern Hemisphere. Polar Geography, 23: 132-154.